Les dés jouent-ils aux dieux ?

Ian Stewart

Les dés jouent-ils aux dieux ?

Les mathématiques de l'incertitude

Traduit de l'anglais par
Christian Jeanmougin

DUNOD

First published under the title *Do dice pay god?* in Great Britain in 2019 by Profile Books LTD.

L'édition originale de cet ouvrage a été publiée sous le titre : *Do dice play god?* au Royaume-Uni, en 2019, par Profile Books LTD.

Couverture : Élisabeth Hébert
Relecture éditoriale : Laurent Brasier
Mise en pages : Nord Compo

11 rue Paul Bert, 92240 Malakoff
www.dunod.com
ISBN 978-2-10-080429-0

1

Les six âges de l'incertitude

« Incertain : qui n'est pas établi avec exactitude, connu avec certitude ; qui n'est pas sûr, qui peut se produire ou non, être tel ou tel. »

Dictionnaire Larousse

L'incertitude n'est pas toujours une mauvaise chose. Nous aimons les surprises, tant qu'elles sont agréables. Nombre d'entre nous aiment parier sur les chevaux, et la plupart des sports seraient sans intérêt si nous connaissions le vainqueur dès le départ. Certains parents *ne veulent pas* connaître à l'avance le sexe de leur bébé. Et je soupçonne que la plupart d'entre nous préféreraient ne pas connaître la date de leur propre mort, et encore moins savoir comment elle surviendra. Mais ce sont là des exceptions. La vie est une loterie. L'incertitude alimentant souvent le doute, et le doute nous mettant mal à l'aise, nous cherchons à la réduire, ou mieux, à l'éliminer. Nous nous inquiétons de *ce qui va arriver*. Nous surveillons les prévisions météo même si nous savons que le temps est notoirement imprévisible et que les prévisions sont souvent fausses.

Lorsque nous regardons les infos à la télé, ou que nous lisons un journal, ou que nous surfons sur le Web, notre impuissance à anticiper les événements est parfois atterrante. Les avions s'écrasent au hasard.

Les tremblements de terre et les volcans détruisent des zones urbaines parfois considérables. Le secteur financier a des hauts et des bas, et bien que nous parlions du « cycle de hausses et de baisses », nous ne voulons rien dire d'autre qu'une hausse suit une baisse et qu'une baisse suit une hausse. Nous n'avons qu'une vague idée du moment où l'une va succéder à l'autre. Nous pourrions aussi bien parler du « cycle pluie-sécheresse » et prétendre prévoir le temps. Lorsque des élections se profilent à l'horizon, nous surveillons les sondages dans l'espoir d'en tirer une indication sur le nom du vainqueur. S'ils semblent avoir perdu de leur fiabilité ces dernières années, ils n'en conservent pas moins le pouvoir de nous rassurer ou de nous contrarier.

Parfois, nous sommes plus que dans l'incertitude : nous ne sommes pas certains de savoir ce dont nous devrions ne pas être certains. La plupart d'entre nous s'inquiètent du changement climatique, mais une bruyante minorité affirme qu'il s'agit là d'un canular – monté par des scientifiques (qui ne pourraient en monter un pour sauver leurs propres vies), ou par les Chinois, ou peut-être des Martiens … à vous de choisir votre théorie du complot préférée. Mais même les climatologues qui ont prédit le changement climatique n'avancent guère de certitudes sur ses conséquences précises. Ils ont cependant une vision relativement claire de leur caractère général, et en pratique, c'est plus que suffisant pour déclencher la sonnette d'alarme.

Non seulement nous ne sommes pas certains de ce que Dame nature nous réserve, mais en outre nous ne sommes pas trop sûrs de ce que nous nous réservons à nous-mêmes. Alors que les économies mondiales ne se sont pas encore remises de la crise financière de 2008, les personnes qui l'ont provoquée mènent pour la plupart leurs activités comme avant, ce qui risque d'entraîner un désastre financier encore plus important. Nous sommes loin de savoir prédire le comportement de la finance mondiale.

Après une période de relative (et historiquement inhabituelle) stabilité, la politique mondiale se fissure aujourd'hui de plus en plus et les vieilles certitudes se trouvent ébranlées. Les « infox » submergent la réalité des faits dans un déluge de désinformation. Naturellement, ceux qui se plaignent le plus de cela sont souvent les faussaires eux-mêmes.

Au lieu de démocratiser le savoir, l'Internet a démocratisé l'ignorance et le sectarisme. En supprimant les garde-fous, il a ouvert la voie à la cacophonie.

Les affaires humaines ont toujours été un désordre, mais même en science, la vieille idée d'une nature obéissant à des lois exactes a cédé la place à une vision plus souple. Certaines règles, certains modèles sont approximativement vrais (dans certains secteurs, « approximatif » signifie « à dix décimales près », dans d'autres, « entre dix fois moins et dix fois plus »), mais ils sont toujours provisoires et doivent être remplacés dès que surviennent de nouvelles données. La théorie du chaos nous dit que même lorsqu'une chose obéit effectivement à des règles strictes, elle peut malgré tout être imprédictible. La théorie quantique nous dit qu'à ses niveaux les plus infimes, l'univers est *intrinsèquement* imprévisible. L'incertitude n'est pas seulement un signe d'ignorance humaine ; elle est l'élément constitutif du monde.

Nous pourrions simplement, à l'instar de nombreuses personnes, accepter l'avenir avec fatalisme. Mais la plupart d'entre nous n'apprécie pas ce mode de vie. Nous le soupçonnons de conduire à un désastre que quelques précautions suffiraient probablement à éviter. Une tactique courante, lorsqu'une chose nous déplaît, consiste soit à nous en prémunir, soit à tenter de la modifier. Mais quelles précautions prendre lorsque nous ignorons ce qui va arriver ? Après la catastrophe du *Titanic*, on obligea les navires à installer des canots de sauvetage supplémentaires. Leur poids provoqua le chavirage de l'*Eastland* sur le lac Michigan, au cours duquel 848 personnes moururent. La loi des Conséquences inattendues peut déjouer les meilleures intentions.

Nous nous intéressons à l'avenir parce que nous sommes des animaux *time-binders*, doués de la faculté de lier différents moments temporels. Nous avons une conscience profonde de notre position dans le temps, nous anticipons les événements futurs, et nous agissons maintenant en fonction de ces anticipations. Nous n'avons pas de machines à voyager dans le temps, mais nous nous comportons souvent comme si nous en avions, de sorte qu'un événement à venir nous amène à agir avant qu'il ne survienne. Bien sûr, la cause réelle de notre action aujourd'hui n'est pas le mariage, ou l'orage, ou le paiement du loyer prévus pour demain. C'est notre présente conviction qu'ils auront lieu. Nos cerveaux, façonnés par l'évolution et l'apprentissage individuel, nous permettent aujourd'hui de décider des actes qui faciliteront notre vie demain. Les cerveaux sont des machines à décider, en devinant l'avenir.

Le cerveau prend certaines décisions avec une fraction de seconde d'avance. Lorsqu'un joueur de cricket ou de base-ball attrape la balle, il s'écoule un instant, petit mais non nul, entre la détection de la balle par le système visuel du joueur et la détermination par son cerveau de la position de cette balle. Fait remarquable, les joueurs attrapent habituellement la balle parce que leur cerveau est plus que doué pour anticiper sa trajectoire, mais quand ils cafouillent sur une balle apparemment facile, c'est que soit la prédiction soit leur réaction à cette prédiction était erronée. Ce processus étant entièrement inconscient et apparemment continu, nous ne remarquons pas que nous passons nos vies entières dans un monde qui fonctionne avec une fraction de seconde d'avance sur notre cerveau.

D'autres décisions peuvent se prendre des jours, des semaines, des mois, des années, voire des décennies à l'avance. Nous nous levons à temps pour prendre le bus ou le métro qui nous mène au travail. Nous achetons de la nourriture pour les repas du lendemain, ou de la semaine prochaine. Nous programmons une sortie en famille pour le prochain jour férié, et tous ceux qui y participeront font des choses *maintenant* pour être prêts *le jour venu*. En Grande-Bretagne, les familles aisées inscrivent leurs enfants dans des écoles huppées avant leur naissance. Les plus riches d'entre elles plantent des arbres qui n'atteindront pas leur maturité avant plusieurs siècles, de sorte que leurs arrière-arrière-arrière-petits-enfants jouiront d'une vue impressionnante.

Comment le cerveau prédit-il l'avenir ? Il construit des modèles internes simplifiés simulant le fonctionnement du monde, ou son fonctionnement potentiel, ou son fonctionnement présumé. Il entre ce qu'il sait dans le modèle, puis observe le résultat. Si nous repérons un tapis mal posé, l'un de ces modèles nous dit qu'il peut présenter un danger et amener quelqu'un à trébucher et tomber dans l'escalier. Par mesure de précaution, nous remettons alors le tapis en place. Peu importe que cette prédiction soit ou non vérifiée. En fait, si nous avons correctement remis le tapis en place, elle *ne peut* être vérifiée, car les conditions entrées dans le modèle ne sont plus valides. Toutefois, l'évolution ou l'expérience personnelle peuvent tester le modèle et l'améliorer en regardant ce qui se passe dans des cas similaires lorsque l'on ne prend pas de précautions.

Les modèles de ce type n'ont pas besoin d'être des descriptions précises du fonctionnement du monde. Ils correspondent plutôt à des *convictions* sur le fonctionnement du monde. Durant des dizaines de milliers d'années, le cerveau humain a en effet évolué pour devenir une machine à prendre des décisions fondées sur ces convictions concernant l'issue de ces décisions. Il n'est donc pas surprenant que l'un des tout premiers moyens que nous ayons trouvés pour faire face à l'incertitude ait été de construire un système de croyances en des êtres surnaturels maîtrisant la nature. Nous savions que *nous* ne la maîtrisions pas, mais elle nous surprenait constamment, souvent désagréablement, de sorte qu'il semblait raisonnable de supposer que certaines entités non humaines – des esprits, des fantômes, des dieux, des déesses – avaient, *elles*, le pouvoir de lui commander. Bientôt apparut une classe spéciale de personnes, qui affirmaient pouvoir intercéder auprès des dieux pour nous aider, nous les mortels, à atteindre nos objectifs. Ceux qui affirmaient prédire l'avenir – les prophètes, les voyants, les cartomanciens, les oracles – devinrent des membres particulièrement appréciés de la communauté.

Ce fut le premier Âge de l'Incertitude. Nous avons inventé des systèmes de croyances, qui devinrent de plus en plus sophistiqués parce que chaque génération voulait les rendre plus impressionnants. Nous avons justifié l'incertitude de la nature par la volonté des dieux.

Cette toute première phase de la confrontation consciente de l'homme avec l'incertitude dura des milliers d'années. Elle fut conforme avec les témoignages, car tout ce qui arrivait était vraisemblablement la volonté des dieux. Si les dieux étaient contents, de bonnes choses arrivaient ; s'ils étaient en colère, de mauvaises choses arrivaient. La preuve, si de bonnes choses vous arrivaient, cela signifiait à l'évidence que vous faisiez plaisir aux dieux, et si de mauvaises choses vous arrivaient, c'était parce que vous les aviez mis en colère. Les croyances associées aux dieux devinrent ainsi liées à des impératifs moraux.

Finalement, un nombre croissant de gens commencèrent à penser que des systèmes de croyances aussi accommodants n'*expliquaient* rien du tout. Si le ciel était bleu parce que les dieux l'avaient fait ainsi, il aurait aussi bien pu être rose ou violet. L'humanité se mit alors à explorer une façon différente de penser le monde, fondée sur le raisonnement logique confirmé (ou infirmé) par l'observation.

Ce fut la science. Elle explique le bleu du ciel par la diffusion de la lumière par de fines poussières présentes dans la haute atmosphère. Cela n'explique pas pourquoi le bleu *semble* bleu ; les neuroscientifiques travaillent sur ce sujet, mais la science n'a jamais prétendu tout expliquer. Au fil de son développement, la science connut des succès de plus en plus nombreux accompagnés de quelques terribles échecs, et commença à nous donner la capacité de contrôler certains aspects de la nature. La découverte du lien entre l'électricité et le magnétisme, au XIXe siècle, fut l'un des premiers exemples véritablement révolutionnaires de technologisation de la science qui affectèrent l'existence de pratiquement tout le monde.

La science nous a montré que la nature peut être moins incertaine que nous le pensons. Les planètes n'errent pas dans le ciel au gré de divins caprices : hormis d'infimes perturbations qu'elles se communiquent les unes aux autres, elles décrivent des orbites elliptiques régulières. On peut déterminer l'ellipse adéquate, comprendre l'effet de ces infimes perturbations, et prédire où se trouvera une planète dans plusieurs siècles – de fait, dans des millions d'années actuellement, modulo les limitations imposées par la dynamique du chaos. Il existe des lois naturelles ; nous pouvons les découvrir et les utiliser pour prédire ce qui va arriver. À l'inconfortable sentiment d'incertitude s'est substituée la conviction que la plupart des choses sont explicables pour peu que l'on parvienne à trouver leurs lois sous-jacentes. Des philosophes ont commencé à se demander si l'univers tout entier ne résulte pas simplement de l'action de ces lois sur des temps incommensurables. Peut-être le libre arbitre n'est-il qu'une illusion, et que tout n'est qu'un énorme mécanisme d'horlogerie.

Peut-être que l'incertitude n'est qu'une ignorance temporaire. Avec suffisamment de travail et de réflexion, tout peut s'éclaircir. Ce fut le second Âge de l'Incertitude.

La science nous a aussi obligés à trouver un outil permettant de quantifier efficacement la certitude ou l'incertitude d'un événement, à savoir sa probabilité. L'étude de l'incertitude est devenue une nouvelle branche des mathématiques, et ce livre se propose essentiellement d'examiner les différentes manières dont nous avons exploité les mathématiques afin de rendre notre monde plus certain. De nombreux autres domaines, tels la politique, l'éthique et l'art, ont également apporté leur contribution, mais je me concentrerai sur le rôle des mathématiques.

La théorie des probabilités est née des besoins et de l'expérience de deux groupes de personnes très différents : les joueurs et les astronomes. Les joueurs voulaient une meilleure compréhension « des chances », les astronomes voulaient tirer des observations précises de leurs télescopes imparfaits. À mesure que les idées de la théorie des probabilités pénétrèrent dans la conscience humaine, cette spécialité sortit de son confinement originel et nous informa non seulement sur les jeux de dés et les orbites des astéroïdes, mais aussi sur les principes fondamentaux de la physique. Chaque seconde, pratiquement, nous inhalons de l'oxygène et d'autres gaz. Les innombrables molécules qui composent l'atmosphère s'entrechoquent les unes les autres comme de minuscules boules de billard. Si elles s'accumulaient toutes dans un coin de la pièce tandis que nous nous trouvons dans le coin opposé, nous aurions un souci. En théorie, cela peut arriver, mais selon les lois des probabilités, c'est si rare qu'en pratique cela n'arrive jamais. L'air forme un mélange uniforme en raison de la deuxième loi de la thermodynamique, qui est souvent interprétée comme disant que l'univers évolue sans cesse vers plus de désordre. Cette deuxième loi a aussi un lien quelque peu paradoxal avec la direction de l'écoulement du temps. Ce sont là des choses profondes.

La thermodynamique entra relativement tard sur la scène scientifique. Lorsqu'elle arriva, la théorie des probabilités s'était déjà introduite dans le monde des affaires humaines – les naissances, morts, divorces, suicides, crimes, tailles, poids et politiques. Sa branche appliquée, la statistique, était déjà née. Elle nous donna de puissants outils pour analyser tout ce qui va des épidémies de rougeole aux intentions de vote pour la prochaine élection. Elle nous éclaira, certes moins que nous l'aurions souhaité, sur le monde trouble de la finance. Elle nous dit que nous sommes des créatures flottant sur un océan de probabilités.

La théorie des probabilités, et sa branche appliquée, la statistique, ont dominé le troisième Âge de l'Incertitude.

Le quatrième Âge de l'Incertitude arriva par surprise, au début du XXe siècle. Jusqu'alors, toutes les formes d'incertitude que nous rencontrions avaient un point commun : elles étaient le reflet de l'ignorance humaine. Si nous n'étions pas certains d'une chose, c'était parce que nous n'avions pas l'information nécessaire pour la prédire. Considérez le jeu de pile ou face. Il est l'une des icônes traditionnelles de l'aléatoire. Pourtant, une pièce de monnaie est un mécanisme très simple, les systèmes mécaniques sont déterministes et, en principe, tout processus déterministe est prévisible. Si nous connaissions toutes les forces qui agissent sur une pièce – sa vitesse initiale et la direction de son lancer, sa vitesse et son axe de rotation, nous pourrions utiliser les lois de la mécanique pour déterminer le côté gagnant.

De nouvelles découvertes en physique fondamentale nous forcèrent à revoir ce point de vue. C'est peut-être vrai des pièces de monnaie, mais parfois l'information dont nous avons besoin n'est tout simplement pas disponible parce que la nature elle-même ne la connaît pas. Vers 1900, les physiciens commençaient à comprendre la structure de la matière aux très petites échelles – celle non seulement des atomes, mais aussi des particules subatomiques qui composent les atomes. La physique classique, celle qui émergea des percées réalisées par Isaac Newton avec les lois du mouvement et la gravitation, avait donné à l'humanité une vaste compréhension du monde physique, testée à l'aide de mesures de plus en plus précises. Toutes ces théories et expériences ont conduit à deux manières de penser le monde : en termes de particules et en termes d'ondes.

Une particule est une infime masse de matière, bien délimitée et bien localisée. À l'instar des rides qui se propagent à la surface de l'eau, une onde est une perturbation en mouvement, plus éphémère qu'une particule et s'étendant sur un domaine spatial plus vaste. On peut calculer les orbites planétaires en assimilant les planètes à des particules. Les distances entre les planètes et les étoiles sont en effet si grandes que si vous ramenez le tout à l'échelle humaine, les planètes *deviennent* des particules. Le son est une perturbation qui se propage dans l'air, même si l'air tout entier reste pratiquement à la même place – c'est donc une onde. Les particules et les ondes sont des icônes de la physique classique, mais sont des objets très différents.

1678 fut l'année d'une grande controverse sur la nature de la lumière. Christiaan Huygens présenta à l'Académie des sciences de Paris une théorie affirmant que la lumière est une onde. Newton était convaincu que la lumière est un flux de particules, et sa vision prévalait à l'époque. Finalement, après un siècle d'errements, de nouvelles expériences tranchèrent la question. Newton avait tort : la lumière est une onde.

Vers 1900, les physiciens découvrirent l'effet photoélectrique : la lumière frappant certains métaux pouvait générer un petit courant électrique. Albert Einstein en déduisit que la lumière est un flux d'infimes particules : les photons. Newton avait raison depuis le début. Sa théorie avait toutefois été écartée pour une bonne raison : nombre d'expériences montraient très clairement que la lumière est une onde. Le débat s'ouvrit de nouveau. La lumière était-elle une onde ou une particule ? La réponse fut finalement « les deux ». La lumière se comporte tantôt comme une particule, tantôt comme une onde. Ça dépend de l'expérience. Tout cela était bien mystérieux.

Quelques pionniers virent rapidement comment résoudre ce mystère : la mécanique quantique était née. Toutes les certitudes classiques telles que la position et la vitesse d'une particule, n'étaient plus pertinentes à l'échelle subatomique de la matière. Le monde quantique fourmille d'incertitudes. Plus vous mesurez avec précision la position d'une particule, moins vous avez de certitude sur sa vitesse. Pire, la question « où est-elle ? » n'a pas de réponse claire. Le mieux que vous pouvez faire est de la représenter par sa probabilité de présence en un endroit donné. Une particule quantique n'est en rien une particule, elle n'est qu'un nuage de probabilités.

Plus les physiciens sondaient les profondeurs du monde quantique, plus tout devenait flou. Ils pouvaient le décrire mathématiquement, mais avec des mathématiques étranges. En quelques décennies, ils se convainquirent que les phénomènes quantiques sont irréductiblement aléatoires. Le monde quantique *est* réellement fait d'incertitude, il n'y a aucune information manquante, et il n'existe aucun niveau de description plus profond. « Tais-toi et calcule », tel devint le mot d'ordre – et ne posez pas de questions embarrassantes sur tout ce que cela signifie.

Tandis que la physique poursuivait sa route quantique, les mathématiques se frayaient un nouveau chemin. On pensait habituellement que le contraire d'un processus aléatoire est un processus déterministe : pour un présent donné, un seul futur est possible. Le cinquième Âge de l'Incertitude émergea lorsque des mathématiciens, et quelques physiciens, découvrirent qu'un système déterministe peut être imprévisible. C'est la théorie du chaos, un nom donné par les médias à la dynamique non linéaire. Le développement de la théorie quantique aurait pu être passablement différent si les mathématiciens avaient fait bien plus tôt cette découverte cruciale. En fait, un exemple de chaos fut découvert avant la théorie quantique, mais il fut considéré comme une curiosité isolée. Il fallut attendre les années 1960 et 1970 pour voir apparaître une théorie cohérente du chaos. Mais pour des raisons de présentation, j'aborderai la théorie du chaos avant la théorie quantique.

« La prédiction est un art très difficile, surtout lorsqu'elle concerne l'avenir », a dit un jour le physicien Niels Bohr (à moins que ce ne soit Yogi Berra ? Vous voyez, on ne peut même pas être certain de *ça*[1]). Ce n'est pas aussi drôle qu'il y paraît, car la prédiction est différente de la prévision. En science, la plupart des prédictions prédisent qu'un événement survient dans certaines conditions, sans dire *quand*. Je peux prédire qu'un tremblement de terre survient parce que des contraintes s'accumulent dans les roches, et l'on peut tester cette prédiction en mesurant ces contraintes. Mais cette méthode ne prévoit pas le tremblement de terre, ce qui exige que l'on détermine à l'avance *quand* il surviendra. On peut même « prédire » qu'un événement est effectivement arrivé dans le passé. Si personne ne l'a remarqué jusqu'à ce qu'on le retrouve dans les archives, cette prédiction constitue un test valide d'une théorie. Je sais que cela est souvent appelé une « postdiction », mais dans le cas du test d'une hypothèse scientifique, c'est la même chose. En 1980, Luiz et Walter Alvarez ont prédit qu'il y a 65 millions d'années, un astéroïde est tombé sur la Terre et a tué les dinosaures. Ce fut une authentique prédiction, car *après* l'avoir formulée, ils purent fouiller les archives géologiques et fossiles pour la confirmer ou l'infirmer.

Des décennies d'observations ont montré que la taille des becs de certaines espèces de pinsons de Darwin, sur les îles Galápagos, est totalement prédictible – à condition de pouvoir prédire la pluviométrie annuelle moyenne. Cette taille change de concert avec l'humidité ou la sécheresse des années. Durant les années sèches, les graines sont plus dures, de sorte qu'il faut un bec plus gros pour les casser. Durant les années humides, les becs plus petits s'avèrent plus efficaces. Ici, la taille du bec est *conditionnellement* prédictible. Si un oracle fiable nous prédisait la pluviométrie de l'année prochaine, nous pourrions alors prédire en toute confiance la taille des becs. C'est totalement différent d'une situation dans laquelle cette taille serait aléatoire. Si elle l'était, elle serait indépendante de la pluviométrie.

Il n'est pas rare que certains traits d'un système soient prédictibles tandis que les autres ne le sont pas. Mon exemple préféré est tiré de l'astronomie. En 2004, des astronomes annoncèrent qu'un obscur astéroïde baptisé 99942 Apophis pourrait percuter la Terre le 13 avril 2029 ou, s'il la manquait, avoir une seconde occasion le 13 avril 2036. Un journaliste (pour être honnête, dans une rubrique humoristique) demanda : comment peuvent-ils être si sûrs du *jour* alors qu'ils ne connaissent pas l'*année* ?

Arrêtez de lire et réfléchissez à ça. Je vous donne un indice : qu'est-ce qu'une année ?

C'est très simple. Les collisions potentielles surviennent lorsque l'orbite de l'astéroïde croise, ou croise presque, celle de la Terre. Ces orbites changent légèrement avec le temps, ce qui influe sur le rapprochement des deux corps. Si nous n'avons pas suffisamment d'observations pour déterminer l'orbite de l'astéroïde avec une précision suffisante, nous ne pouvons savoir quelle sera exactement sa proximité avec la Terre. Les astronomes avaient suffisamment de données orbitales pour exclure la plupart des années des toutes prochaines décennies, à l'exception de 2029 et 2036. En revanche, le jour d'une possible collision se comporte très différemment. La Terre revient (pratiquement) au même point de son orbite au bout d'un an. C'est la définition de l'« année ». En particulier, notre planète se retrouve proche de l'intersection avec l'orbite de l'astéroïde à des intervalles d'une année ; autrement dit, le même jour chaque année. (Peut-être un jour avant ou après si la rencontre est proche de minuit.) Il se trouve que ce jour est le 13 avril pour Apophis.

Donc, Bohr – ou Berra – avait parfaitement raison, et son aphorisme est tout à fait profond. Même lorsque nous comprenons le fonctionnement des choses, avec une abondance de détails, nous pouvons n'avoir aucune idée de ce qui va se passer la semaine prochaine, l'année prochaine ou le siècle prochain.

Nous sommes aujourd'hui entrés dans le sixième Âge de l'Incertitude, caractérisé par la prise de conscience que l'incertitude se présente sous de nombreuses formes, chacune compréhensible dans une certaine mesure. Nous possédons maintenant une vaste trousse à outils mathématique qui nous aide à faire des choix sensés dans un monde qui est encore terriblement incertain. De puissants et rapides ordinateurs nous permettent d'analyser rapidement et avec précision d'énormes quantités de données. Le « big data » fait fureur, bien qu'aujourd'hui, nous sachions mieux le construire qu'en tirer quelque chose d'utile. Nous pouvons enrichir nos modèles mentaux de modèles computationnels. Nous pouvons effectuer en une seconde plus de calculs que n'en ont faits à la main tous les mathématiciens qui ont existé. En combinant notre compréhension mathématique des différentes formes prises par l'incertitude avec des algorithmes complexes pour révéler des régularités et des structures ou simplement quantifier notre incertitude, nous pouvons, jusqu'à un certain point, maîtriser notre monde incertain.

Aujourd'hui, nous savons bien mieux qu'autrefois prédire l'avenir. Nous sommes encore contrariés lorsque la météo nous dit qu'il ne pleuvra pas demain… et qu'il pleut, mais la précision des prévisions météorologiques s'est considérablement améliorée depuis qu'en 1922 un scientifique visionnaire nommé Lewis Fry Richardson publia *Weather Prediction by Numerical Process* (La prévision météorologique par des processus numériques). Non seulement les prévisions sont meilleures, mais elles sont en outre accompagnées d'une estimation de leur fiabilité. Lorsqu'un site météo dit « 25 % de chances qu'il pleuve », cela signifie que dans 25 % des occurrences de cette même affirmation, la pluie est effectivement tombée. Si le site dit « 80 % de chances qu'il pleuve », il aura alors probablement raison quatre fois sur cinq.

Lorsque la Banque d'Angleterre publie des prévisions sur les variations du taux d'inflation, elle fournit pareillement une estimation de la fiabilité que ses modélisateurs mathématiques accordent à ces prévisions. Elle a également trouvé un moyen efficace de présenter cette estimation au grand public, à savoir un « graphique en éventail » qui montre l'évolution temporelle du taux d'inflation prédit, sous forme non pas d'une simple courbe, mais d'une zone ombrée. Le temps passant, cette zone s'élargit, signe d'une perte de précision. L'intensité de l'encre indique le niveau de probabilité : une région sombre est plus probable qu'une région claire. La zone ombrée couvre 90 % des prévisions probables.

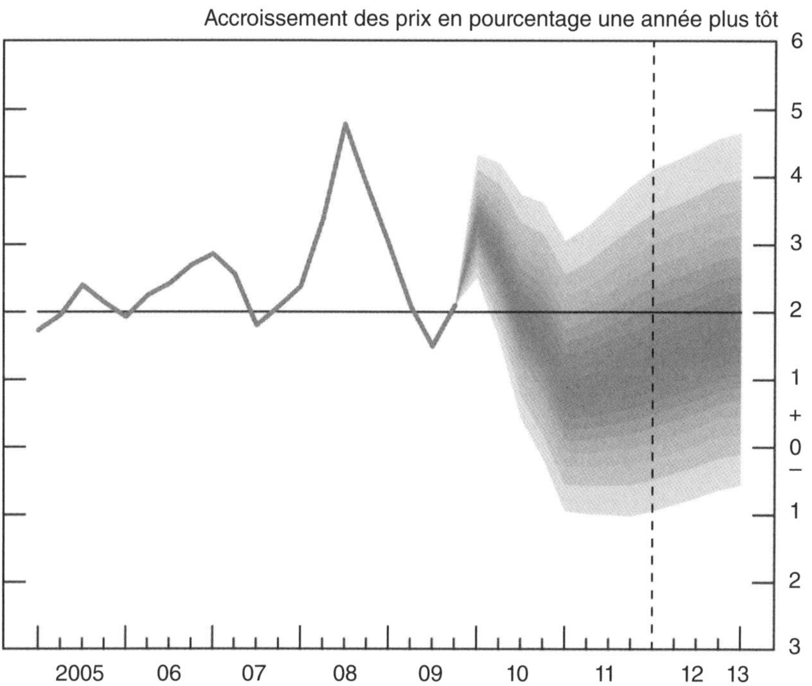

Figure 1. Graphique en éventail de l'inflation correspondant aux prédictions de la Banque d'Angleterre fondées sur le Consumer Price Index, février 2010.

Il y a là un double message. Premièrement : à mesure que la compréhension progresse, les prédictions se font plus précises. Deuxièmement : nous pouvons *gérer* l'incertitude en déterminant la fiabilité des prédictions.

On commence également à comprendre un troisième message : l'incertitude peut parfois être *utile*. De nombreux secteurs technologiques créent délibérément des incertitudes contrôlées afin d'améliorer le fonctionnement de dispositifs et de processus. Les techniques mathématiques qui permettent de trouver la meilleure solution d'un problème industriel utilisent des perturbations aléatoires afin d'éviter de se focaliser sur les stratégies meilleures que leurs proches voisines, mais moins bonnes que des stratégies plus éloignées. Des modifications aléatoires des données enregistrées renforcent la précision des prévisions météorologiques. Le GPS utilise des flux de nombres pseudo-aléatoires pour éviter les problèmes d'interférences électriques. Les missions spatiales utilisent le chaos pour économiser un coûteux carburant.

Malgré tout, nous restons des enfants « jouant sur le rivage, ainsi que l'écrivit Newton, trouvant un galet plus lisse ou un coquillage plus beau que d'ordinaire, tandis que le vaste océan de la vérité s'étend devant [nous], inexploré. » Nombre de questions profondes sont encore sans réponses. Nous ne comprenons pas vraiment le système financier mondial, même si tout sur la planète dépend de lui. Notre savoir médical nous permet de détecter très tôt la plupart des épidémies, de sorte que nous pouvons prendre des mesures pour atténuer leurs effets, mais nous ne savons pas toujours prédire leur mode de propagation. De temps en temps, de nouvelles maladies apparaissent, et nous ne savons jamais avec certitude quand et où la prochaine frappera. Nous pouvons faire des mesures extrêmement précises sur les séismes et les volcans, mais nos résultats en matière de prévision sont tout aussi incertains que le sol qui est sous nos pieds.

Plus nous découvrons le monde quantique, plus il nous indique qu'une théorie plus profonde peut rendre plus acceptables ses apparents paradoxes. Les physiciens ont démontré mathématiquement que l'on ne peut dissiper l'incertitude quantique en introduisant un niveau de réalité plus profond. Mais leur démonstration impliquant des hypothèses susceptibles d'être contestées, des failles continuent d'apparaître. De nouveaux phénomènes en physique *classique* présentent des similitudes troublantes avec les énigmes quantiques, et nous savons que leur fonctionnement n'a rien à voir avec un irréductible aléatoire. Si nous avions connu leur existence, ou celle du chaos, avant la découverte de l'étrangeté quantique, les théories actuelles auraient pu être très différentes. Ou peut-être aurions-nous perdu des décennies à rechercher le déterminisme là où il n'existe pas.

J'ai tout soigneusement rangé dans six Âges de l'Incertitude, mais la réalité fut moins ordonnée. Des principes qui s'avérèrent finalement très simples émergèrent de manière complexe et confuse. Il y eut des imprévus, des rebondissements, de grands bonds en avant, et des impasses. Certaines avancées mathématiques ne firent que brouiller les pistes ; d'autres attendirent des années avant de voir leur importance reconnue. Il y eut des divergences idéologiques, même parmi les mathématiciens. La politique, la médecine, l'argent et le droit estimèrent avoir leur mot à dire, parfois tous en même temps.

Il n'est pas judicieux de raconter ce genre d'histoire en suivant l'ordre chronologique, même au sein de chapitres individuels. Le flux des idées importe plus que le flux du temps. En particulier, nous atteindrons le cinquième Âge de l'Incertitude (le chaos) avant le quatrième Âge (la théorie quantique). Nous examinerons les applications modernes de la statistique avant de rencontrer des découvertes plus anciennes de la physique fondamentale. Nous nous attarderons sur de curieuses petites énigmes, sur quelques calculs simples, et il y aura aussi des surprises. Quoi qu'il en soit, tout ce que nous rencontrerons sera là pour une bonne raison, tout s'agence parfaitement.

Bienvenue dans les six Âges de l'Incertitude

2

La lecture des entrailles

> « Lorsque les membres de la maison sont traités avec une stricte sévérité, rien n'est perdu. Lorsque la femme et les enfants bavardent et sourient d'un air satisfait, l'économie de la famille est perdue. »
>
> Le Yi Jing

À l'intérieur des imposantes murailles de la ville de Babylone, le roi, resplendissant dans sa tenue royale, lève la main. Un silence s'abat sur la foule de nobles et de fonctionnaires assemblés dans la vaste cour du temple.

Dehors, les gens ordinaires vaquent à leurs occupations quotidiennes, ignorant totalement que ce qui va se passer pourrait radicalement changer leur vie. Peu importe : ils y sont habitués, c'est la volonté des dieux. Il n'y a rien à gagner à s'inquiéter ou à se plaindre. Ils y pensent même rarement.

Le prêtre bārû attend devant l'autel sacrificiel, le couteau à la main. Un mouton, soigneusement choisi selon les rites anciens, est amené au bout d'une courte corde. Il sent qu'une chose désagréable va se produire. Il bêle et se débat pour se libérer.

Le couteau entaille sa gorge, le sang jaillit. La foule pousse un gémissement. Lorsque l'écoulement du sang n'est plus qu'un mince filet, le prêtre effectue une minutieuse incision et extrait le foie du mouton.

Après l'avoir posé avec révérence sur la pierre ensanglantée, il se penche pour l'étudier de près. Dans la foule, certains retiennent leur respiration. Le roi vient se placer à côté du prêtre. Tous deux confèrent à voix basse, faisant des gestes et désignant de temps en temps une particularité de l'organe retranché – un défaut ici, un renflement inhabituel là. Afin de consigner leurs observations, le prêtre place des chevilles en bois dans les trous d'une tablette en argile. Apparemment satisfait, il confère une nouvelle fois avec le roi, puis s'en éloigne respectueusement tandis que celui-ci se retourne vers ses nobles.

Lorsqu'il leur annonce que les augures sont favorables à l'attaque d'un royaume voisin, ils l'acclament en triomphe. Plus tard, sur le champ de bataille, certains d'entre eux verront peut-être les choses différemment, mais alors, il sera trop tard.

Cela s'est peut-être passé ainsi. Nous savons très peu de choses sur le vieux royaume babylonien, même à l'époque de sa disparition, vers 1600 avant J.-C., mais un événement de ce style était probablement courant dans cette antique cité. Babylone était célèbre pour ça. La Bible nous dit[1] que « le roi de Babylone se tient à l'embranchement, à l'entrée des deux chemins, pour chercher les présages. Il secoue les flèches, consulte les idoles, examine le foie. » Les Babyloniens croyaient que des prêtres spécialement formés, les *bārû*, pouvaient lire l'avenir dans le foie d'un mouton. Les *bārû* dressèrent une longue liste de présages, le *Bārûtu*. Pour des raisons pratiques et pour fournir rapidement des réponses, les *bārû* se contentaient d'un compendium lors de leurs divinations réelles. Leurs procédures étaient systématiques et imprégnées de traditions ; ils inspectaient des zones particulières du foie, chacune dotée d'une signification propre, chacune emblématique d'un dieu ou d'une déesse. Le *Bārûtu* existe aujourd'hui encore sous la forme de plus d'une centaine de tablettes d'argile cunéiformes et répertorie plus de *huit mille* présages. La riche information que les Babyloniens croyaient encodée dans un seul organe d'un cadavre de mouton est extraordinaire par sa diversité, son obscurité et, de temps en temps, sa banalité.

Le *Bārûtu* contient dix grands chapitres. Les deux premiers traitent de parties de l'infortuné animal autres que le foie, et les huit restants se concentrent sur des caractéristiques hépatiques particulières, telles que le *be na*, la « station », un sillon sur le lobe gauche du foie, le *be gír*, le « chemin », un autre sillon, perpendiculaire au premier, le *be giš.tukul*, les « marques fortuites », un petit renflement, et ainsi de suite. Nombre de ces régions étaient subdivisées. Les présages associés à chaque région avaient la forme de prédictions, souvent liées à l'histoire, comme si les prêtres consignaient les précédentes associations entre les régions du foie et les événements qui se déroulaient. Certains présages étaient particuliers : « Présage du roi Amar-Su'ena, qui fut encorné par un bœuf, mais mourut de la morsure d'une chaussure. » (Cette phrase obscure peut faire référence à une morsure de scorpion reçue alors qu'il chaussait des sandales.) Certains présages sonnent encore vrai aujourd'hui : « Les comptables pilleront le palais. » D'autres, précis en apparence, manquent néanmoins de détails essentiels : « Une célèbre personne arrivera à dos d'âne. » D'autres étaient si vagues qu'ils étaient inutilisables en pratique : « prévision à long terme : lamentation. » Certaines régions du foie furent classées comme non fiables ou ambiguës. Tout cela semble extrêmement organisé et, curieusement, presque scientifique. Cette liste fut dressée durant une longue période, plusieurs fois éditée et augmentée, et copiée par des scribes ultérieurs, grâce auxquels elle nous est parvenue. D'autres témoignages ont également survécu. En particulier, le British Museum possède un modèle en argile d'un foie de mouton datant de 1900-1600 avant J.-C.

De nos jours, cette méthode de prédiction de l'avenir s'appelle l'*hépatomancie* – la divination par le foie. D'une manière plus générale, l'*haruspicine* est la divination par inspection des entrailles d'animaux sacrifiés (principalement des moutons et des poulets), et l'*extispicine* est la divination utilisant l'ensemble des organes, en se concentrant sur leur forme et leur position. Ces méthodes furent reprises par les Étrusques, comme le montre notamment la sculpture en bronze d'un foie, datant d'environ 100 avant J.-C., trouvée en Italie et divisée en régions nommées d'après des divinités étrusques. Les Romains perpétuèrent la tradition ; leur mot pour *bārû* était *haruspex*, de *haru* = entrailles et *spec-* = observer. La lecture des entrailles est attestée à l'époque de Jules César et de Claude, mais disparut sous Théodose Ier, vers 390 après J.-C., lorsque le christianisme élimina les derniers vestiges des anciens cultes.

Pourquoi parler de cela dans un livre sur les mathématiques de l'incertitude ?

La divination montre que le profond désir humain de prévoir l'avenir ne date pas d'hier. Ses racines sont incontestablement bien plus anciennes, mais les inscriptions babyloniennes contiennent de nombreux détails et leur origine est bien établie. L'histoire montre également que les traditions religieuses s'affinent avec le temps. Les archives indiquent très clairement que la royauté et le clergé babyloniens croyaient en cette méthode – ou, à tout le moins, trouvaient bien commode de prétendre y croire. Mais la longue période durant laquelle l'hépatomancie fut pratiquée suggère que cette croyance était authentique. Même aujourd'hui, des superstitions similaires abondent – on évite les chats noirs et les échelles, on lance une pincée de sel par-dessus son épaule quand on a renversé la salière, et casser un miroir porte malheur. Lors des fêtes foraines, des « gitans » vous proposent aujourd'hui encore, moyennant finance, de vous lire les lignes de la main ou de vous dire la bonne aventure, et leur jargon sur la ligne de chance et l'anneau de Vénus rappelle l'ésotérisme de la classification des marques sur un foie de mouton établie par le *Bārûtu*. Nombre d'entre nous sont sceptiques envers ce genre de croyances, d'autres concèdent à contrecœur qu'« il y a peut-être quelque chose de vrai là-dedans », et certains sont absolument convaincus que l'on peut prédire l'avenir à partir des étoiles, des feuilles de thé, des lignes de la main, des tarots, ou des tiges d'achillée dans le *Yi Jing* chinois, le Livre des transformations.

Certaines techniques divinatoires se développent dans des systèmes tout aussi complexes que le *Bārûtu* de l'ancienne Babylone. *Plus ça change…* La célèbre personne arrivant à dos d'âne rappelle le grand et sombre inconnu des horoscopes que l'on trouve dans les tabloïds, et cette prédiction est suffisamment floue pour être associée à suffisamment d'événements susceptibles de la « confirmer », mais suffisamment précise pour donner une impression de savoirs ésotériques – ce qui, bien entendu, garantit un revenu au diseur de bonne aventure.

Pourquoi désirons-nous tant prédire l'avenir ? C'est une attitude sensée et naturelle, puisque nous avons toujours vécu dans un monde incertain. Nous vivons encore dans un monde incertain, mais du moins savons-nous aujourd'hui un peu pourquoi et comment il est incertain, et dans une certaine mesure, savons faire bon usage de ce savoir. Le monde de nos aïeux était moins certain. Pour eux, un tremblement de terre ne se prédisait pas en termes de glissement d'une masse rocheuse le long d'une faille géologique – glissement que l'on peut surveiller si la contrainte atteint un niveau dangereux. C'était un hasard naturel, dont l'imprévisibilité était attribuée aux caprices de puissants êtres surnaturels. À l'époque, c'était le plus simple et peut-être le seul moyen d'expliquer des événements survenant au hasard, sans aucune raison évidente. *Quelque chose* les avait déclenchés, et ce quelque chose devait en soi posséder une volonté, capable de décider qu'ils devaient arriver et ayant le pouvoir de garantir qu'ils arriveraient. Un dieu ou une déesse était l'explication la plus plausible. Les divinités avaient un pouvoir sur la nature ; elles faisaient ce qu'elles voulaient, quand elles le voulaient, et les mortels ordinaires en subissaient les conséquences. Au moins avec les dieux avait-on l'espoir de se les concilier et d'influer sur leurs actes – à en croire le clergé – et il n'y avait aucun intérêt à mettre en cause leur autorité, encore moins à leur désobéir. Quoi qu'il en soit, les rituels magiques appropriés, les prérogatives de la royauté et du clergé, pouvaient ouvrir une fenêtre sur l'avenir et limiter partiellement l'incertitude.

Derrière tout cela, il y avait un aspect de la condition humaine qui distingue sans doute notre espèce de la plupart des autres animaux, à savoir, la faculté de lier le temps. Nous sommes conscients qu'il y aura un futur, et nous planifions notre comportement présent en fonction des attentes que nous plaçons dans ce futur. Même lorsque nous étions chasseurs-cueilleurs dans les savanes africaines, les anciens de la tribu savaient que les saisons changeaient, que les animaux migraient et que des plantes différentes étaient prêtes à l'emploi à différents moments de l'année. Des signes lointains dans le ciel annonçaient la venue d'un orage, et plus tôt vous les remarquiez, plus vous aviez de chances de vous abriter avant son arrivée. En anticipant l'avenir, on pouvait parfois atténuer certains de ses pires effets.

À mesure que les sociétés et leurs technologies progressaient, nous avons de plus en plus lié le temps, avec une précision et une portée sans cette croissantes. De nos jours, durant la semaine, nous nous levons à un moment précis *parce que* nous voulons prendre le train pour aller au travail. Nous savons l'heure à laquelle le train part en principe de la gare ; nous savons quand il est censé parvenir à destination ; nous organisons nos vies pour être à l'heure au travail. Avant l'arrivée du week-end, nous réservons des places pour le match de foot, le cinéma ou le théâtre. Nous réservons une table au restaurant plusieurs semaines à l'avance parce que samedi 29 sera l'anniversaire d'Esméralda. Nous achetons des cartes de Noël en janvier parce qu'elles sont alors moins chères, et nous les gardons en réserve pendant les onze mois suivants jusqu'à ce que nous en ayons besoin. Ensuite, nous essayons désespérément de nous rappeler où nous les avons mises. Bref, nos vies sont fortement influencées par des événements dont nous pensons qu'ils vont avoir lieu dans l'avenir. Il serait difficile d'expliquer nos actes sans prendre cela en compte.

En tant que créatures capables de lier le temps, nous savons que l'avenir ne se passe pas toujours comme prévu. Le train qui mène au travail est en retard. Un orage interrompt notre connexion Internet. Un ouragan dévaste de nombreuses îles des Caraïbes. Une élection ne donne pas les résultats annoncés par les sondages, et nos existences se trouvent bouleversées par des gens avec lesquels nous sommes en profond désaccord. Il va de soi que nous accordons une valeur considérable à la prédiction de l'avenir. Cela nous aide à nous protéger, nous et notre famille, et nous donne le sentiment (quelque illusoire qu'il soit) de contrôler notre destin. Nous souhaitons tellement savoir ce que l'avenir nous réserve que nous nous laissons embobiner par les plus vieux arnaqueurs du monde : les gens qui prétendent avoir une connaissance particulière des événements à venir. Si un prêtre peut influencer un dieu, il peut rendre l'avenir favorable. Si un chaman peut prédire la pluie, nous pouvons au moins prendre des dispositions sans perdre trop de temps à attendre. Si un extralucide peut dresser notre horoscope, nous pouvons ouvrir l'œil et guetter l'arrivée du grand et sombre inconnu ou de la célébrité sur son âne. Et si l'un d'eux peut nous convaincre de la réalité de ses aptitudes, nous accourons en masse utiliser ses services.

Même s'il n'y a dans tout cela que des fadaises.

Pourquoi sommes-nous si nombreux à croire à la chance, à la destinée et aux présages ?

Pourquoi sommes-nous si facilement impressionnés par les symboles ésotériques, les longues listes, les mots compliqués, les costumes recherchés et archaïques, les rituels et les chants ?

Pourquoi imaginons-nous naïvement que le vaste et incompréhensible univers se soucie d'une bande de singes surdéveloppés vivant sur une masse rocheuse humide orbitant autour d'une étoile très ordinaire qui n'est que l'une des dix à la puissance dix-sept (cent billiards) étoiles de la région observable d'un univers vraisemblablement encore plus vaste ? Pourquoi interprétons-nous cet univers en termes humains ? Est-ce même le genre d'entité *capable* d'éprouver un sentiment ?

Pourquoi croyons-nous si facilement à d'évidentes absurdités, même aujourd'hui ?

Bien entendu, je parle de *vos* croyances, non des miennes. Les miennes sont rationnelles, fermement ancrées dans les témoignages factuels, et sont le produit d'une antique sagesse qui me guide pour vivre ma vie comme tout le monde le devrait. Les vôtres sont de stupides superstitions, ne reposent sur aucune base factuelle, sont uniquement confortées par un respect inconditionnel de la tradition – et vous continuez de dire aux autres comment ils devraient se comporter.

Bien sûr, vous pensez à peu près la même chose sur moi, mais il y a une différence.

Moi, j'ai raison.

C'est le problème avec les croyances. Une croyance, dans le sens de foi aveugle, est souvent intrinsèquement non testable. Même si elle est testable, nous ignorons souvent les résultats du test, ou si le test réfute nos croyances, nous lui refusons toute pertinence. Cette attitude est peut-être irrationnelle, mais elle est le reflet de l'évolution et de l'organisation du cerveau humain. De l'intérieur d'un cerveau humain, les croyances ont un sens. Même celles que le monde extérieur juge idiotes. Nombre de neuroscientifiques estiment que l'on peut raisonnablement considérer le cerveau humain comme une machine à décider bayésienne (Thomas Bayes était un pasteur presbytérien et un statisticien compétent – nous en dirons plus sur lui au chapitre 8). Grosso modo, je désigne par là un dispositif dont la structure même matérialise les croyances. L'expérience personnelle et l'évolution à plus long terme ont permis à notre cerveau de construire un réseau d'hypothèses étroitement liées sur la probabilité d'occurrence d'un événement conditionné par autre événement. Si vous vous tapez le pouce avec un marteau, vous aurez mal ; cette probabilité est quasi certaine. Si vous sortez sous la pluie sans votre parapluie ou votre imper, vous serez mouillé : ici encore, la probabilité est quasi certaine. Si le ciel semble gris mais qu'il ne pleut pas en ce moment, et que vous sortez sans parapluie ou sans imper, vous serez mouillé : en fait, probablement pas. Des extraterrestres visitent régulièrement la Terre à bord de soucoupes volantes : c'est certain si vous y croyez ; absolument pas si vous n'y croyez pas.

Lorsque nous avons de nouvelles informations, nous ne nous bornons pas à les accepter. Nous serions fous de faire ça : l'évolution du cerveau humain a été extrêmement influencée par la nécessité de distinguer les faits de la fiction, la vérité des mensonges. Nous évaluons une information nouvelle en fonction de ce que nous croyons déjà. Quelqu'un affirme avoir vu une étrange lumière se déplaçant à toute allure dans le ciel ? C'est manifestement une visite d'extraterrestres si vous croyez aux OVNI. Une erreur d'interprétation, voire une pure invention, si vous n'y croyez pas. Nous faisons ces évaluations instinctivement, souvent sans référence au fait réel.

Quand l'aspect rationnel de notre cerveau remarque d'évidentes incohérences, certains d'entre nous se débattent parfois dans des contradictions. Certaines âmes tourmentées perdent alors carrément leur foi. D'autres se convertissent à une nouvelle religion, adhèrent à une nouvelle secte, un nouveau système de croyances – appelez cela comme vous voudrez. Mais la plupart d'entre nous restent plutôt fidèles à la croyance dans laquelle nous avons été élevés. L'« épidémiologie » de la religion – l'évolution au fil des générations de l'appartenance à des sectes spécifiques – montre que vous reprenez les croyances de vos parents, de vos frères et sœurs, de votre famille, de vos enseignants et des membres influents de votre culture. Et c'est l'une des raisons pour lesquelles nous adhérons souvent fermement à des croyances que les étrangers considèrent comme des absurdités. Si on vous élève dans le culte de la déesse chatte en vous mettant chaque jour en garde contre les graves conséquences qu'entraînerait pour vous l'oubli de brûler l'encens sacré ou de réciter les bonnes incantations, ces gestes et le sentiment de satisfaction qui les accompagne deviennent bientôt une seconde nature. En fait, ils font alors partie intégrante de votre cerveau décideur bayésien, et quelles que soient les contradictions que d'autres témoignages peuvent révéler, il peut vous devenir impossible de ne plus croire – tout comme un bouton de sonnette de porte ne peut soudain décider de démarrer la voiture. Cela nécessiterait une réorganisation radicale du câblage, et recâbler un cerveau est extrêmement difficile. En outre, savoir quelles incantations réciter distingue votre culture de celle de tous ces barbares qui ne croient même pas en la déesse chatte et la vénèrent encore moins.

Les croyances sont elles aussi faciles à affermir. En cherchant avec discernement, on peut toujours découvrir des témoignages en leur faveur. Tant de choses se produisent chaque jour, bonnes et mauvaises, qu'il y a parmi elles des événements qui confortent vos croyances. Votre cerveau bayésien vous dit d'ignorer les autres, ils n'ont aucune importance – il les filtre. C'est pour cela que l'on fait tant d'histoires avec les infox. Le problème, c'est que cela a de l'importance. Mais seul un cerveau rationnel super-affûté peut se débarrasser de ces hypothèses natives.

On m'a raconté un jour qu'à Corfou, une superstition dit que voir une mante religieuse porte chance ou malheur, *selon ce qui arrive*. Cela peut paraître ridicule (et n'est peut-être pas vrai), mais aujourd'hui, lorsque des survivants d'une catastrophe naturelle remercient Dieu pour avoir entendu leurs prières et sauvé leurs vies, il leur vient rarement à l'esprit que ceux qui sont morts ne sont plus là pour se plaindre. Dans certaines sectes chrétiennes, la mante religieuse est un symbole de piété ; dans d'autres, un symbole de mort. Je suppose que cela dépend de la raison pour laquelle vous pensez que la mante prie, et bien sûr de vos croyances (si vous en avez) concernant la prière.

L'évolution a conduit les êtres humains à fonctionner efficacement dans un monde chaotique. Nos cerveaux regorgent de solutions à la va-vite de problèmes potentiels. Casser un miroir porte-t-il réellement malheur ? Faire l'expérience en cassant tout miroir autour de soi revient cher ; cela n'apporte pas grand-chose si la superstition est fausse, mais si elle est vraie, cela revient à chercher des problèmes. Il est alors bien plus simple d'éviter de casser un miroir, au cas où. Chaque décision de ce type renforce un lien dans le réseau de probabilités du cerveau bayésien.

Ces liens nous ont bien servis dans le passé. Le monde était plus simple, tout comme notre mode de vie. Lorsque parfois nous paniquions devant un léopard qui s'avérait être un buisson se balançant au vent, nous avions au pire l'air un peu idiot. Mais aujourd'hui, à être trop nombreux à vouloir diriger la planète en fonction de nos croyances, sans tenir compte des témoignages objectifs, nous risquons de nuire gravement à notre propre personne et à celle d'autrui.

Durant son adolescence, le psychologue Ray Hyman commença à se faire de l'argent en lisant les lignes de la main. Au début, il n'y croyait pas mais il devait faire semblant s'il voulait se constituer une clientèle. Il se conformait aux interprétations traditionnelles des lignes de la main, et au bout d'un certain temps, ses prédictions se vérifiaient tellement – selon ses clients – qu'il commença à croire qu'il y avait finalement quelque chose de vrai là-dedans. En guise d'expérience, Stanley Jaks, un mentaliste professionnel qui connaissait toutes les ficelles du métier, suggéra à Hyman d'interpréter les lignes des mains de ses clients mais en leur donnant *l'interprétation contraire*. Hyman s'exécuta et « à [sa] grande surprise et à [sa] grande horreur, [ses] interprétations se trouvèrent tout autant que d'habitude vérifiées. » Hyman devint aussitôt un sceptique de la chiromancie[2].

Pas ses clients, bien sûr. Ils sélectionnaient inconsciemment les prédictions qui leur semblaient exactes et ignoraient celles qui étaient fausses. De toute façon, tout étant vague et ambigu, et donc ouvert à plusieurs interprétations, ceux qui y croyaient pouvaient trouver suffisamment de preuves de l'efficacité de la chiromancie. La superstition de Corfou sur la mante religieuse est *toujours* vérifiée car aucun événement ultérieur ne peut la réfuter.

La raison pour laquelle des civilisations anciennes attachaient tant d'importance au foie de mouton reste passablement mystérieuse, mais l'hépatomancie n'est que l'une des armes de l'abondant arsenal du futurologue. Ézéchiel nous le dit, le roi de Babylone consultait également les idoles du foyer – il interrogeait les dieux. Et en un sens littéral, il « secouait les flèches ». C'est la *bélomancie*. Après l'époque babylonienne, cette forme de divination eut la faveur des Arabes, des Grecs et des Scythes. Il y avait plusieurs manières de la pratiquer, mais toutes utilisaient des flèches rituelles spéciales décorées de symboles magiques. Le symbolisme ésotérique impressionne toujours, en particulier les gens les moins éduqués : il suggère l'existence de pouvoirs secrets, de connaissances cachées. On écrivait les réponses possibles à une question extrêmement importante sur un support attaché à différentes flèches que l'on tirait ensuite en l'air. La flèche qui allait le plus loin portait la bonne réponse. Parfois, pour éviter de perdre du temps à retrouver les flèches éparpillées, on les plaçait simplement dans un carquois et on en tirait une au hasard.

Le foie, les flèches – quoi d'autre ? À peu près n'importe quoi. *The Concise Lexicon of the Occult* (Lexique abrégé de l'occultisme), de Gerina Dunwich, liste une centaine de méthodes de divination. Nous connaissons l'*horoscope*, qui prédit le destin d'une personne à partir de la configuration des étoiles à sa naissance ; la *chiromancie*, qui décrit son avenir à partir des lignes de sa main ; et la *tasséographie* – les feuilles de thé. Mais ces méthodes ne donnent qu'un infime aperçu des capacités de l'humanité à imaginer comment prédire le déploiement de l'univers à partir d'objets quotidiens. Si vous n'êtes pas très lignes de la main, pourquoi ne pas vous tourner vers la *podomancie*, la lecture des lignes de la plante des pieds ? Ou la *néphélomancie*, la prédiction de l'avenir à partir de la forme et du mouvement des nuages ? Ou la *myomancie*, la divination à partir des cris des souris et des rats ? Ou la *sycomancie* – la même chose avec les feuilles de figues –, ou la *cromniomancie* – avec les oignons ? Pourquoi aussi ne pas faire les choses à moitié et vous adonner à la *képhalomancie*, autrefois si prisée des Germains et des Lombards : on prend une chèvre ou un âne, on coupe la tête et on la cuit. On verse dessus du charbon allumé tout en lisant les noms des criminels suspectés[3]. Lorsque la tête émet un craquement, le nom prononcé est celui du coupable. Il ne s'agit pas cette fois de prédire l'avenir, mais d'exhumer un secret enfoui dans le passé.

À première vue, ces méthodes sont tellement disparates qu'il semble difficile de leur trouver un point commun autre que l'accomplissement d'un rite à l'aide d'éléments de la vie quotidienne et le décodage du sens ésotérique de ce qui peut en résulter. Nombre de ces méthodes, toutefois, dépendent d'une même hypothèse, à savoir que pour comprendre quelque chose de vaste et de complexe, il faut le simuler par quelque chose de *petit* et de complexe. Les formes prises par les feuilles de thé dans une tasse sont variables, aléatoires et imprévisibles. L'avenir est *lui aussi* variable, aléatoire et imprévisible. Il ne faut pas être grand clerc pour soupçonner un lien entre les deux. Idem avec les nuages, les cris de souris et les lignes de vos pieds. Si vous croyez à la destinée, votre destin est prédéterminé à votre naissance – pourquoi alors ne serait-il pas écrit quelque part, en attente d'être déchiffré par un expert. Qu'est-ce qui change avec la date et l'heure de votre naissance ? Le mouvement de la Lune et des planètes sur le fond des étoiles fixes… *ah ah ah !*

Ce ne sont pas seulement les anciennes cultures qui ne disposaient pas du vaste savoir scientifique dont nous bénéficions aujourd'hui. Nombre de gens croient encore à l'astrologie. D'autres n'y *croient* pas vraiment, mais trouvent amusant de lire leur horoscope pour voir s'il a ou non raison. Dans de nombreux pays, un nombre considérable de gens jouent à la loterie nationale. Ils savent que leurs chances de gagner sont très faibles (parfois sans imaginer *à quel point*), mais il faut jouer si vous voulez gagner, et si vous gagnez, vos soucis financiers disparaissent en un instant. Je ne dis pas qu'il est sage de jouer, parce que presque tout le monde perd, mais je connais quelqu'un qui a gagné un million de livres sterling…

La loterie (dont la forme est similaire dans de nombreux pays) est un jeu de pur hasard – point de vue conforté par l'analyse statistique –, mais des milliers de joueurs imaginent qu'un système intelligent peut vaincre le hasard[4]. Achetez une loterie miniature qui sort au hasard de minuscules boules numérotées. Choisissez vos boules sur cette miniature. Dans la mesure où il y a une logique, elle doit être du genre « la loterie réelle fonctionne exactement comme la loterie miniature, toutes les deux sont aléatoires, et donc, mystérieusement, la loterie miniature se comporte comme la loterie réelle ». Le grand se retrouve dans le petit. C'est la même logique que celle des feuilles de thé et des cris de souris.

3

Roulements de dés

« La meilleure façon de lancer les dés est de les jeter au loin. »

Proverbe du XVIe siècle

Pendant des millénaires, le désir de prédire l'avenir qui habitait l'humanité s'est manifesté par d'innombrables méthodes de divination, déclarations oraculaires, cérémonies propitiatoires, et par beaucoup de superstition. Tout cela eut très peu d'impact sur la pensée rationnelle, et encore moins sur son contenu scientifique ou mathématique. Même si quelqu'un avait l'idée de consigner des prédictions et de les comparer aux événements, il y avait trop de moyens d'écarter les données gênantes – l'offense aux dieux, la mésinterprétation de l'avis oraculaire, etc. Les gens tombaient couramment dans le piège du biais de confirmation : ils retenaient tout ce qui confortait la prédiction ou la croyance, et ignoraient tout ce qui lui était contraire. Ils le font encore aujourd'hui, par centaines de millions.

Il y avait cependant une activité humaine dans laquelle l'ignorance des faits conduisait automatiquement au désastre : le jeu. Même là, il y a de la place pour un certain aveuglement ; des millions de personnes ont encore des points de vue irrationnels et erronés sur les probabilités. Mais des millions d'autres ont une assez bonne compréhension du hasard et de ses combinaisons, de sorte que les joueurs et les bookmakers font davantage de profits lorsqu'ils connaissent les fondements des probabilités. Pas nécessairement leur formalisme mathématique, mais une bonne maîtrise des bases, plus un peu de pifométrie et de déductions reposant sur l'expérience. Contrairement aux prédictions religieuses (les oracles, etc.) et politiques (les affirmations confiantes dépourvues de bases factuelles, les infox, la propagande), le jeu offre un moyen objectif de tester vos convictions sur les probabilités : à long terme, soit vous gagnez de l'argent, soit vous en perdez. Si votre fameux système pour vaincre le hasard ne marche pas, vous le verrez rapidement et vous regretterez de l'avoir essayé. Vous pouvez le revendre à des gogos, mais ça, c'est différent. Si *vous* l'utilisez, avec votre propre argent, la réalité se rappelle rapidement à vous.

Le jeu est, et depuis longtemps, un secteur très lucratif. Chaque année dans le monde, quelque *dix mille milliards* de dollars changent de main lors de jeux légaux. (Bien plus si vous incluez le secteur financier…) Une bonne partie de cette somme est dans une certaine mesure recyclée : le turfiste parie sur les chevaux, le bookmaker paie les gains mais garde les enjeux des perdants ; une bonne partie de l'argent passe entre les mains de nombreuses personnes, et circule ici et là ; mais à long terme, une part significative de cette somme atterrit dans les poches (et les comptes bancaires) des bookmakers et des casinos, et y reste. Ainsi, le montant net de l'argent qui est converti en profit, bien que substantiel, est passablement plus faible.

La première véritable théorie mathématique des probabilités apparut lorsque des mathématiciens se mirent à réfléchir soigneusement aux jeux d'argent et de hasard, en particulier au comportement probable à long terme. Les pionniers de la théorie des probabilités durent extraire des principes mathématiques sensés de la masse confuse d'intuitions, superstitions et conjectures hâtives qui étaient jusqu'alors les méthodes utilisées par le genre humain pour gérer les événements aléatoires. C'est rarement une bonne idée de commencer en s'attaquant aux problèmes sociaux et scientifiques dans toute leur complexité. Si les premiers mathématiciens avaient tenté de prévoir le temps, par exemple, ils ne seraient pas allés bien loin, car les méthodes disponibles étaient inadéquates. Au lieu de cela, ils firent ce que les mathématiciens font toujours : ils considérèrent les exemples les plus simples, dans lesquels la complexité est presque totalement éliminée et où l'on peut alors dire, précisément, de quoi on parle. Ces « modèles-jouets » sont souvent mal compris par les profanes, car ils semblent très éloignés des complexités du monde réel. Mais au cours de l'histoire, c'est de ces modèles-jouets qu'ont émergé les grandes découvertes, vitales pour le progrès de la science[1].

L'icône archétypale du hasard est un classique du jeu d'argent : le dé.

Les dés seraient nés dans la vallée de l'Indus et auraient été inspirés par l'utilisation encore plus ancienne que l'on faisait des osselets – des os animaux utilisés pour la divination et jouer à certains jeux. Les archéologues ont découvert des dés à six faces, essentiellement identiques à ceux que l'on utilise aujourd'hui, à Shahr-e Sokhteh (« ville brûlée »), dans l'ancien Iran, sur un site occupé de 3200 à 1800 avant J.-C. Les dés les plus anciens datent d'environ 2800-2500 avant J.-C. et servaient à jouer à un jeu ressemblant au jacquet. Vers la même époque, les anciens Égyptiens utilisaient des dés pour jouer au *senet*, dont les règles sont inconnues, bien que les hypothèses ne manquent pas à leur sujet.

Nous ne savons pas précisément si ces premiers dés étaient utilisés lors de jeux d'argent. Les anciens Égyptiens n'avaient pas de monnaie à proprement parler, mais utilisaient souvent à la place des grains au sein d'un système de troc sophistiqué. Les jeux d'argent avec dés étaient toutefois courants à Rome, il y a deux millénaires. La plupart des dés romains ont quelque chose d'étrange. À première vue, ils ressemblent à des cubes, mais neuf dixièmes d'entre eux ont des faces rectangulaires – et non carrées. N'ayant pas la symétrie des véritables dés, certains nombres devaient sortir plus souvent que d'autres. Une déformation de ce type, même légère, pouvait avoir une grande incidence lors d'une longue série de jets, normalement fréquente dans les jeux de dés. C'est seulement au milieu du XVe siècle que l'usage de dés symétriques est devenu la règle. Pourquoi, alors, les joueurs romains ne voyaient-ils aucune objection à jouer avec des dés biaisés ? Jelmer Eerkens, un archéologue néerlandais qui a étudié les dés, s'est demandé si une croyance au destin, plutôt qu'à la physique, ne serait pas l'explication. Si vous pensiez que votre destin était entre les mains des dieux, alors vous gagniez quand ils voulaient que vous gagniez et vous perdiez quand ils ne voulaient pas que vous gagniez. La forme des dés n'avait pas importance[2].

Vers 1450, les joueurs semblaient s'être réveillés, car la plupart des dés étaient alors symétriques. Même la disposition des nombres s'était standardisée, peut-être pour s'assurer plus facilement que les six nombres sortaient tous. (Une manière classique de tricher, encore en usage aujourd'hui, consiste à changer les dés par d'autres dont certains numéros apparaissent deux fois, ce qui rend leur sortie plus probable. Si vous placez ce numéro sur deux faces opposées, un regard superficiel ne remarque rien. Faites cela avec deux dés, et certains totaux sont impossibles. Il y a des dizaines d'autres façons de tricher, même avec des dés parfaitement normaux.) À l'origine, la plupart des dés avaient le 1 opposé au 2, le 3 opposé au 4, et le 5 opposé au 6. Cette disposition est appelée « en nombres premiers » parce que les totaux 3, 7 et 11 sont des nombres premiers. Vers 1600, la vogue des nombres premiers disparut pour laisser place à la configuration que nous utilisons aujourd'hui : 1 opposé à 6, 2 opposé à 5, et 3 opposé à 4. C'est la disposition « en septs », car la somme des faces opposées est toujours égale à sept. Les dispositions en nombres premiers et en septs admettent l'une et l'autre deux formes distinctes, images miroir l'une de l'autre.

Il se peut, les dés se faisant plus réguliers et plus standardisés, que les joueurs aient adopté une approche plus rationnelle. Ils cessèrent de croire que Dame fortune pouvait influencer un dé pipé et accordèrent plus d'attention à la probabilité d'un résultat particulier survenant sans intervention divine. Ils pouvaient difficilement ne pas remarquer qu'avec un dé non pipé, bien que les nombres sortis ne suivent pas une séquence prévisible, tout nombre, quel qu'il soit, est tout aussi probable que les autres. Ainsi, à long terme, chaque nombre pouvait sortir tout aussi souvent, à une petite variation près. Ce type de réflexions conduisit finalement quelques mathématiciens pionniers à créer une nouvelle branche de leur discipline : la théorie des probabilités.

Le premier de ces pionniers fut Jérôme Cardan, dans l'Italie de la Renaissance. Il gagna ses galons de mathématicien en 1545 en rédigeant son *Ars Magna*, le Grand art. Ce fut le troisième livre réellement important à traiter de ce que l'on nomme aujourd'hui l'algèbre.

L'Arithmétique, du mathématicien grec Diophante, parue vers 250 après J.-C., introduisit des symboles pour représenter les nombres inconnus. L'*al-Kitāb al-mukhtaṣar fī ḥisāb al-jabr wal-muqābala* (Abrégé du calcul par la restauration et la comparaison), rédigé vers 800 après J.-C. par le mathématicien persan Mohammed al-Khwarizmi, nous a donné le mot algèbre. S'il n'utilisait pas de symboles, al-Khwarizmi a toutefois développé des méthodes systématiques pour résoudre les équations – des « algorithmes », d'après la latinisation de son nom, Algorismus. Cardan combina les deux idées – la représentation symbolique de l'inconnue plus la possibilité de traiter les symboles comme de nouveaux types d'objets mathématiques. Il dépassa en outre ses prédécesseurs en résolvant des équations plus complexes.

Ses compétences mathématiques étaient incontestables, mais son caractère laissait grandement à désirer : il était à la fois joueur et voyou, et avait des penchants violents. Mais il vivait à une époque de joueurs et de voyous, dans laquelle la violence se rencontrait souvent à chaque coin de rue. Cardan était également médecin, très réputé selon les standards de l'époque. Il était aussi astrologue. Il entra en conflit avec l'Église pour avoir fait l'horoscope du Christ. On raconte qu'il fit son propre horoscope, ce qui lui attira encore plus de problèmes parce que, ayant prédit la date de sa propre mort, sa fierté professionnelle le conduisit à se tuer pour ne pas contredire cette prédiction. Aucun témoignage objectif ne confirme cette histoire, mais compte tenu de la personnalité de Cardan, elle n'est pas totalement impossible.

Avant de regarder la contribution de Cardan à la théorie des probabilités, faisons un peu de terminologie. Si vous pariez sur un cheval, le bookmaker ne vous donne pas de probabilité ; il vous donne les *cotes*. Par exemple, il peut vous proposer une cote de 3:2 (prononcez 3 contre 2) sur Galloping Girolamo dans la quatrième à Longchamp. Cela signifie que si vous misez 2 € et que vous gagniez, le bookmaker vous donne 3 € *plus* votre mise de 2 €. Si vous gagnez, vous êtes plus riche de 3 € ; si vous perdez, le bookmaker est plus riche de 2 €.

Cet arrangement est équitable à long terme si les gains et les pertes se compensent mutuellement. Ainsi, un cheval dont la cote est 3:2 devrait perdre trois fois toutes les deux victoires. En d'autres termes, sur cinq courses, il devrait y avoir, en moyenne, deux victoires. La *probabilité* d'une victoire est donc de deux sur cinq : 2/5. D'une manière générale, si la cote est $m{:}n$, la probabilité pour que le cheval gagne est

$$p = \frac{n}{m+n}$$

si les cotes sont d'une honnêteté scrupuleuse. Il est rare, bien sûr, qu'elles le soient ; les bookmakers sont là pour gagner de l'argent. D'un autre côté, les cotes sont proches de cette formule : les bookmakers ne veulent pas que leurs clients s'aperçoivent qu'ils se font escroquer.

Quels que soient les détails pratiques, cette formule vous dit comment convertir des cotes en probabilités. Vous pouvez également faire la conversion inverse en gardant à l'esprit qu'une cote est un rapport : 6:4 est identique à 3:2. Le rapport $m{:}n$ est la fraction m/n, qui est égale à $1/p - 1$. Vérification : si $p = 2/5$, alors $m/n = 5/2 - 1 = 3/2$, ce qui donne une cote de 3:2.

Toujours à court d'argent, Cardan se renfloua en se spécialisant dans les jeux d'argent et le jeu d'échecs. Son *Liber de ludo aleae* (*Livre du jeu de hasard*) fut rédigé en 1564 mais attendit 1663 – plus de 80 ans après sa mort – pour être publié dans le cadre de ses œuvres complètes. Ce livre contient le premier traitement systématique des probabilités. Utilisant les dés pour illustrer certains concepts fondamentaux, Cardan écrivit : « Dans la mesure où vous vous écartez de [...] l'équité, si c'est en faveur de votre adversaire, vous êtes un imbécile, et si c'est en votre faveur, vous êtes injuste. » Telle était sa définition de l'« équité ». Ailleurs dans le livre, il explique comment tricher, de sorte qu'il semble n'avoir en fait rien eu *contre* l'injustice tant qu'il n'en était pas lui-même victime. D'un autre côté, même un joueur honnête a besoin de savoir comment tricher pour repérer les tricheurs parmi ses adversaires. Partant de cette remarque, il explique pourquoi les cotes équitables peuvent être considérées comme le rapport des pertes aux gains (pour le turfiste, ou des gains aux pertes pour le bookmaker). De fait, il définit la probabilité d'un événement comme la proportion, à long terme, des occasions où il se produit.

Dans la préface à son analyse, il écrivit que « le principe le plus fondamental dans le jeu est simplement l'égalité des conditions, par exemple, des adversaires, des spectateurs, de l'argent, de l'emplacement, de la boîte à dés et des dés eux-mêmes. » Ces conditions étant réunies, le lancer d'un seul dé est simple. Il y a six résultats possibles, et si le dé est équilibré, chacun survient en moyenne tous les six lancers. Leur probabilité est donc 1/6. Pour deux dés ou plus, Cardan alla directement à l'essentiel – contrairement à d'autres mathématiciens. Il calcula qu'il y a 36 résultats équiprobables pour deux dés, et 216 pour trois. De nos jours, nous observerions que $36 = 6 \times 6$ (ou 6^2) et que $216 = 6 \times 6 \times 6$ (ou 6^3), mais Cardan fit le calcul autrement : « Il y a six lancers avec des faces identiques, et quinze combinaisons avec des faces différentes qui, une fois doublées, donnent trente, ce qui fait en tout trente-six. »

Pourquoi doubler ? Supposez qu'un dé soit rouge et l'autre bleu. Alors, la combinaison d'un quatre et d'un cinq peut survenir de deux façons différentes : 4 rouge et 5 bleu ; 5 rouge et 4 bleu. La combinaison d'un 4 et d'un 4 ne survient cependant que d'une seule façon : 4 rouge et 4 bleu. Les couleurs sont introduites ici pour rendre le raisonnement transparent : même si les dés *semblent* identiques, il y a encore deux façons d'obtenir une combinaison de nombres différents, mais une seule façon d'obtenir le même nombre sur les deux dés. Les éléments clés sont les paires de nombres ordonnées, et non les paires non ordonnées[3]. En dépit de son apparente simplicité, cette observation constitua un progrès significatif.

Pour trois dés, Cardan résolut une énigme déjà ancienne. Les joueurs savaient depuis longtemps par expérience que lorsqu'on lance trois dés, un total de 10 est plus probable qu'un total de 9. Cela les laissait toutefois perplexes, car s'il y a six façons d'obtenir un total de 10 :

$1 + 4 + 5 \quad 1 + 3 + 6 \quad 2 + 4 + 4 \quad 2 + 2 + 6 \quad 2 + 3 + 5 \quad 3 + 3 + 4$

Il y a aussi six façons d'obtenir un total de 9 :

$1 + 2 + 6 \quad 1 + 3 + 5 \quad 1 + 4 + 4 \quad 2 + 2 + 5 \quad 2 + 3 + 4 \quad 3 + 3 + 3$

Pourquoi alors 10 survient-il plus souvent ? Cardan fit remarquer qu'il y a 27 triplets *ordonnés* totalisant 10, mais seulement 25 totalisant 9.[4]

Il fit ses plus importantes découvertes lorsqu'il travailla sur les lancers de dés répétitifs. La première fut qu'à long terme, la probabilité de l'événement était égale à la proportion d'occurrences de cet événement. C'est ce qu'on appelle aujourd'hui la définition fréquentiste de la probabilité. La seconde fut que si la probabilité d'un événement est égale à p, alors la probabilité pour qu'il survienne lors de chacune de n tentatives est égale à p^n. Il lui fallut un certain temps pour obtenir la bonne formule, et son livre contenait les erreurs qu'il avait commises en chemin.

A priori, vous ne verriez pas un avocat et un théologien catholique se passionner pour les jeux d'argent. Pourtant, Pierre de Fermat et Blaise Pascal furent des mathématiciens accomplis qui ne purent résister à un défi. En 1654, le chevalier de Méré, renommé pour son expertise dans le domaine des jeux, expertise qui s'étendait « même aux mathématiques » – un rare compliment, ma foi – demanda à Fermat et Pascal de trouver une solution au « problème des partis ».

Considérez un simple jeu dans lequel chaque joueur a 50 % de chances de gagner – par exemple, le jeu de pile ou face. Avant de commencer la partie, ils contribuent à parts égales à la constitution d'un « pot » et conviennent que la première personne qui gagne un certain nombre de parties (de « points ») empoche le pot. Le jeu est toutefois interrompu avant de s'achever. Étant donné le score à ce moment-là, comment les joueurs doivent-ils se partager le pot. Par exemple, supposez qu'il soit de 100 euros, que le jeu soit censé s'arrêter dès qu'un joueur gagne dix parties, mais qu'ils doivent l'abandonner alors que le score est de 7 à 4. Combien chaque joueur doit-il recevoir ?

Cette question fut à l'origine d'une abondante correspondance entre les deux mathématiciens, intégralement conservée à l'exception de la lettre initiale de Pascal à Fermat dans laquelle, apparemment, il suggérait la mauvaise solution[5]. Fermat envoya en réponse un calcul différent et pressa Pascal de lui dire rapidement s'il était ou non d'accord avec ce calcul. La réponse de Pascal fut telle qu'il l'espérait :

> Monsieur,
>
> L'impatience me prend aussi bien qu'à vous, et quoique je sois encore au lit, je ne puis m'empêcher de vous dire que je reçus hier de la part de M. de Carcavy votre lettre sur les partis, que j'admire si fort que je ne puis vous le dire. Je n'ai pas le loisir de m'étendre, mais en un mot vous avez trouvé les deux partis des dés et des parties dans la parfaite justesse.

Pascal a reconnu que sa première tentative était erronée, et tous deux travaillèrent le problème de long en large, Pierre de Carcavi (mathématicien et conseiller parlementaire, comme Fermat) faisant office d'intermédiaire. Leur idée maîtresse était que l'important n'est pas ce qui est survenu avant l'interruption – hormis l'état du score –, mais ce qui pouvait arriver durant les parties restantes. Si les joueurs se sont fixé 20 victoires comme objectif et que le jeu s'interrompt sur le score de 17 à 14, l'argent doit être divisé exactement de la même manière que pour un objectif de 10 victoires et un score de 7 à 4. (Dans les deux cas, l'un des joueurs a besoin de 3 points de plus et l'autre de 6 points de plus. La façon dont ils sont parvenus à ce stade n'a pas d'importance.) Les deux mathématiciens analysèrent cette configuration, calculèrent ce que nous appellerions aujourd'hui l'espérance mathématique de chaque joueur – la somme moyenne que chacun gagnerait si le jeu se répétait de nombreuses fois. La réponse dans notre exemple est que le pot doit être divisé dans un rapport de 219 à 37, le joueur qui est en tête empochant la plus grosse part. Ce n'est pas vraiment intuitif[6].

L'importante contribution suivante fut le *De ratiociniis in ludo aleae* (Sur le calcul dans les jeux de hasard) de Christiaan Huygens, paru en 1657. Huygens travailla lui aussi sur le problème des partis et explicita la notion d'espérance mathématique. Plutôt que d'écrire la formule qu'il trouva, regardons un exemple typique. Supposez que vous lanciez de nombreuses fois un dé en vous donnant la règle suivante :

vous perdez 4 € si vous sortez le 1 ou le 2
vous perdez 3 € si vous sortez le 3
vous gagnez 2 € si vous sortez le 4 ou le 5
vous gagnez 6 € si vous sortez le 6

Il n'est pas immédiatement clair que vous serez avantagé à long terme. Pour voir cela, remarquons que

la probabilité de perdre 4 € vaut 2/6 = 1/3
la probabilité de perdre 3 € vaut 1/6
la probabilité de gagner 2 € vaut 2/6 = 1/3
la probabilité de gagner 6 € vaut 1/6

Alors, dit Huygens, votre espérance mathématique s'obtient en multipliant chaque perte ou gain (les pertes étant comptées négativement) par la probabilité correspondante, puis en les additionnant :

$$\left(-4 \times \frac{1}{3}\right) + \left(-3 \times \frac{1}{6}\right) + \left(2 \times \frac{1}{3}\right) + \left(6 \times \frac{1}{6}\right)$$

ce qui donne –1/6. Autrement dit, vous perdez en moyenne 1/6 d'euro par partie, soit environ 16,7 centimes d'euro.

Pour voir pourquoi ça marche, imaginez que vous lanciez le dé six millions de fois, et que chaque nombre sorte un million de fois – comme dans le cas moyen. Les proportions restant les mêmes, vous pouvez alors aussi bien faire six lancers de dé au cours desquels chaque nombre sort une seule fois. Lors de ces six lancers, vous perdez 4 € quand vous sortez le 1 et le 2, 3 € quand vous sortez le 3, et vous gagnez 2 € quand vous sortez le 4 et le 5 et 6 € quand vous sortez le 6. Votre « gain » total s'élève alors à

$$(-4) + (-4) + (-3) + 2 + 2 + 6 = -1$$

Si vous divisez par 6 (le nombre de parties concernées) et groupez les termes correspondant à la même perte ou au même gain, vous retrouvez l'expression de Huygens. L'espérance mathématique est une sorte de moyenne des gains et pertes individuels, mais chaque résultat est « pondéré » par sa probabilité.

Huygens appliqua également ses mathématiques à des problèmes concrets. Avec son frère Lodewijk, il utilisa les probabilités pour étudier l'espérance de vie telle qu'elle découlait des tables de John Graunt publiées en 1662 dans les *Natural and Political Observations Made upon the Bills of Mortality* (Observations naturelles et politiques faites sur les registres de mortalité), ouvrage généralement considéré comme le tout premier travail significatif sur la démographie – l'étude numérique des populations – et l'un des tout premiers travaux sur l'épidémiologie – l'étude des maladies épidémiques. Les probabilités et les affaires humaines commençaient déjà de s'imbriquer.

4

Pile ou face

« Face, je gagne, pile tu perds. »

Souvent entendu dans les jeux d'enfants

Tous les travaux précédents sur les probabilités paraissent insignifiants comparés à l'épique *Ars conjectandi* (Art de la conjecture) rédigé entre 1684 et 1689 par Jacques Bernoulli et publié à titre posthume en 1713 par son neveu Nicolas Bernoulli. Jacques Bernoulli, qui avait déjà abondamment publié sur les probabilités, réunit les idées et résultats principaux alors connus sur le sujet et leur ajouta ses bien plus nombreuses contributions personnelles. Ce livre est généralement considéré comme marquant la naissance de la théorie des probabilités en tant que branche à part entière des mathématiques. Il débute par les propriétés combinatoires des permutations et des combinaisons, que nous allons brièvement revisiter en notations modernes. Par la suite, Jacques Bernoulli remania les idées de Huygens sur l'espérance mathématique.

Le jeu de pile ou face est un incontournable des textes sur les probabilités. Il est bien connu, il est simple, et il offre une bonne illustration de nombreuses idées fondamentales. Pile/face est l'alternative la plus élémentaire des jeux de hasard. Bernoulli a analysé ce que l'on appelle aujourd'hui une *épreuve de Bernoulli*. Elle modélise la répétition d'un jeu à deux issues, telles que P ou F lors du lancer d'une pièce de monnaie. La pièce peut être biaisée et par exemple, P avoir une probabilité de 2/3 et donc F une probabilité de 1/3. Chaque lancer donnant soit pile, soit face, la somme des deux probabilités est nécessairement égale à 1. Bernoulli posait des questions du genre « quelle est la probabilité d'obtenir au moins 20 P lors de 30 lancers ? » et y répondait en utilisant des formules de dénombrement appelées « permutations » et « combinaisons ». Après avoir établi la pertinence de ces idées combinatoires, il développa en profondeur leur formulation mathématique. Il les relia à la formule du binôme, un résultat algébrique qui donne le développement des puissances de l'expression « binomiale » (à deux termes) x + y ; par exemple

$$(x + y)^4 = x^4 + 4x^3y + 6x^2y^2 + 4xy^3 + y^4$$

La troisième partie de l'*Ars conjectandi* applique les résultats précédents aux jeux de cartes et de dés de l'époque. La quatrième et dernière partie poursuit l'exploration des applications, mais concerne cette fois la prise de décision dans des contextes sociaux tels que le droit et la finance. La grande contribution de Bernoulli est ici la loi des grands nombres, qui affirme que sur un grand nombre d'épreuves, le nombre de fois qu'un événement spécifique P ou F se produit est habituellement très proche du nombre d'épreuves multiplié par la probabilité de cet événement. Bernoulli appela cela son *théorème en or*, « un problème auquel j'ai consacré vingt années de ma vie ». Ce résultat peut être considéré comme une justification de la définition fréquentiste des probabilités : « la proportion de fois qu'un événement donné se produit ». Bernoulli voyait les choses différemment : ce résultat fournissait une justification théorique à l'utilisation des proportions lors d'expériences visant à déduire les probabilités sous-jacentes. Cela est proche de la conception axiomatique moderne de la théorie des probabilités.

Avec son *Ars conjectandi*, Bernoulli fixa le niveau pour tous ceux qui suivirent, mais laissa ouvertes plusieurs importantes questions. L'une d'elles était d'ordre pratique. Les calculs utilisant des épreuves de Bernoulli devenaient très compliqués quand le nombre d'épreuves était important. Par exemple, quelle est la probabilité d'obtenir un minimum de 600 piles lors de 1 000 lancers d'une pièce équilibrée ? La formule fait intervenir la multiplication de 600 nombres entiers puis la division par 600 autres nombres entiers. En l'absence de calculateurs électroniques, le calcul à la main de telles sommes était au mieux fastidieux et chronophage, au pire au-delà des capacités humaines. Répondre à ce type de questions fut la prochaine grande étape sur la voie de la compréhension humaine de l'incertitude via la théorie des probabilités.

Le temps passant, la description des mathématiques de la théorie des probabilités en termes historiques devint confuse, car la notation, les termes et même les concepts changèrent de multiples fois à mesure que les mathématiciens avançaient à tâtons vers une meilleure compréhension. C'est la raison pour laquelle je veux maintenant expliquer en termes plus modernes certaines des grandes idées nées de ces développements historiques. Cela clarifiera et organisera certains concepts dont nous avons besoin pour le reste du livre.

Il semble intuitivement clair qu'à long terme, une pièce de monnaie équilibrée donne à peu près le même nombre de piles et de faces. Chaque lancer individuel est imprévisible, mais les résultats cumulés d'une série de lancers sont en moyenne prévisibles. Donc, bien que nous ne puissions être certains de l'issue d'un lancer particulier, nous pouvons, sur le long terme, placer des limites à notre incertitude.

En lançant dix fois une pièce, j'ai obtenu cette série de piles et de faces

P F P P P F P F F P

Il y a 6 piles et 4 faces – une répartition presque égale, mais pas tout à fait. Quelle est la probabilité de telles proportions ?

Je vais répondre en procédant par étapes. Le premier lancer donne soit P soit F, avec des probabilités égales, 1/2. Les deux premiers lancers auraient pu donner PP, PF, FP ou FF. Il y a quatre possibilités, toutes équiprobables, de sorte que chacune a une probabilité égale à 1/4. Les trois premiers lancers auraient pu donner PPP, PPF, PFP, PFF, FPP, FPF, FFP ou FFF. Il y a huit possibilités, toutes équiprobables, de sorte que chacune a une probabilité égale à 1/8. Pour terminer, regardons les quatre premiers lancers. Il y a 16 possibilités, chacune avec une probabilité égale à 1/16, et je vais les énumérer en fonction du nombre d'occurrences de P :

0 fois	1 possibilité (FFFF)
1 fois	4 possibilités (PFFF, FPFF, FFPF, FFFP)
2 fois	6 possibilités (PPFF, PFPF, PFFP, FPPF, FPFP, FFPP)
3 fois	4 possibilités (PPPF, PPFP, PFPP, FPPP)
4 fois	1 possibilité (PPPP)

La série que j'ai obtenue commence par PFPP, avec une seule face. Ce nombre de faces apparaît 4 fois dans les 16 possibilités. Sa probabilité est donc 4/16 = 1/4. À titre de comparaison, la configuration deux faces et deux piles apparaît 6 fois dans les 16 possibilités. Sa probabilité est donc 6/16 = 3/8. Ainsi, bien que les piles et les faces soient équiprobables, la probabilité de les obtenir en nombres égaux n'est pas 1/2 ; elle est plus petite. D'un autre côté, la probabilité d'être *proche* de deux faces – ici, 1, 2 ou 3 – est (4 + 6 + 4)/16 = 14/16, soit 87,5 %.

Dix lancers donnent 2^{10} = 1024 séries de P et F. Des sommes similaires (il y a des raccourcis) montrent que le nombre de séries avec un nombre donné de F évolue comme ceci :

0 fois	1 série	probabilité 0,001
1 fois	10 séries	probabilité 0,01
2 fois	45 séries	probabilité 0,04
3 fois	120 séries	probabilité 0,12
4 fois	210 séries	probabilité 0,21
5 fois	252 séries	probabilité 0,25
6 fois	210 séries	probabilité 0,21
7 fois	120 séries	probabilité 0,12
8 fois	45 séries	probabilité 0,04
9 fois	10 séries	probabilité 0,01
10 fois	1 série	probabilité 0,001

Ma série avait 6 piles et 4 faces – événement dont la probabilité est égale à 0,21. Le nombre de faces le plus probable est 5, et sa probabilité égale seulement 0,25. La sélection d'un nombre de faces particulier n'est pas très instructive. Il est plus intéressant de se demander quelle est la probabilité d'obtenir un nombre de piles et de faces situé dans une certaine fourchette, par exemple entre 4 et 6 ? La réponse est 0,21 + 0,25 + 0,21 = 0,67. Autrement dit, avec dix lancers, on peut s'attendre deux fois sur trois à obtenir une répartition 5:5 ou 6:4. Le revers de la médaille est que nous pouvons nous attendre à une *plus grande* disparité une fois sur trois. Ainsi, une certaine fluctuation autour de la moyenne théorique est non seulement possible, mais aussi tout à fait probable.

Si nous recherchons une plus grande fluctuation, par exemple une répartition 5:5, 6:4 ou 7:3 (dans les deux sens), la probabilité de rester dans ces limites devient 0,12 + 0,21 + 0,25 + 0,21 + 0,12 = 0,9. Maintenant, la probabilité d'avoir un plus grand déséquilibre est d'environ 0,1 – une fois sur dix. C'est peu, mais pas ridiculement petit. Curieusement, lorsque vous lancez dix fois une pièce, la probabilité d'obtenir au maximum deux faces ou deux piles atteint quand même 1/10. Cela arrive, en moyenne, une fois toutes les dix épreuves.

Comme le montrent ces exemples, les premiers travaux sur les probabilités se concentrèrent principalement sur les méthodes de dénombrement de cas équiprobables. La branche des mathématiques qui compte les choses s'appelle la combinatoire, et les concepts qui dominèrent ses premiers travaux furent les permutations et les combinaisons.

Une permutation est un moyen de ranger un certain nombre de symboles ou d'objets. Par exemple, les symboles A B C peuvent être rangés de six manières :

ABC ACB BAC BCA CAB CBA

Des listes similaires montrent qu'il y a 24 façons de ranger quatre symboles, 120 façons d'en ranger cinq, 720 d'en ranger six, et ainsi de suite. La règle générale est simple. Supposons par exemple que nous voulions ranger six lettres A B C D E F dans un certain ordre. Nous avons six choix possibles pour la première lettre : A ou B ou C ou D ou E ou F. Une fois cette première lettre choisie, il nous en reste cinq pour poursuivre le rangement. Nous avons donc cinq choix possibles pour la deuxième lettre. Chacun de ces choix peut être accolé au choix initial, donc globalement, nous pouvons choisir les deux premières lettres de

$$6 \times 5 = 30$$

manières possibles. Il y a quatre choix possibles pour la lettre suivante, trois choix pour celle d'après, deux choix pour celle d'après, et il ne reste plus alors que la sixième lettre. Ainsi, le nombre total de rangements est

$$6 \times 5 \times 4 \times 3 \times 2 \times 1 = 720$$

Le symbole standard pour désigner ce calcul est 6!, qui se lit « 6 factorielle » (ou plus correctement « factorielle 6 », mais presque plus personne ne parle comme ça).

Le même raisonnement montre que le nombre de façons de ranger un paquet de 52 cartes est

$$52! = 52 \times 51 \times 50 \times \ldots \times 3 \times 2 \times 1,$$

nombre que mon fidèle ordinateur me dit, avec une vitesse impressionnante, valoir

80 658 175 170 943 878 571 660 636 856 403 766 975 289 505 440 883 277 824 000 000 000 000

Cette valeur est exacte, gigantesque, et quelque chose que vous ne pouvez trouver en dressant la liste de toutes les possibilités.

D'une manière plus générale, on peut calculer le nombre de rangements de quatre lettres quelconques prises parmi les six lettres A B C D E F. Ces rangements sont appelés des permutations (de quatre lettres parmi six). Les calculs sont semblables, mais on s'arrête après avoir choisi quatre lettres. On obtient alors

$$6 \times 5 \times 4 \times 3 = 360$$

façons de ranger quatre lettres. Cette expression peut s'écrire plus proprement sous la forme

$$(6 \times 5 \times 4 \times 3 \times 2 \times 1)/(2 \times 1) = 6!/2! = 720/2 = 360$$

La division par 2! a pour effet d'éliminer le × 2 × 1 à la fin de 6!. En vertu du même raisonnement, le nombre de façons de ranger 13 cartes parmi 52 est

$$52!/39! = 3\ 954\ 242\ 643\ 911\ 239\ 680\ 000$$

Les combinaisons sont très semblables, mais ici, nous comptons non pas le nombre de rangements, mais le nombre des différents choix, sans tenir compte de l'ordre. Par exemple, combien y a-t-il de mains de 13 cartes ? L'astuce est de compter d'abord le nombre de permutations, puis de se demander combien de ces permutations sont identiques, à l'ordre près. Nous avons déjà vu que tout ensemble de 13 cartes peut être rangé de 13! manières différentes. Cela signifie que chaque ensemble (non ordonné) de 13 cartes apparaît 13! fois dans la liste (hypothétique) de toutes les 3 954 242 643 911 239 680 000 listes ordonnées de 13 cartes. Ainsi, le nombre de listes non ordonnées est

$$3\,954\,242\,643\,911\,239\,680\,000/13! = 635\,013\,559\,600$$

et c'est le nombre de mains différentes.

Lors d'un calcul de probabilités, on peut avoir besoin de la probabilité d'obtenir un ensemble particulier de 13 cartes – par exemple, tous les piques. C'est exactement l'une des 635 milliards de mains, de sorte que la probabilité de la recevoir est de

$$1/635\,013\,559\,600 = 0{,}000000000001574\ \ldots$$

autrement dit 1,5 billionième (1,5 dix mille milliardièmes). À la surface de la planète, cela devrait arriver en moyenne une fois toutes les 635 milliards de mains.

Il y a une façon instructive d'écrire cette réponse. Le nombre de façons de choisir 13 cartes parmi 52 (le nombre de *combinaisons* de 13 objets pris parmi 52) est

$$\frac{52!}{13!39!} = \frac{52!}{13!(52-13)}$$

Algébriquement parlant, le nombre de façons de choisir r objets parmi n objets est égal à

$$\frac{n!}{r!(n-r)}$$

Nous pouvons donc calculer ce nombre en termes de factorielles. Ce terme compliqué est le *coefficient binomial*, qui s'écrit symboliquement sous la forme

$$\binom{n}{r}$$

Ce nom lui vient de son lien, en algèbre, avec la formule du binôme de Newton. Regardez ma formule pour $(x + y)^4$ quelques pages plus haut. Les coefficients sont 1, 4, 6, 4, 1. Les mêmes nombres apparaissent lorsqu'on compte le nombre de façons dont un nombre donné de faces survient lors de quatre lancers consécutifs. La même chose vaut si vous remplacez 4 par n'importe quel nombre entier.

Ainsi armés, jetons un autre regard sur la liste des 1024 séries de P et de F. J'ai dit qu'il y a 210 séries dans lesquelles F apparaît quatre fois. Nous pouvons calculer ce nombre en utilisant des combinaisons, mais ce calcul n'est pas immédiatement évident car il est lié à ses séries ordonnées dans lesquelles les symboles peuvent se répéter, ce qui semble très différent. L'astuce est de se demander à quelles *positions* les quatre F apparaissent. Eh bien, elles pourraient être dans les positions 1, 2, 3, 4 – FFFF suivi de six P. Ou encore dans les positions 1, 2, 3, 5 – FFFPF suivi de cinq P. Ou… Quelles que soient ces positions, la liste des positions dans lesquelles les quatre F apparaissent est une liste de quatre nombres extraite de l'ensemble complet 1, 2, 3, …, 10. Autrement dit, c'est le nombre de combinaisons de 4 nombres pris dans un ensemble de 10 nombres. Or nous savons comment trouver cela : il suffit de faire

$$\frac{10!}{4!(10-4)!} = \frac{10!}{4!6!} = 210$$

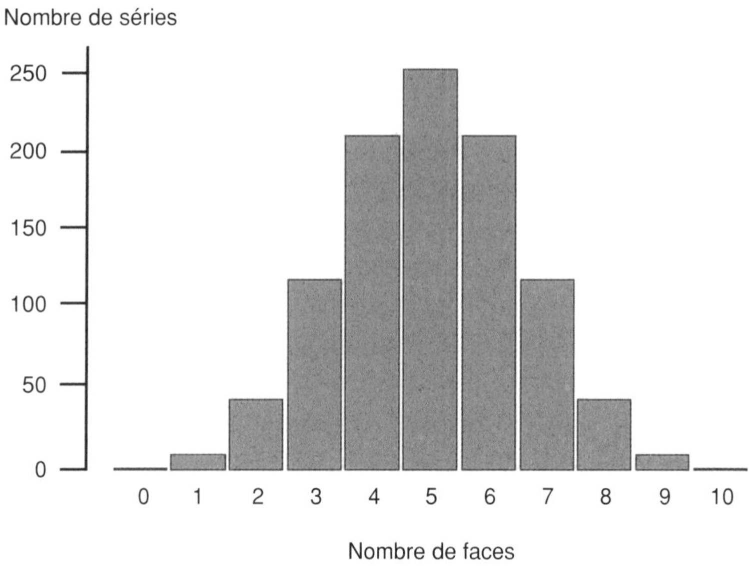

Figure 2. Distribution binomiale pour dix épreuves, avec pile et face équiprobables. Pour avoir les probabilités, divisez par 1 024 les nombres de l'échelle verticale.

C'est magique ! En répétant ce type de calculs, nous obtenons la liste entière :

$$\frac{10!}{0!10!} = 1 \quad \frac{10!}{1!9!} = 10 \quad \frac{10!}{2!8!} = 45 \quad \frac{10!}{3!7!} = 120$$

$$\frac{10!}{4!6!} = 210 \quad \frac{10!}{5!5!} = 252$$

après quoi, les nombres se répètent en ordre inverse. Vous pouvez voir cela symboliquement ou en observant que (par exemple) six F est équivalent à quatre P, et que le nombre de manières d'avoir quatre P est manifestement égal à celui d'avoir quatre F.

La « forme » générale des nombres est qu'ils commencent petits, atteignent un maximum au milieu, puis diminuent pour reprendre des petites valeurs, la liste entière étant symétrique par rapport au milieu. Lorsqu'on fait le graphe du nombre de séries en fonction du nombre de faces, sous forme de graphique en barres – ou d'histogramme si vous voulez parler chic –, cette forme apparaît très clairement.

Une mesure effectuée au hasard sur un éventail d'événements possibles s'appelle une variable aléatoire. La règle mathématique qui associe chaque valeur de la variable aléatoire à sa probabilité s'appelle une distribution de probabilité. Ici, la variable aléatoire est « le nombre de faces », et la distribution de probabilité ressemble fortement au graphique en barres, sauf que pour obtenir les probabilités, il faut diviser par 1024 les nombres portés sur l'échelle verticale. Cette distribution de probabilité s'appelle une distribution binomiale en raison de son lien avec les coefficients binomiaux.

La forme des distributions varie avec les questions posées. Par exemple, avec un dé, le lancer donne 1, 2, 3, 4, 5 ou 6, et chaque résultat est équiprobable. La distribution que l'on obtient alors s'appelle une distribution uniforme.

Si on lance deux dés et que l'on additionne les nombres obtenus, les totaux, qui varient de 2 à 12, apparaissent de différentes manières :

2 = 1 + 1	1 manière
3 = 1 + 2, 2 + 1	2 manières

4 = 1 + 3, 2 + 2, 3 + 1 — 3 manières
5 = 1 + 4, 2 + 3, 3 + 2, 4 + 1 — 4 manières
6 = 1 + 5, 2 + 4, 3 + 3, 4 + 2, 5 + 1 — 5 manières
7 = 1 + 6, 2 + 5, 3 + 4, 4 + 3, 5 + 2, 6 + 1 — 6 manières

Cet accroissement d'une unité à chaque étape s'arrête ici. Les nombres de manières vont maintenant décroître parce que les lancers donnant 1, 2, 3, 4 et 5 sont successivement éliminés.

8 = 2 + 6, 3 + 5, 4 + 4, 5 + 3, 6 + 2 — 5 manières
9 = 3 + 6, 4 + 5, 5 + 4, 6 + 3 — 4 manières
10 = 4 + 6, 5 + 5, 6 + 4 — 3 manières
11 = 5 + 6, 6 + 5 — 2 manières
12 = 6 + 6 — 1 manière

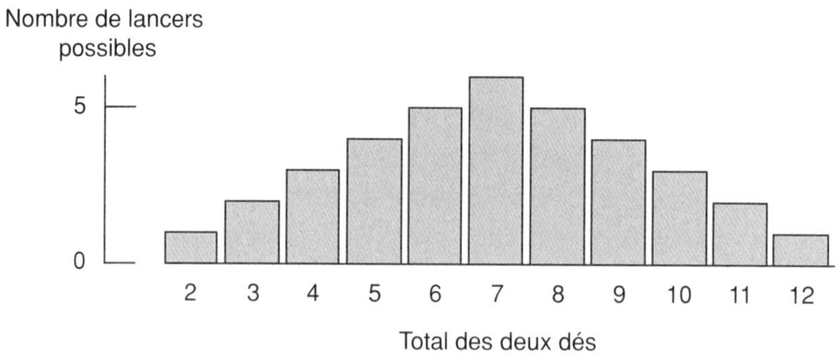

Figure 3. Distribution du total de deux dés. Pour avoir les probabilités, divisez l'échelle verticale par 36.

La distribution de probabilité de ces totaux a donc la forme d'un triangle. Le graphe représente les nombres de lancers possibles ; pour avoir leurs probabilités correspondantes, il faut les diviser par le total de ces lancers, à savoir 36.

Si on lance trois dés puis qu'on additionne les nombres résultants, la forme s'arrondit et commence à ressembler davantage à une distribution binomiale, bien qu'elle ne soit pas tout à fait la même. Il s'avère que plus le nombre de dés lancés est important, plus le total se rapproche d'une distribution binomiale. Le théorème central limite, au chapitre 5, explique pourquoi.

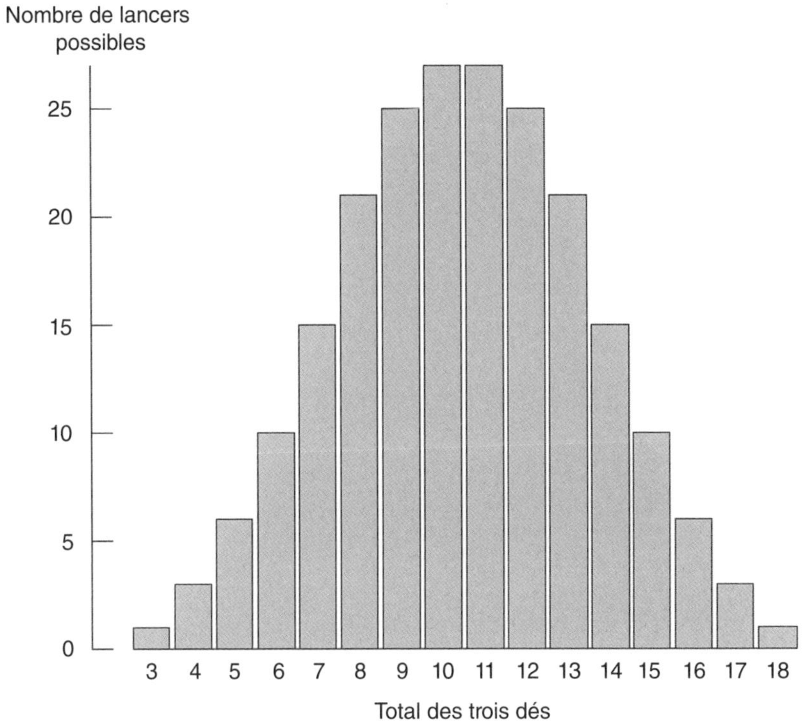

Figure 4. Distribution du total de trois dés. Pour avoir les probabilités, divisez par 216 les nombres de l'échelle verticale.

Les dés et les pièces de monnaie sont des métaphores standard de l'aléatoire. La remarque d'Einstein selon laquelle Dieu ne joue pas aux dés avec l'univers est bien connue. On sait moins cependant qu'il n'a pas exactement utilisé ces mots, même si ce qu'il a dit allait dans le même sens : il ne pensait pas que les lois de la nature soient intrinsèquement aléatoires. Il est alors décevant de découvrir qu'il a peut-être choisi la mauvaise métaphore. Les pièces et les dés ont un secret inavouable. Ils ne sont pas aussi aléatoires que nous le pensons.

En 2007, Persi Diaconis, Susan Holmes et Richard Montgomery ont étudié la dynamique du pile ou face[1]. Ils ont commencé par la physique, en construisant un lanceur de pièces qui les fait virevolter librement sur elles-mêmes avant de retomber sur une surface plane, sans rebondir. La machine est conçue de manière à contrôler le vol de la pièce avec une grande précision, au point que si l'on place la pièce dans la machine côté face sur le dessus, c'est face qui sort – malgré les nombreuses pirouettes effectuées durant le vol. De même, si on met la pièce côté pile sur le dessus, c'est toujours pile qui sort. Cette expérience démontre très clairement que pile ou face est un processus mécanique prédéterminé, et non un processus aléatoire.

Joseph Keller, mathématicien appliqué, avait antérieurement analysé un cas particulier : une pièce qui tourne en permanence autour d'un axe parfaitement horizontal jusqu'à ce qu'une main humaine s'en saisisse. Le modèle mathématique de Keller montra que si la pièce tourne suffisamment vite et reste en l'air suffisamment longtemps, seule une faible variabilité des conditions initiales conduit à des proportions égales de piles et de faces. Autrement dit, la probabilité pour que la pièce tombe côté face est très proche de la valeur 1/2, et il en est donc de même pour le côté pile. En outre, ces chiffres restent vérifiés que vous débutiez côté face ou côté pile en haut. Ainsi, un lancer réellement énergique génère une bonne randomisation dès que la pièce tourne dans les conditions particulières du modèle de Keller.

À l'autre extrême, on peut imaginer un lancer tout aussi énergique, mais qui fait tourner la pièce autour d'un axe vertical, comme une platine pour disques vinyle. La pièce s'élève puis redescend, mais ne bascule jamais complètement, de sorte qu'elle atterrit en gardant l'orientation qui était la sienne lorsqu'elle a quitté la main. Un lancer réaliste se situe quelque part entre ces deux types de lancer, avec un axe de rotation qui n'est ni horizontal ni vertical. Si vous ne trichez pas, cet axe est probablement proche de l'horizontale.

Pour fixer les idées, supposons que tous nos lancers se fassent côté face en haut. L'équipe de Diaconis a montré que si la pièce ne vérifie pas *exactement* les hypothèses de Keller et ne tourne pas autour d'un axe exactement horizontal (ce qui est en pratique impossible), elle atterrit dans plus de la moitié des cas côté face en haut. Lors d'expériences au cours desquelles des gens lancent la pièce selon la manière habituelle, elle atterrit côté face en haut dans environ 51 % des cas, et côté pile en haut dans 49 % des cas.

Avant de trop nous soucier des pièces « équilibrées » qui, en fait, ne le sont pas, nous devons prendre en compte trois autres facteurs. Les êtres humains ne peuvent lancer la pièce avec la même précision qu'une machine. Point plus important, les gens ne lancent pas leurs pièces en les tenant toujours côté face en haut. Ce peut être aussi bien pile que face, au hasard. Cela uniformise les probabilités d'obtenir pile ou face, de sorte que le résultat frise l'égalité. Ce n'est pas le *lancer* qui crée l'égalité des probabilités ; c'est la randomisation inconsciente effectuée par la personne qui lance la pièce lorsqu'elle la place sur son pouce avant de donner la chiquenaude initiale. Si vous voulez acquérir un léger avantage, vous pouvez vous entraîner au lancer de précision jusqu'à devenir vraiment bon, puis toujours positionner la pièce pour qu'elle atterrisse comme vous le voulez. La procédure habituelle évite habilement cette possibilité en introduisant une autre composante aléatoire : une personne effectue le lancer, et l'autre crie « pile » ou « face » pendant que la pièce est en l'air. Comme la personne qui lance ne sait pas à l'avance ce que va crier l'autre personne, elle ne peut favoriser ses chances en choisissant le côté à mettre en haut au moment du lancer.

Le lancer d'un dé est plus complexe et donne plus d'issues possibles. Il semble toutefois raisonnable de se poser la même question : quand vous lancez un dé, quel est le facteur le plus important dans la détermination de la face qui aboutit en haut ?

Il y a de multiples possibilités. Quelle est sa vitesse de rotation en l'air ? Combien de fois rebondit-il ? En 2012, Marcin Kapitaniak et ses collègues ont élaboré un modèle mathématique détaillé du roulement d'un dé incluant des facteurs tels que la résistance de l'air et le frottement[2]. Ils ont modélisé le dé par un cube mathématique parfait, aux angles vifs. Pour tester ce modèle, ils ont filmé le mouvement du dé au ralenti. Il s'avère qu'aucun de ces facteurs n'est plus important qu'une chose bien plus simple : la position initiale du dé. Si vous tenez le dé avec la face 1 en haut, il donne 1 légèrement plus souvent que les cinq autres chiffres. Par symétrie, la même chose vaut pour tout autre chiffre.

Selon l'hypothèse traditionnelle du « dé non pipé », chaque face a une probabilité de sortir égale à 1/6 = 0,167. Le modèle théorique montre que dans le cas extrême du plateau souple sur lequel le dé ne rebondit pas, la face initialement supérieure a une probabilité de 0,558 – bien plus grande – de retrouver sa position initiale. Si on se place dans l'hypothèse plus réaliste de quatre ou cinq rebonds, cette valeur tombe à 0,199 – ce qui reste néanmoins significativement plus élevé. C'est seulement lorsque le dé tourne très vite, ou rebondit une vingtaine de fois, que la probabilité prédite devient proche de 0,167. Les expériences utilisant un mécanisme spécial pour lancer les dés avec une vitesse, une direction et une position initiales très précises ont mis en évidence un comportement similaire.

5

Trop d'information

« Une probabilité raisonnable est la seule certitude. »

Edgar Watson Howe, *Sinner Sermons*

Le *Liber de ludo aleae* de Cardan fut un coup d'œil furtif jeté dans la boîte de Pandore. L'*Ars conjectandi* de Bernoulli en fit sauter le couvercle. La théorie des probabilités changea carrément la donne – au sens propre, étant donné son utilisation dans les jeux –, mais ses implications radicales dans l'évaluation des probabilités des événements aléatoires mirent longtemps à être pleinement perçues. Les statistiques, que l'on peut sommairement considérer comme la branche appliquée de la théorie des probabilités, entrèrent en scène bien plus récemment. Elles eurent une importante « préhistoire » aux alentours de 1750. La première grande percée survint en 1805.

Les statistiques ont pour origine deux domaines très différents : l'astronomie et la sociologie. Ces deux disciplines avaient pour particularité commune l'extraction d'informations utiles du sein de données observationnelles imparfaites et incomplètes. Les astronomes voulaient trouver les orbites des planètes, des comètes et d'autres corps de ce type. Si ces résultats leur permettaient de tester des explications mathématiques de phénomènes célestes, ils avaient également des conséquences pratiques potentielles, notamment dans le domaine de la navigation maritime. Les applications sociales vinrent un peu plus tard, avec les travaux d'Adolphe Quetelet, à la fin des années 1820.

Il y avait un lien : Quetelet était astronome et météorologue à l'Observatoire royal de Bruxelles. Il était aussi correspondant régional du bureau belge des statistiques, et c'est cela qui établit sa réputation scientifique. Quetelet mérite à lui seul un chapitre, et je décrirai ses idées au chapitre 7. Je vais me concentrer ici sur les origines astronomiques des statistiques, qui posèrent si solidement les fondements du sujet que certaines des méthodes qui émergèrent alors sont aujourd'hui encore utilisées.

Aux XVIIIe et XIXe siècles, le principal centre d'intérêt de l'astronomie fut le mouvement de la Lune et des planètes, puis des comètes et des astéroïdes. Grâce à la théorie de la gravitation de Newton, les astronomes purent construire des modèles mathématiques très précis de nombreux types de mouvements orbitaux. Le principal problème scientifique était de comparer ces modèles avec les observations. Les données étaient fournies par des télescopes et devenaient de plus en plus précises à mesure que les décennies passaient et que les instruments s'affinaient. Il était cependant impossible de mesurer la position des étoiles et des planètes avec une précision absolue, de sorte que toutes les observations étaient sujettes à d'incontrôlables erreurs. Les changements de température affectaient les instruments. La réfraction de la lumière par l'atmosphère terrestre en constante évolution faisait vaciller les images des planètes. Les filetages des vis utilisées pour déplacer les graduations et les calibres étaient légèrement imparfaits, et lorsque vous maniiez les boutons pour les déplacer, ils se bloquaient parfois avant de réagir. Si vous répétiez la même observation avec le même instrument, vous obteniez souvent un résultat légèrement différent.

Malgré les progrès réalisés dans la conception des instruments, ces problèmes persistaient car les astronomes repoussaient sans cesse les frontières du savoir. Le perfectionnement des théories exigeait constamment des observations mieux définies et plus précises. Une chose aurait dû jouer en faveur des astronomes : leur aptitude à faire de multiples observations du même corps céleste. Malheureusement, les techniques mathématiques de l'époque n'étaient pas adaptées à cela ; il semblait qu'un *excès* de données posait plus de problèmes qu'il n'en résolvait. En fait, les connaissances des mathématiciens, bien qu'exactes, les induisaient en erreur : leurs méthodes résolvaient le mauvais problème. Ils surent réagir en trouvant de nouvelles méthodes, à l'instar des astronomes, mais il fallut un certain temps pour que les nouvelles idées soient pleinement comprises.

Les deux principales techniques qui égaraient les mathématiciens étaient la résolution des équations algébriques et l'analyse des erreurs, toutes deux solidement établies à l'époque. Nous apprenons tous à l'école comment résoudre des « équations simultanées » telles que

$$2x - y = 3 \qquad\qquad 3x + y = 7$$

dont la solution est $x = 2$ et $y = 1$. Il faut deux équations pour trouver les valeurs de x et y, car une équation ne fait que lier entre elles ces deux valeurs. Avec trois inconnues, il faut trois équations pour obtenir une seule réponse. Le même schéma s'étend à un plus grand nombre d'inconnues : il faut autant d'équations qu'il y a d'inconnues. (Il y a aussi quelques conditions techniques pour exclure les paires d'équations qui se contredisent mutuellement ; et je parle ici d'équations « linéaires », dans lesquelles n'apparaissent pas des choses telles que x^2 ou xy – mais laissons cela.)

Le pire en algèbre, c'est que si vous avez *plus* d'équations que d'inconnues, il n'y a habituellement pas de solution. On dit alors que les inconnues sont « surdéterminées » – on vous en dit trop sur elles, et ce qu'on vous en dit est contradictoire. Par exemple, si dans le calcul ci-dessus on exige également que $x + y = 4$, on a un problème parce que les deux premières équations impliquent déjà que $x = 2$ et $y = 1$, de sorte que $x + y = 3$. Oups ! La seule façon pour qu'une équation supplémentaire ne pose pas de problème est qu'elle soit une conséquence des deux premières. Nous n'aurions eu aucun problème si la troisième équation avait été en fait $x + y = 3$ ou quelque chose d'équivalent comme $2x + 2y = 6$, et pas autre chose. Bien entendu, c'est improbable, sauf si l'équation supplémentaire avait été celle-ci au départ.

L'analyse d'erreur se concentre sur une seule formule, par exemple $3x + y$. Si l'on sait que $x = 2$ et $y = 1$, alors l'expression est égale à 7.

Mais supposez que nous sachions uniquement que x est compris entre 1,5 et 2,5, et y entre 0,5 et 1,5. Que pouvons-nous dire sur $3x + y$? Eh bien, dans ce cas, que sa plus grande valeur apparaît lorsqu'on utilise les possibilités maximales de x et y, ce qui donne,

$$3 \times 2{,}5 + 1{,}5 = 9$$

et que sa plus petite valeur survient lorsqu'on utilise les possibilités minimales de x et y, ce qui donne,

$$3 \times 1{,}5 + 0{,}5 = 5$$

Donc, nous savons que $3x + y$ se trouve dans la fourchette 7 ± 2. (Ici, ± signifie « plus ou moins », et la fourchette des valeurs possibles va de $7 - 2$ à $7 + 2$.) En fait, on peut obtenir ce résultat plus simplement en combinant la plus grande et la plus petite des *erreurs* :

$$3 \times 0{,}5 + 0{,}5 = 2 \qquad\qquad 3 \times (-0{,}5) - 0{,}5 = -2$$

Les mathématiciens du XVIIIe siècle connaissaient tout cela, ainsi que des formules plus compliquées pour déterminer les erreurs lors des multiplications ou divisions numériques et l'impact des nombres négatifs sur les estimations. Ces formules dérivaient du calcul intégral, la plus puissante théorie mathématique de l'époque. Le message qu'ils ont retenu de tous ces travaux est que lorsque vous combinez plusieurs nombres qui sont sujets à des erreurs, les erreurs sur le résultat *augmentent*. Par exemple, des erreurs de ± 0,5 sur x et y seuls entraînent une erreur de ± 2 sur $3x + y$.

Imaginez maintenant que vous soyez un grand mathématicien de l'époque face à 75 équations à 8 inconnues. Que « sauriez-vous » immédiatement sur ce problème ?

Vous sauriez que vous avez un gros souci. Il y a 67 équations de plus qu'il n'en faut pour trouver les 8 inconnues. Vous pourriez essayer de résoudre en vitesse 8 de ces 75 équations et voir si (par miracle) leurs solutions concordent avec les 67 autres. Des observations très précises auraient été mutuellement compatibles (si les formules théoriques étaient correctes), mais ces nombres étant des observations, ils contenaient inévitablement des erreurs. En fait, dans le cas auquel je pense, les solutions des huit premières équations ne concordaient pas avec les 67 autres. Elles pouvaient être proches, mais cela ne suffisait pas. Et quoi qu'il en soit, il y a près de 17 milliards de façons de choisir 8 équations parmi 75 : lesquelles auriez-vous choisies ?

Combiner ces équations afin de réduire leur nombre pouvait être une tactique – mais la sagesse populaire disait que la combinaison d'équations accroît les erreurs.

Ce scénario est réellement arrivé, à Leonhard Euler, l'un des plus grands mathématiciens de tous les temps. En 1746, l'astronome Edmond Halley, célèbre pour la comète éponyme, avait remarqué que Jupiter et Saturne s'accéléraient et se ralentissaient légèrement l'un l'autre par rapport à ce que l'on aurait observé pour chacun de ces deux corps en l'absence de l'autre. En 1748, l'Académie royale des sciences de Paris mit au concours l'explication du phénomène par la loi de la gravitation. Euler se porta candidat et soumit ses résultats dans un mémoire de 123 pages, dont le principal résultat fut une équation liant entre eux huit « éléments orbitaux » – des grandeurs associées aux orbites des deux corps. Afin de comparer sa théorie aux observations, Euler dut trouver les valeurs de ces éléments orbitaux. Les observations ne manquaient pas : il en trouva 75 dans les archives astronomiques constituées entre 1652 et 1745.

Donc, 75 équations pour 8 inconnues – énormément surdéterminées. Que fit Euler ?

Il commença par manipuler les équations pour obtenir les valeurs de deux des inconnues, dont il était relativement sûr. Il réalisa cela en remarquant que les données tendaient à se répéter assez étroitement tous les 59 ans. Ainsi, les équations des années 1673 et 1732 (qui sont séparées de 59 ans) semblaient très proches les unes des autres, et lorsqu'il les soustrayait mutuellement, il se retrouvait avec seulement deux inconnues significatives. La même chose se produisit avec les données de 1585 et 1703 (séparées de 118 ans, soit deux fois 59), avec en reste les deux mêmes inconnues significatives. Deux équations, deux inconnues : pas de problème ici. Résolvant ces deux équations, il déduisit ces deux inconnues.

Cela le laissa avec les mêmes 75 équations, cette fois à seulement 6 inconnues – mais cela aggravait plutôt le problème : les équations étaient encore plus surdéterminées. Il tenta la même astuce sur le reste des données, mais il ne put trouver de combinaison faisant disparaître la plupart des inconnues. Découragé, il écrivit : « On ne peut rien conclure de ces équations ; la raison en est peut-être que j'ai tenté de satisfaire plusieurs observations exactement, alors que j'aurais dû ne les satisfaire qu'approximativement ; et *cette erreur s'est ensuite multipliée* [c'est moi qui souligne]. » À ce stade, Euler faisait clairement référence au fait bien connu en analyse des erreurs, à savoir que la combinaison des équations amplifie les erreurs.

Après cela, il musarda assez inefficacement et produisit très peu. Le statisticien et historien Stephen Stigler[1] écrivit qu'« Euler [...] en fut réduit à rechercher ses solutions à tâtons », et opposa ces tâtonnements d'Euler à l'analyse effectuée en 1750 par l'astronome Johann Tobias Mayer. On dit habituellement que la Lune présente toujours la même face à la Terre, mais c'est une façon de parler. La majeure partie de la face opposée reste certes cachée, mais divers phénomènes font en fait légèrement osciller la petite portion que nous voyons. Cette oscillation s'appelle la *libration*, et c'est ce qui intéressait Mayer.

Pendant environ un an, de 1748 à 1749, Mayer observa les positions d'un certain nombre d'éléments du paysage lunaire, notamment le cratère Manilius. Dans un article de 1750, il déduisit plusieurs composantes de l'orbite lunaire en écrivant une formule à trois inconnues qu'il calcula ensuite en utilisant ses données. Il se retrouva face au problème sur lequel Euler avait buté, car ses observations portaient sur 27 jours – 27 équations à 3 inconnues. Il l'aborda sous un angle radicalement différent. Il divisa ses données en trois groupes de neuf observations et additionna toutes les équations de chaque groupe afin d'obtenir trois équations combinées. Cela lui donna trois équations à trois inconnues : la surdétermination étant éliminée, il les résolut par la voie habituelle.

Cette procédure semble un peu arbitraire : comment constituer les trois groupes ? Mayer avait pour cela une méthode systématique reposant sur le regroupement des équations qui étaient relativement similaires. C'était pragmatique, mais sensé. Il évitait ainsi un grand problème dans ce genre de travail : l'instabilité numérique. Si vous résolvez un grand nombre d'équations très similaires, vous vous retrouvez à diviser de grands nombres par de petits nombres, ce qui amplifie considérablement les erreurs potentielles. Mayer était conscient de cela ; il disait en effet : « L'avantage [de choisir les groupes ainsi] réside dans le fait que […] les différences entre ces trois sommes deviennent aussi grandes que possibles. Plus ces différences sont grandes, plus la détermination des valeurs inconnues est précise. » La méthode de Mayer semble tellement sensée que l'on peut ne pas percevoir combien elle fut révolutionnaire. Personne n'avait jamais fait rien de tel auparavant.

Attendez un peu ! La combinaison de 9 équations n'*amplifie*-t-elle pas les erreurs ? Si les erreurs sont du même ordre pour chaque équation, cette procédure ne multiplie-t-elle pas l'erreur globale par 9 ? Mayer ne le pensait vraiment pas. Il affirma que « les valeurs […] déduites de neuf fois plus d'observations […] sont neuf fois plus correctes. » Autrement dit, l'erreur probable est non pas multipliée, mais *divisée* par 9.

Mayer se trompait-il ? Ou l'analyse classique de l'erreur était-elle erronée ?

La réponse est : un peu les deux. L'argument statistique ici est que l'analyse d'erreurs, telle qu'on la pratiquait à l'époque, se focalisait sur les résultats les plus pessimistes, quand toutes les erreurs individuelles se combinent pour donner le plus grand total possible. Mais cela résolvait (correctement) le mauvais problème. Ce dont les astronomes avaient besoin, c'était de l'erreur globale *typique* ou *la plus probable*, et cela implique habituellement des erreurs de signes opposés, qui, dans une certaine mesure, s'annulent mutuellement. Par exemple, si vous avez dix observations, chacune prenant la valeur 5 ± 1, chaque observation donne 4 ou 6. Leur somme est comprise entre 40 et 60, soit une erreur de 10 comparée à la somme correcte 50. En pratique, cependant, la moitié des observations donnera 4 et l'autre moitié 6. Si c'est exactement la moitié, la somme vaut de nouveau 50 – pile. Si c'est, par exemple, six 4 et quatre 6, la somme vaut 48, ce qui n'est pas mauvais. Ce n'est qu'une erreur de 4 %, alors que les erreurs individuelles s'élèvent toutes à 20 %.

Mayer avait la bonne idée, mais il avait tort sur un point technique : il disait que neuf fois plus d'observations divisent l'erreur par 9. Par la suite, les statisticiens découvrirent qu'il fallait la diviser par 3 – la *racine carrée* de 9 (voir un peu plus loin). Mais il était sur la bonne piste.

La méthode de Mayer pour traiter les équations surdéterminées était plus systématique que celle d'Euler (qui n'est en fait pas du tout une méthode) et contenait l'idée clé selon laquelle une combinaison appropriée des observations peut non pas diminuer, mais accroître la précision. C'est à Adrien Marie Legendre et à son petit ouvrage *Nouvelles méthodes pour la détermination des orbites des comètes*, publié en 1805, que nous devons la technique définitive. Legendre formula le problème différemment : étant donné un système d'équations linéaires surdéterminé, quelles sont les valeurs des inconnues qui vérifient ces équations *avec une erreur globale minimale* ?

Cette approche change complètement la donne : vous pouvez toujours trouver une solution pour peu que vous laissiez l'erreur grandir suffisamment. Comme on ne peut éliminer totalement les erreurs, la question clé est : jusqu'où peut-on approcher la solution ? Les mathématiciens de l'époque savaient répondre à ça – à l'aide du calcul intégral, voire simplement de l'algèbre. Mais pour commencer, vous avez besoin d'un élément supplémentaire : une définition de l'erreur totale. La première idée de Legendre fut d'additionner les erreurs individuelles, mais cela ne marche pas très bien. Si la réponse doit être 5 et que vous obtenez 4 et 6 en deux occasions différentes, les erreurs individuelles sont –1 et +1, ce qui donne zéro. Les erreurs de sens opposés s'annulent. Pour éviter cela, Legendre dut convertir toutes les erreurs en nombres positifs.

Une façon de faire cela consiste à remplacer les erreurs par leurs valeurs absolues – à inverser le signe des erreurs négatives. Malheureusement, cette formulation conduit à une algèbre confuse dépourvue de réponse claire (bien qu'aujourd'hui nous puissions la traiter sur ordinateurs). Au lieu de cela, il *éleva toutes les erreurs au carré* puis les additionna. Le carré d'un nombre positif ou négatif est toujours positif et les carrés conduisent à une algèbre soluble. La minimisation de la somme des carrés des erreurs est un problème facile – sa solution est donnée par une formule simple. Legendre nomma cette technique *méthode des moindres carrés* et précisa qu'elle est « très propre à faire connaître l'état du système le plus proche de la vérité ».

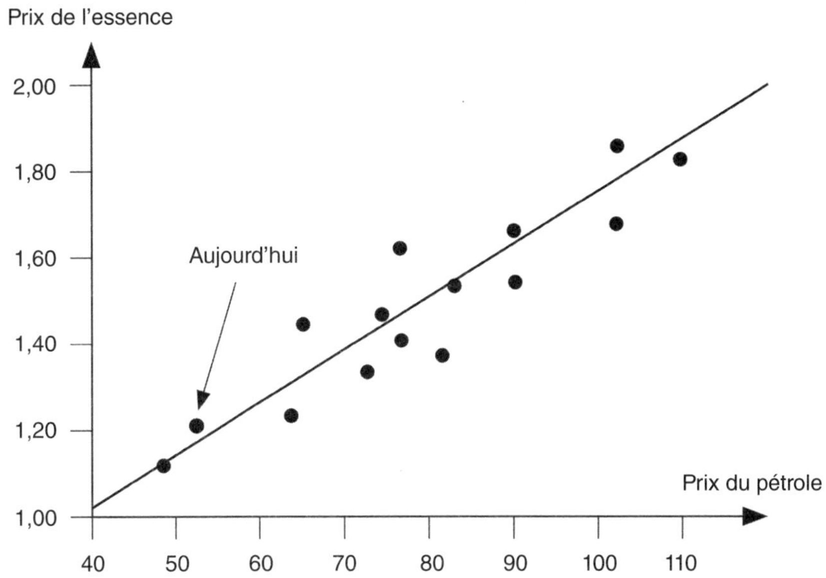

Figure 5. Données hypothétiques du prix de l'essence en fonction du prix du pétrole. Les points représentent les données. La droite représente le meilleur ajustement linéaire.

Une application fréquente, mathématiquement identique dans le cas de seulement deux variables, consiste à ajuster une ligne droite à un ensemble de données numériques reliant ces variables. Par exemple, comment le prix de l'essence est-il lié au prix du pétrole ? Les prix actuels sont peut-être de 52,36 $ le baril de pétrole et 1,21 £ le litre d'essence. Cela vous donne un point de coordonnées (52,36 ; 1,21). Allez dans plusieurs stations d'essence pendant plusieurs jours, vous obtiendrez, par exemple, 20 paires de ce type. (Dans les applications réelles, ce peut être des centaines, voire des millions de paires.) Supposez que vous vouliez prédire le prix de l'essence en fonction de celui du pétrole. En reportant le prix du pétrole sur un axe horizontal et celui de l'essence sur un axe vertical, vous obtenez un nuage de points dispersés. Cette simple image vous permet déjà de voir une tendance générale et guère surprenante : plus le pétrole augmente, plus l'essence augmente. Mais il arrive parfois que l'essence reste stable ou augmente alors que le pétrole diminue. Mon expérience est qu'elle ne diminue jamais quand le pétrole augmente. Les hausses du pétrole se répercutent immédiatement sur le consommateur ; ses baisses mettent bien plus longtemps à se manifester à la pompe.

Avec les mathématiques de Legendre, nous pouvons faire mieux. Nous pouvons trouver la droite qui passe dans le nuage de points en étant aussi proche que possible de chacun d'eux dans le sens où la somme des carrés des erreurs est rendue aussi petite que possible. L'équation de cette droite nous permet de prédire le prix de l'essence en fonction de celui du pétrole. Par exemple, elle peut nous dire que la meilleure approximation du prix de l'essence (en livres sterling par litre) s'obtient en multipliant le prix du pétrole (en dollars par baril) par 0,012 et en ajoutant 0,56. Ce ne sera pas parfait, mais cela rendra l'erreur aussi faible que possible. Lorsqu'il y a plus de variables, dessiner un diagramme n'avance pas à grand-chose, mais cette même technique mathématique donne encore la meilleure réponse possible.

L'idée de Legendre fournit une réponse très simple mais très utile à la grande question posée par ce livre : *comment traiter l'incertitude ?* Sa réponse est : en la rendant aussi faible que possible.

Bien sûr, ce n'est pas tout à fait aussi facile que cela. La solution de Legendre est la « meilleure possible » pour cette mesure particulière de l'erreur globale, mais une autre mesure pourrait donner une autre droite susceptible de minimiser l'erreur. En outre, la méthode des moindres carrés présente quelques défauts. L'idée de prendre le carré des erreurs simplifie admirablement les calculs, mais peut donner trop de poids aux valeurs aberrantes – aux points trop éloignés. Vous pouvez avoir une station-service qui vend le litre à 3 € alors qu'il est à 1,5 € partout ailleurs. Élever les erreurs au carré fait de ce prix une escroquerie bien plus considérable, qui fausse la formule tout entière. On peut, par pragmatisme, décider d'exclure les valeurs aberrantes. Mais parfois, en sciences ou en économie, ces valeurs jouent un rôle important. Si vous les excluez, vous passez à côté d'un point essentiel. En excluant toutes les données relatives aux non-milliardaires, vous pourriez démontrer que tout le monde sur terre est milliardaire.

En outre, s'il vous est permis d'exclure des données, vous pouvez aussi bien enlever toute observation qui contredit ce que vous voulez prouver. Nombre de revues scientifiques exigent aujourd'hui que *toutes* les données expérimentales liées à une publication soient disponibles en ligne afin que tout le monde puisse vérifier qu'il n'y a pas eu tricherie. Non que les lecteurs attendent beaucoup de cela, mais être considéré comme honnête fait partie des bonnes pratiques. Et comme il y a de temps en temps des scientifiques qui trichent, cela contribue à lutter contre la malhonnêteté.

La technique des moindres carrés de Legendre n'est pas le fin du fin de l'analyse statistique des relations entre données. Elle fut toutefois un excellent *début* – la première méthode véritablement systématique pour extraire d'équations surdéterminées des résultats significatifs. Les généralisations ultérieures permirent de prendre en compte davantage de variables en ajustant aux données non plus des droites mais des « hyperplans » multidimensionnels. On peut aussi travailler avec *moins* de variables, dans le sens suivant. Soit un ensemble de données, quelle valeur représente le meilleur ajustement au sens des moindres carrés ? Par exemple, si les données sont 2, 3 et 7, quelle valeur minimise la somme des carrés des différences entre les données ? Un petit calcul montre que cette valeur est la moyenne des données, $(2 + 3 + 7)/3 = 4$.[2] Des calculs similaires montrent que le meilleur ajustement, au sens des moindres carrés, d'un ensemble quelconque de données est la moyenne.

Faisons maintenant un pas en arrière et reprenons notre récit dans une autre direction. Lorsqu'on a affaire à de grands nombres, les coefficients binomiaux sont difficiles à calculer à la main. Les premiers pionniers recherchèrent alors des approximations précises. Celle que nous utilisons aujourd'hui encore fut découverte par Abraham de Moivre. Né en France en 1667, il s'enfuit en Angleterre en 1688 pour échapper aux persécutions religieuses. En 1711, il commença à publier sur les probabilités et rassembla ses idées en 1718 dans un ouvrage intitulé *Doctrine of Chances* (Théorie du hasard). Il désespérait alors d'appliquer les idées de Bernoulli à des domaines tels que l'économie et la politique, car il est difficile de calculer la distribution binomiale dans le cas d'un grand nombre d'épreuves. Peu après, cependant, il commença à faire des progrès en approximant la distribution binomiale par une expression plus facilement manipulable. En 1730, il publia ses résultats préliminaires dans ses *Miscellanea analytica* (Mélanges mathématiques) et acheva son travail trois ans plus tard. En 1738, il intégra ses nouvelles idées dans sa *Doctrine of Chances*.

Il commença par approximer le plus grand coefficient binomial, celui du milieu, et découvrit qu'il vaut à peu près $2^{n+1}/\sqrt{2\pi n}$, où n est le nombre d'épreuves. Il tenta ensuite de déduire les valeurs des autres coefficients binomiaux en progressant du milieu vers l'extérieur. En 1733, il trouva une formule approchée, reliant ainsi la distribution binomiale de Bernoulli à ce que nous appelons aujourd'hui la distribution normale. Cela s'avéra fondamental pour le développement de la théorie des probabilités et de la statistique.

La distribution normale forme une élégante courbe, avec un seul maximum au milieu, comme la distribution binomiale qu'elle approxime. Elle est symétrique par rapport à son maximum et décroît rapidement de chaque côté, ce qui donne à l'aire totale une valeur finie – en fait égale à 1. Cette forme ressemble vaguement à celle d'une cloche, d'où son autre nom (moderne) de « courbe en cloche ». Cette distribution est continue, ce qui signifie qu'on peut l'évaluer pour tout nombre réel (décimal infini). Comme toutes les distributions continues, la distribution normale ne donne pas la probabilité d'obtenir une mesure *particulière*. Ça, c'est zéro. Elle donne la probabilité pour qu'une mesure tombe dans un intervalle de valeurs donné. Cette probabilité est l'aire de la surface située sous la courbe et délimitée par l'intervalle de valeurs.

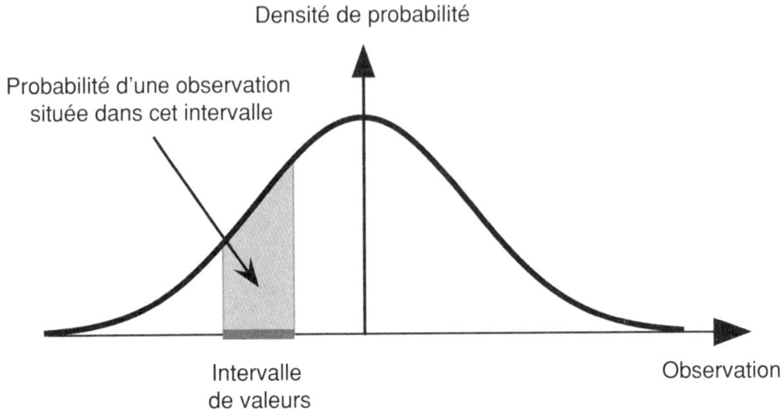

Figure 6. La surface comprise entre un intervalle de valeurs donné et la courbe de la distribution normale correspond à la probabilité d'avoir une observation dans cet intervalle.

Les statisticiens aiment utiliser toute une famille de courbes associées, dans laquelle les axes sont d'échelles variables qui modifient la moyenne et l'écart-type. Cette famille a pour expression générique que

$$\frac{1}{\sqrt{2\pi\sigma^2}}e^{-(x-\mu)^2/2\sigma^2}$$

l'on désigne par $N(\mu, \sigma^2)$ pour faire bref. μ est ici la moyenne, qui donne la position du pic central, et σ l'écart-type, qui mesure l'« étalement » de la courbe – la largeur de la région centrale. Par « moyenne », on entend valeur moyenne des données compatibles avec la distribution normale, et par écart-type, moyenne des fluctuations autour de la moyenne. (Le carré de l'écart-type, σ^2, s'appelle la *variance* et il est parfois plus simple de travailler avec elle.) Le facteur contenant π rend l'aire totale égale à 1. Sa présence dans un problème de probabilité a ceci de remarquable que π est habituellement défini relativement aux cercles, et on ne voit pas comment lier les cercles à la distribution normale. Il s'agit bien néanmoins du même nombre que le rapport de la circonférence d'un cercle à son diamètre.

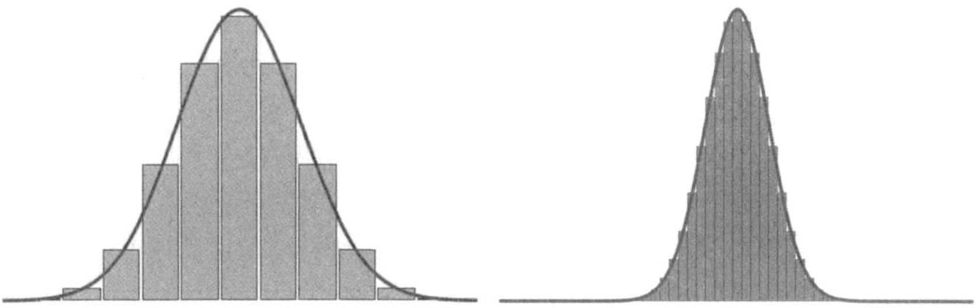

Figure 7. *À gauche* : approximation normale de la distribution binomiale pour dix épreuves de pile ou face avec une pièce équilibrée. *À droite* : l'approximation est bien meilleure pour cinquante épreuves.

Formulée en ces termes, la grande découverte de de Moivre est que pour un grand nombre n d'épreuves, le graphique en barres de la distribution binomiale a la même forme que la distribution normale $N(\mu, \sigma^2)$ avec $\mu = n/2$ et $\sigma^2 = n/4$.[3] Même si n est petit, c'est une très bonne approximation. La figure de gauche montre le diagramme et la courbe dans le cas de dix épreuves ; celle de droite montre la même chose dans le cas de cinquante épreuves.

Pierre-Simon de Laplace fut un autre mathématicien très intéressé par l'astronomie et les probabilités. Son œuvre maîtresse, *Traité de mécanique céleste*, publiée en cinq volumes entre 1799 et 1825, occupa une grande partie de sa vie, mais après la parution du quatrième volume, en 1805, il reprit une vieille idée et la compléta. En 1810, il révéla à l'Académie française des sciences ce que nous appelons aujourd'hui le *théorème central limite*. Cette monumentale généralisation du résultat de de Moivre confirma le rôle particulier de la distribution normale en statistique et en probabilités. Laplace démontra que non seulement le nombre total de succès lors de nombreuses épreuves approxime une distribution normale, comme l'avait montré de Moivre, mais aussi qu'il en va de même du total de *toute* série de variables aléatoires extraites de la même distribution de probabilité – *quelle que puisse être cette distribution*. La même chose vaut pour la moyenne, qui est le total divisé par le nombre d'épreuves, à condition toutefois d'ajuster en conséquence l'échelle sur l'axe horizontal.

Laissez-moi développer ce point. Une observation, en astronomie ou ailleurs, est un nombre susceptible de varier sur un certain intervalle en raison des erreurs. La « distribution d'erreurs » associée nous indique la probabilité d'une erreur de taille donnée. Toutefois, nous ignorons habituellement ce qu'est cette distribution. Le théorème central limite nous dit que cela n'a en fait aucune importance tant que l'on répète de nombreuses fois l'observation et que l'on prend la moyenne. Chaque série d'observations conduit à une moyenne de ce type. Si l'on répète de nombreuses fois la totalité du processus, la liste des moyennes résultante a sa propre distribution de probabilité. Laplace a démontré que cette distribution est toujours approximativement normale et que cette approximation est d'autant meilleure que l'on combine suffisamment d'observations. La distribution d'erreurs inconnue influe sur la moyenne et l'écart-type de ces moyennes, mais pas sur leur tendance générale. En fait, la moyenne reste inchangée, et l'écart-type est divisé par la racine carrée du nombre d'observations pour chaque moyenne. Plus ce nombre est grand, plus les observations moyennées se regroupent autour de la moyenne.

Cela explique pourquoi l'affirmation de Mayer, combiner 9 fois plus d'observations divise l'erreur par 9, est fausse. Neuf doit être remplacé par sa racine carrée, à savoir 3.

Pratiquement à la même époque, le grand mathématicien allemand Carl Friedrich Gauss utilisa la même fonction en forme de cloche pour sa discussion de la méthode des moindres carrés dans son homérique *Theoria motus corporum coelestium in sectionibus conicis solum ambientium* (Théorie du mouvement des corps célestes parcourant des sections coniques autour du Soleil) publiée en 1809. Cherchant le modèle linéaire simulant les données avec une probabilité maximale, il utilisa les probabilités pour introduire les moindres carrés. Pour déterminer la probabilité d'une droite donnée, il eut besoin d'une formule pour la courbe d'erreur, à savoir la distribution des probabilités des erreurs d'observation. Pour l'obtenir, il supposa que la moyenne de nombreuses observations donne la meilleure estimation de la vraie valeur et en déduisit que la courbe d'erreur est une distribution normale. Il montra ensuite que la maximisation de la probabilité conduit à la formule standard des moindres carrés.

C'était une étrange façon d'aborder le sujet. Selon Stigler, elle suivait une logique circulaire et avait une faille. Gauss affirmait que si les erreurs étaient normalement distribuées, la moyenne (un cas particulier des moindres carrés) était seulement « très probable » ; elle est généralement considérée comme un bon outil pour combiner les observations de manière à rendre normale la distribution des erreurs, ce qui suppose, donc, qu'une distribution normale ramène aux moindres carrés. Dans ses dernières publications, Gauss critiqua sa propre approche, mais son résultat trouva immédiatement un écho dans l'esprit de Laplace.

Jusqu'alors, Laplace n'avait même pas imaginé que son théorème central limite puisse avoir un lien avec la recherche du meilleur ajustement linéaire. Il s'apercevait maintenant que ce théorème justifiait l'approche de Gauss. Si les erreurs d'observation résultent de la combinaison de petites erreurs – hypothèse raisonnable –, alors le théorème central limite implique que la courbe d'erreur est nécessairement (approximativement) normale. Cela, à son tour, entraîne que l'évaluation par les moindres carrés est la meilleure en un sens probabiliste naturel. C'est presque comme si la répartition des erreurs était régie par une série de jets à pile ou face telle que chaque sortie de face rend l'observation trop grande d'une infime quantité bien déterminée et chaque sortie de pile rend l'observation trop petite de la même infime quantité. Tout s'agençait parfaitement.

Au chapitre 4, nous avons regardé les totaux donnés par un, deux et trois dés. Je vais maintenant calculer les moyennes et les écarts-types pour ces distributions. La moyenne se trouve au milieu. Pour un dé, le milieu se situe entre 3 et 4, à 3,5. Pour deux dés, cette moyenne égale 7. Pour 3 dés, elle se situe entre 10 et 11, à 10,5. On peut considérer le lancer de deux dés comme deux observations d'un seul dé. L'*observation* moyenne est alors le total divisé par deux. Si on divise 7 par 2, on obtient 3,5, la moyenne pour un dé. La même chose vaut pour trois dés : si on divise 10,5 par 3, on obtient à nouveau 3,5. Cela montre que la moyennisation des observations à partir d'une distribution donnée conduit à la même moyenne. Les écarts-types sont respectivement 1,71, 1,21 et 0,99, avec des rapports de 1 à $1/\sqrt{2}$ à $1/\sqrt{3}$, en accord avec le théorème central limite.

Quand la distribution normale est un bon modèle de processus probabiliste, elle permet de calculer la probabilité pour que des mesures se situent dans un intervalle donné. En particulier, on peut trouver la probabilité pour qu'une observation s'écarte de la moyenne d'une quantité donnée en calculant l'aire correspondante située sous la courbe normale. La largeur de la courbe variant comme l'écart-type σ, on peut exprimer ces résultats sous une forme valable pour toute distribution normale, quel que soit son écart-type. Les sommes montrent qu'environ 68 % de la probabilité se situent à $\pm\sigma$ de la moyenne, et 95 % à $\pm 2\sigma$. Ces valeurs signifient que la probabilité pour qu'une observation s'écarte de plus de σ de la moyenne égale environ 32 %, tandis qu'un écart de 2σ ne survient que dans 5 % des cas. Plus la différence s'accroît, plus la probabilité diminue rapidement :

- la probabilité de s'écarter de plus de σ de la moyenne est égale à 31,7 % ;
- la probabilité de s'écarter de plus de 2σ de la moyenne est égale à 4,5 % ;
- la probabilité de s'écarter de plus de 3σ de la moyenne est égale à 2,6 % ;
- la probabilité de s'écarter de plus de 4σ de la moyenne est égale à 0,006 % ;

- la probabilité de s'écarter de plus de 5σ de la moyenne est égale à 0,00006 % ;
- la probabilité de s'écarter de plus de 6σ de la moyenne est égale à 0,0000002 %.

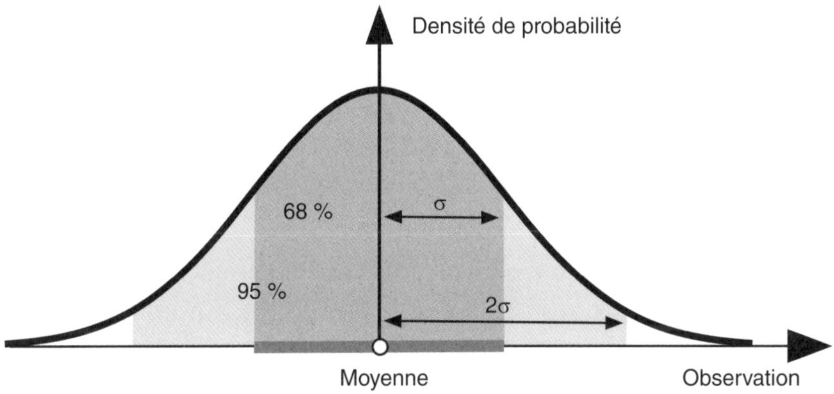

Figure 8. La moyenne de la courbe normale se situe au milieu ; l'écart-type σ mesure l'étalement des observations autour de la moyenne. Les événements situés à moins de σ de la moyenne surviennent dans environ 68 % des cas ; les événements situés à moins de 2σ surviennent dans environ 95 % des cas.

Dans la plupart des études biologiques et médicales, le niveau 2σ est considéré comme intéressant, et le niveau 3σ comme décisif. Les marchés financiers, en particulier, caractérisent l'improbabilité d'un événement, tel le prix d'une action qui chute de 10 % en quelques secondes, par des expressions du genre « événement à quatre sigma », ce qui signifie que selon la distribution normale, un tel événement ne devrait survenir que dans 0,006 % des cas. Nous verrons au chapitre 13 que la distribution normale ne convient pas toujours pour les données financières, dans lesquelles les « queues grasses » peuvent rendre les événements extrêmes bien plus fréquents que ne le suggérerait une distribution normale. En physique des particules, où l'existence d'une nouvelle particule fondamentale dépend de sa mise en évidence statistique au sein de millions de collisions entre particules, une nouvelle importante découverte n'est pas jugée publiable, voire digne d'être annoncée dans la presse, tant que sa probabilité d'être un accident statistique n'a pas atteint le niveau 5σ. En gros, la probabilité pour que l'apparente détection de la particule soit un accident est alors d'un sur un million. La détection du boson de Higgs, en 2012, resta tenue secrète tant que les données n'atteignirent pas ce niveau de confiance, bien que les chercheurs aient utilisé des résultats préliminaires au niveau 3σ pour réduire le domaine d'énergie à examiner.

Qu'*est*-ce, exactement, que la probabilité ? Jusqu'ici, je l'ai définie plutôt vaguement : la probabilité d'un événement est la proportion d'épreuves au cours desquelles il se produit dans le long terme. Cette interprétation « fréquentiste » se justifie par la loi des grands nombres de Bernoulli. Toutefois, cette proportion varie d'une série d'épreuves à une autre et est très rarement égale à la probabilité théorique de l'événement.

Nous pourrions tenter de définir la probabilité comme la limite de cette proportion lorsque le nombre d'épreuves augmente, au sens du calcul intégral. La limite d'une suite de nombres (si elle existe) est le nombre unique tel que, étant donnée une erreur aussi petite soit-elle, la différence entre cette limite et les nombres de la suite est inférieure à cette erreur si vous allez suffisamment loin dans la suite. Le problème est qu'il très rare qu'une suite d'épreuves donne un résultat du type

F F F F F F F F F F F F F F F F F F F F F F …

avec le côté face sortant à chaque fois. Il pourrait aussi y avoir des piles dispersés dans un nombre de faces considérablement plus grand. D'accord, ces suites sont improbables, mais elles ne sont pas impossibles. Maintenant : qu'entend-on par « improbable » ? Une très faible probabilité. Apparemment, nous devons définir la « probabilité » pour définir le bon type de limite, et nous devons définir le bon type de limite pour définir la « probabilité ». C'est un cercle vicieux.

Les mathématiciens ont fini par comprendre que la manière de surmonter cet obstacle était d'emprunter une astuce au géomètre grec Euclide. Cessez de vous torturer l'esprit avec ce que *sont* les probabilités ; écrivez ce qu'elles *font*. Plus précisément, écrivez ce que vous voulez qu'elles fassent – écrivez les principes généraux qui ont émergé de tous ces travaux antérieurs. Ces principes s'appellent des axiomes ; tout le reste s'en déduit. Ensuite, si vous voulez appliquer la théorie des probabilités au monde réel, posez comme hypothèse que les probabilités y sont impliquées de manière particulière. Vous utilisez la théorie axiomatique pour déterminer les conséquences de cette hypothèse ; puis vous comparez les résultats avec l'expérience pour voir si l'hypothèse est correcte. Comme le comprit Bernoulli, sa loi des grands nombres justifie l'utilisation des fréquences observées pour évaluer les probabilités.

Il est relativement facile de définir des axiomes probabilistes lorsque le nombre d'événements est fini, comme les deux faces d'une pièce de monnaie ou les six faces d'un dé. Si nous désignons par $P(A)$ la probabilité de l'événement A, les principales propriétés dont nous avons besoin sont la positivité

$$P(A) \geq 0,$$

la règle d'universalité

$$P(U) = 1$$

où U est l'événement universel « n'importe quel résultat », et la règle d'addition

$$P(A \text{ ou } B) = P(A) + P(B) - P(A \text{ et } B)$$

car A et B peuvent se chevaucher. Si ce n'est pas le cas, cette égalité s'écrit plus simplement

$$P(A \text{ ou } B) = P(A) + P(B)$$

Comme A ou non-A = U, on déduit facilement la règle de la négation

$$P(\text{non-}A) = 1 - P(A)$$

Si deux événements indépendants surviennent l'un après l'autre, on définit leur probabilité d'occurrence par

$$P(A \text{ puis } B) = P(A)P(B)$$

On peut alors démontrer que cette probabilité vérifie les règles ci-dessus. Vous pouvez retrouver ces règles chez Cardan et, bien plus explicitement, chez Bernoulli.

Tout cela est très bien, mais l'avènement de distributions de probabilité continues, rendues inévitables par la brillante découverte de de Moivre, complique les axiomes. Inévitables parce que les mesures n'étant pas nécessairement des nombres entiers, les applications des probabilités exigent elles aussi des distributions continues. L'angle entre deux étoiles, par exemple, est une variable continue, qui peut prendre n'importe quelle valeur entre 0 ° et 180 °. Plus sa mesure est précise, plus une distribution continue est nécessaire.

Il y a un indice utile. Je l'ai dit, la distribution normale représente les probabilités par des aires. Nous devons donc réellement axiomatiser les propriétés de ces aires et poser que l'aire totale sous la courbe est égale à 1. La principale règle supplémentaire concernant les distributions continues est la validité de la formule d'addition pour un nombre infini d'événements,

$$P(A \text{ ou } B \text{ ou } C \text{ ou} \ldots) = P(A) + P(B) + P(C) + \ldots,$$

en l'absence de chevauchements entre les événements. Les trois points de suspension … signifient que les deux côtés peuvent avoir une infinité de termes ; la somme de droite a un sens (converge) parce que chaque terme est positif et que le total ne dépasse jamais 1. Cette condition nous permet d'utiliser le calcul intégral pour déterminer les probabilités.

Il est également utile de généraliser la notion d'aire à toute grandeur se comportant de la même manière – par exemple, un volume à trois dimensions. Cette approche conduit à considérer que les probabilités correspondent à des « mesures », qui assignent une chose apparentée à l'aire à des sous-ensembles convenablement définis (dits « mesurables ») d'un espace d'événements. En 1901-1902, Henri Lebesgue introduisit les mesures dans la théorie de l'intégration, et dans les années 1930, le mathématicien russe Andreï Kolmogorov utilisa ces mesures pour axiomatiser les probabilités comme suit : un espace échantillon comprend un ensemble, une collection de sous-ensembles appelés événements, et une mesure P sur ces événements. Les axiomes disent que P est une mesure, et que la mesure de l'ensemble entier est égale à 1 (autrement dit, la probabilité de voir *quelque chose* s'y produire est égale à 1). C'est tout ce dont vous avez besoin, sauf que la collection d'événements doit posséder quelques propriétés techniques de la théorie des ensembles qui en font le support d'une mesure. Les mêmes axiomes valent pour les ensembles finis, mais nous n'aurons pas à bricoler avec les infinis. La définition axiomatique de Kolmogorov rendit stériles plusieurs siècles d'âpres controverses et donna aux mathématiciens une idée bien précise de ce que sont les probabilités.

Un terme plus technique pour espace échantillon est *espace de probabilité*. Lorsqu'on applique la théorie des probabilités à la statistique, on modélise l'espace échantillon – les événements réels possibles – par un espace de probabilités au sens de Kolmogorov. Par exemple, lorsqu'on étudie le rapport garçons/filles dans une population, l'espace échantillon réel se compose de tous les enfants de cette population. Le modèle auquel nous comparons cela est l'espace de probabilité constitué de quatre événements : l'ensemble vide Ø, F, G et l'ensemble universel {F, G}. Si les garçons et les filles sont équiprobables, les probabilités sont $P(\emptyset) = 0$, $P(F) = P(G) = 1/2$, $P(\{F, G\}) = 1$.

Pour simplifier, j'utiliserai « espace échantillon » pour désigner indifféremment les événements réels et les modèles théoriques. Le point important est de s'assurer que l'espace échantillon choisi est adéquat, dans chacun des deux sens, comme le montreront les problèmes du prochain chapitre.

6

Illusions et paradoxes

« J'ai vu des hommes désirant ardemment d'avoir (*sic*) un fils, n'apprendre qu'avec peine les naissances des garçons dans le mois où ils allaient devenir pères. S'imaginant que le rapport de ces naissances à celles des filles devait être le même à la fin de chaque mois, ils jugeaient que les garçons déjà nés rendaient plus probables les naissances prochaines des filles. »

Pierre-Simon de Laplace, *Essai philosophique sur les probabilités*

Notre intuition des probabilités est désespérante.

Lorsqu'on nous demande d'évaluer rapidement les chances d'occurrence d'un événement aléatoire, nous répondons souvent totalement à côté. Nous pouvons nous exercer pour nous améliorer, comme l'ont fait des joueurs et mathématiciens professionnels, mais cela exige du temps et de l'énergie. Et lorsque nous émettons un jugement hâtif sur la probabilité d'un événement, il est autant probable qu'improbable que nous nous trompions.

J'ai suggéré au chapitre 2 que cela tient au fait que l'évolution favorise les méthodes « à la va-vite » quand une réponse plus réfléchie pourrait être dangereuse. L'évolution préfère les faux positifs aux faux négatifs. Lorsque face à une chose brune à moitié dissimulée, le choix se situe entre un léopard ou un rocher, même un seul faux négatif peut s'avérer mortel.

Les paradoxes probabilistes classiques (dans le sens de « donnant un résultat surprenant » plutôt que correspondant à une logique auto-contradictoire) confortent ce point de vue. Considérez le paradoxe des anniversaires : combien faut-il y avoir de personnes dans une salle avant qu'il soit plus que probable que deux d'entre elles soient nées le même jour ? Supposez que l'année ait 365 jours (pas de 29 février) et que tous soient pareillement probables (ce n'est pas tout à fait vrai, mais bon). À moins de connaître déjà ce paradoxe, les gens penchent pour des nombres passablement élevés : 100 peut-être, ou 180, parce que c'est à peu près la moitié de 365. La réponse correcte est 23. Si vous voulez savoir pourquoi, j'ai mis le raisonnement dans les Notes à la fin du livre[1]. Si la distribution des naissances n'est pas uniforme, la réponse peut être inférieure à 23, mais pas plus grande[2].

Voici un autre problème qui déroute souvent les gens. Les Smith ont exactement deux enfants, dont l'un au moins est une fille. Supposez pour simplifier que les garçons et les filles soient équiprobables (en fait, les garçons sont légèrement plus probables, mais on veut ici simplement s'amuser et non écrire un article savant sur la démographie) et que les enfants soient d'un sexe ou de l'autre (ignorons les questions de genre et de chromosome inhabituel). Supposez également que les sexes des enfants soient des variables aléatoires indépendantes (ce qui est vrai pour la plupart des couples, mais pas pour tous). Quelle est la probabilité pour que les Smith aient deux filles ? Non, ce n'est pas 1/2. C'est 1/3.

Maintenant, supposez que le *premier* enfant soit une fille. Quelle est la probabilité pour qu'ils aient deux filles ? Cette fois, c'est vraiment 1/2.

Enfin, supposez qu'au moins un des enfants soit une fille née un mardi. Quelle est la probabilité pour qu'ils aient deux filles ? (Supposez que tous les jours de la semaine soient équiprobables – ce qui également n'est pas vrai, mais pas de beaucoup.) Je vous laisse réfléchir un instant.

Le reste de ce chapitre va examiner d'autres exemples de conclusions paradoxales et raisonnements erronés en probabilités. J'ai inclus quelques vieux succès et des exemples moins connus. Le but est de bien faire comprendre qu'en matière d'incertitude, il faut réfléchir soigneusement et ne pas émettre de jugements hâtifs. Même s'il existe des traitements efficaces de l'incertitude, n'oublions pas que leur mauvaise utilisation peut nous induire en erreur. Le concept clé ici, la probabilité conditionnelle, apparaîtra fréquemment dans ce livre.

Une erreur commune, lorsqu'on est face à deux options, consiste à faire l'hypothèse naturelle par défaut selon laquelle leurs probabilités sont égales : cinquante-cinquante. Nous parlons allègrement d'événements « aléatoires », mais nous examinons rarement ce que cela signifie. Nous les pensons souvent comme des choses qui ont autant de chances d'arriver que de ne pas arriver – comme à pile ou face. J'ai justement fait cette hypothèse à la fin du deuxième paragraphe de ce chapitre, quand j'ai écrit « autant probable qu'improbable ». En fait, ce qui est probable et ce qui ne l'est pas sont rarement équiprobables. Si vous réfléchissez à ce que signifient les mots de cette phrase, cela devient évident. « Non probable » est synonyme de « faible probabilité », et « probable » de « probabilité plus élevée ». Ainsi, même notre phrase standard est confuse.

Ces vénérables énigmes probabilistes montrent qu'il est bien plus probable de se tromper. Nous verrons au chapitre 8 que notre médiocre compréhension des probabilités peut nous égarer face à des questions réellement importantes, comme décider de l'innocence ou de la culpabilité dans un tribunal.

Voici un cas bien défini où l'on peut faire les calculs. Si on vous présente deux cartes sur une table et qu'on vous dit (pour de vrai !) que l'une des deux est l'as de pique, il semble évident que vos chances de tirer l'as de pique sont égales à 1/2. C'est vrai pour ce scénario. Mais dans des situations très similaires, l'hypothèse du cinquante-cinquante par défaut que l'évolution a câblée dans notre cerveau est totalement fausse. L'exemple classique est le problème de Monty Hall, très apprécié des théoriciens probabilistes. C'est presque une banalité de nos jours, mais certains de ses aspects restent souvent négligés. En outre, c'est une voie rêvée pour pénétrer dans le territoire contre-intuitif de la probabilité *conditionnelle*, qui est ce vers quoi nous nous dirigeons. La probabilité conditionnelle est la probabilité d'occurrence d'un événement *après* qu'un autre événement s'est déjà produit. Et il faut reconnaître que lorsqu'il s'agit de probabilités conditionnelles, les hypothèses par défaut dont l'évolution a doté notre cerveau sont terriblement inadéquates.

Monty Hall fut le présentateur originel du jeu télévisé américain *Let's Make a Deal*[3] En 1975, le biostatisticien Steve Selvin publia un article sur une version de la stratégie de ce jeu. En 1990, cet article fut vulgarisé (ce qui déclencha une controverse énorme et en grande partie déplacée) par Marilyn vos Savant dans le magazine *Parade*. Le problème s'énonce ainsi : on vous présente trois portes closes. Derrière l'une d'elles se trouve le gros lot : une Ferrari ; derrière les deux autres se trouve le lot de consolation : une chèvre. Vous choisissez une porte ; une fois ouverte, vous gagnez ce qui se trouve derrière elle, quoi que ce soit. Toutefois, le présentateur (qui sait où se trouve la voiture) ouvre alors une des deux autres portes, dont il *sait* qu'elle révèlera une chèvre, et vous offre la possibilité de changer d'avis. En supposant que vous préférez une Ferrari à une chèvre, que devez-vous faire ?

La réponse à cette question fait appel à la modélisation et à la théorie des probabilités. Elle varie grandement selon que le présentateur offre ou non cette possibilité. Commençons par le cas le plus simple : il l'offre toujours et tout le monde le sait. Si vous changez d'avis, vous doublez alors vos chances de gagner la voiture.

Cette affirmation entre immédiatement en conflit avec notre cerveau du cinquante-cinquante par défaut. Vous regardez maintenant deux portes. L'une dissimule une chèvre, l'autre, une voiture. Les chances doivent clairement être cinquante-cinquante. Ce n'est toutefois pas le cas parce que ce qu'a fait le présentateur dépend de la porte que vous avez choisie. En particulier, il n'a pas ouvert *cette* porte. La probabilité pour qu'une porte dissimule la voiture, *sachant que c'est celle que vous avez choisie*, est égale à 1/3. Cela, parce que vous avez choisi entre trois portes, et que la voiture est équiprobable derrière chacune d'elle parce que vous avez fait librement votre choix. À long terme, votre choix vous fera gagner la voiture une fois sur trois – et donc ne vous la fera pas gagner deux fois sur trois.

Puisqu'une autre porte a été éliminée, la probabilité conditionnelle pour que la voiture soit derrière une porte, *sachant que ce n'est pas celle que vous avez choisie*, est 1 – 1/3 = 2/3, parce qu'il n'y a qu'une seule telle porte et que nous venons de voir que votre porte n'est pas la bonne deux fois sur trois. Ainsi, deux fois sur trois, changer pour l'autre porte vous fait gagner la voiture. C'est ce qu'ont dit Steve Selvin et Marilyn vos Savant, mais nombre de leurs correspondants ne les croyaient pas. Pourtant, c'est vrai, modulo les conditions imposées au présentateur.

Si vous êtes sceptiques, lisez la suite.

Il y a une bizarrerie psychologique fascinante : les personnes qui affirment que les chances sont nécessairement égales (de sorte que chaque porte a la même probabilité de faire gagner la voiture) préfèrent *ne pas* changer d'avis, même si cette égalité des chances implique que ce changement n'aura aucun impact négatif. Je pense que cela est lié à l'aspect modalisation du problème, qui amène à soupçonner – très probablement à juste raison – que le présentateur cherche à tromper le candidat. Ou peut-être est-ce le cerveau bayésien, qui pense être en train de se faire avoir.

Si le présentateur ne vous offre pas systématiquement la possibilité de changer d'avis, le calcul change radicalement. Supposons, à un extrême, qu'il ne vous permette de changer de porte que si votre choix vous ferait gagner la voiture. Cette offre étant pour lui conditionnelle, votre porte vous fait gagner avec une probabilité égale à 1 et l'autre porte avec une probabilité égale à 0. À l'autre extrême, si le présentateur ne vous permet de changer de porte que si votre choix ne vous ferait pas gagner la voiture, les probabilités conditionnelles sont inversées. Il semble plausible que si le présentateur combine ces deux situations dans des proportions convenables, vos chances de gagner en vous en tenant à votre choix originel peuvent prendre n'importe quelle valeur, tout comme vos chances de perdre. Cette conclusion est vérifiée par les calculs.

Une autre manière de voir qu'il ne peut y avoir égalité des chances est de généraliser le problème et de considérer un exemple plus extrême. Un prestidigitateur étale un jeu de cartes (ordinaire, de 52 cartes, non truquées) faces invisibles, et vous offre une récompense si vous tirez l'as de pique. Vous choisissez une carte et la faites glisser hors du jeu, *toujours* face invisible. Le prestidigitateur prend les 51 cartes restantes, les regarde une à une à l'abri de votre regard, et commence à les placer sur la table, faces visibles, aucune d'elles n'étant l'as de pique. Il continue un temps ainsi, s'interrompt un moment pour placer une carte face invisible à côté de la vôtre, puis reprend le placement des cartes qui ne sont pas l'as de pique, faces visibles, jusqu'à épuisement du paquet. Maintenant, il y a 50 cartes, faces visibles, aucune d'elles n'étant l'as de pique, et deux cartes faces invisibles : celle que vous avez choisie, et celle qu'il a placée à côté d'elle.

En supposant qu'il n'a pas triché – ce qui est peut-être idiot s'il est un prestidigitateur, mais je vous assure qu'à cette occasion, il n'a pas triché –, laquelle des deux cartes a le plus de chances d'être l'as de pique ? Sont-elles équiprobables ? Loin de là. Votre carte ayant été choisie au hasard dans le jeu de 52 cartes, l'as de pique apparaît donc une fois sur 52. Dans les cartes restantes, l'as de pique figurera 51 fois sur 52. Si c'est le cas, la carte du prestidigitateur est nécessairement l'as de pique. Dans l'occasion rare où ce n'est pas le cas – une fois sur 52 –, votre carte est l'as de pique et celle du prestidigitateur n'importe quelle carte restant après qu'il a écarté 50 cartes. Ainsi, la probabilité pour que votre carte soit l'as de pique est égale à 1/52 ; la probabilité pour que la carte du prestidigitateur soit l'as de pique est égale à 51/52.

Le scénario de l'égalité des chances peut toutefois se réaliser dans certaines conditions. Si on fait monter sur scène une personne qui n'a pas vu ce qui s'est passé, qu'on lui montre ces deux cartes et qu'on lui demande de dire laquelle est l'as de pique, sa chance de donner la bonne réponse est égale à 1/2. La différence est que vous avez choisi votre carte au début de la procédure, et ce qu'a fait le prestidigitateur était conditionné par ce choix. Le nouveau venu arrivant une fois la procédure achevée, le prestidigitateur ne peut rien faire qui dépende de son choix.

Pour être bien clair, supposez que nous répétions la procédure mais que cette fois, vous retourniez votre carte, *face visible*, avant que le prestidigitateur n'étale ses cartes. Si votre carte n'est pas l'as de pique, la sienne doit l'être (ici encore, en supposant qu'il n'y a pas de passe-passe.) Et à long terme, cela arrive 51 fois sur 52. Si votre carte est l'as de pique, alors la sienne est nécessairement différente ; à long terme, cela arrive une fois sur 52.

Le même raisonnement vaut pour la voiture et les chèvres si vous *ouvrez la porte que vous avez choisie*. Une fois sur trois, vous verrez la voiture. Les deux autres fois, vous verrez deux portes ouvertes avec des chèvres et une porte fermée. *Où pensez-vous que se trouve la voiture ?*

Revenons aux Smith et à leurs enfants – un problème plus simple, mais tout aussi trompeur. Rappelons les deux versions :

1. Les Smith ont exactement deux enfants, dont l'un au moins est une fille. En supposant les garçons et les filles équiprobables et en tenant compte des autres conditions que j'ai mentionnées, quelle est la probabilité pour qu'ils aient deux filles ?
2. Supposez maintenant que le *premier* enfant soit une fille. Quelle est la probabilité pour qu'ils aient deux filles ?

La réaction par défaut à la première question est de se dire : « L'un des enfants est une fille. L'autre a autant de chances d'être un garçon qu'une fille. » Cela conduit à la réponse 1/2. L'ennui est qu'ils pourraient avoir deux filles (après tout, c'est cet événement dont on nous demande d'évaluer la probabilité), auquel cas *l'autre* n'est pas défini de manière unique. Pensez aux deux naissances survenant dans l'ordre (même avec des jumeaux, il y a un premier-né). Les possibilités sont

FF FG GF GG

Comme nous avons supposé que le sexe du second enfant est indépendant de celui du premier, ces quatre possibilités sont équiprobables. Si tous les cas peuvent se produire, chacun a une probabilité égale à 1/4. Toutefois, l'information supplémentaire exclut GG. Nous nous retrouvons avec trois cas, qui sont encore équiprobables. Comme il n'y a qu'un seul FF parmi eux, sa probabilité est égale à 1/3.

Il semble que les probabilités aient ici changé. Initialement, FF avait une probabilité égale à 1/4 ; elle est soudainement devenue 1/3. Pourquoi ?

Ce qui a changé, c'est le contexte. Les problèmes tournent tous autour des *espaces échantillon* adéquats. L'information supplémentaire, « pas de GG », réduit l'espace échantillon de quatre possibilités à trois. L'espace échantillon du monde réel se compose maintenant non pas de toutes familles avec deux enfants, mais des familles avec deux enfants qui ne sont pas tous deux des garçons. L'espace échantillon modèle correspondant se compose de FF, FG, GF. Ces trois possibilités étant équiprobables, leur probabilité dans cet espace échantillon est 1/3, et non 1/4. GG ne pouvant se produire dans ce cas, il n'est pas comptabilisé.

Il n'y a rien de paradoxal dans le fait que l'information supplémentaire modifie la pertinence des probabilités. Si vous pariez sur Galloping Girolamo et qu'on vous refile un tuyau comme quoi le favori Barnstorming Bernoulli a une mystérieuse maladie qui le ralentit, vos chances de gagner s'améliorent nettement.

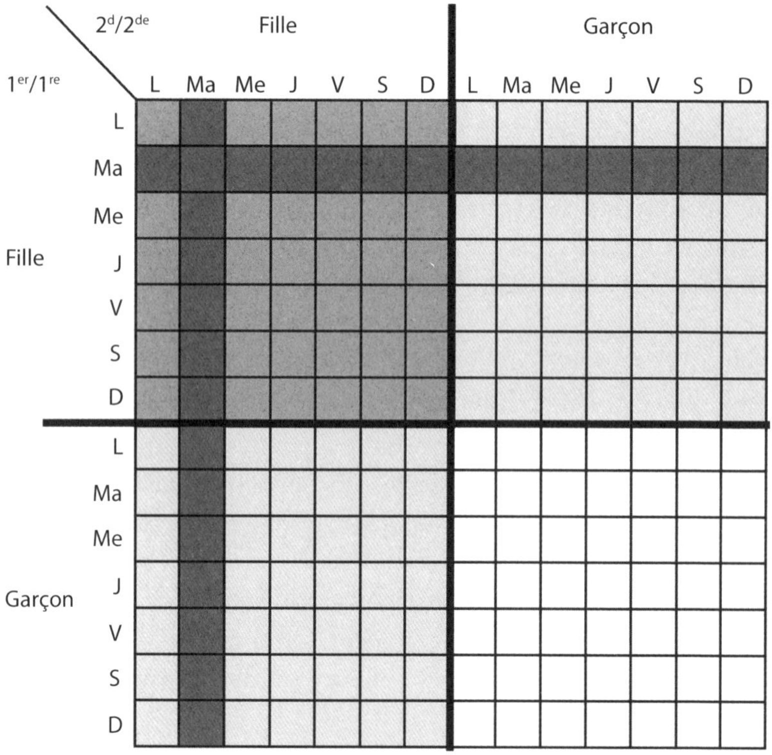

Figure 9. Espaces échantillons pour la fille du mardi. Gris clair : « au moins une fille ». Gris moyen : « les deux enfants sont des filles ». Gris foncé : « au moins une fille née un mardi ».

Ce problème est un autre exemple de probabilité conditionnelle. Mathématiquement, le calcul d'une probabilité conditionnelle s'obtient en limitant l'espace échantillon aux seuls éléments encore susceptibles de se produire. Afin de rendre égale à 1 la probabilité totale de cet espace échantillon réduit, on multiplie toutes les probabilités antérieures par une constante appropriée. Nous verrons bientôt *quelle* est cette constante.

Dans la troisième version du problème, nous savons qu'au moins un enfant est une fille née un mardi. Comme avant, la question est : quelle est la probabilité pour que les Smith aient deux filles ? J'appelle cela l'événement cible. Ce que nous voulons calculer, c'est la probabilité pour que les Smith atteignent cette cible. Je l'ai dit, afin de simplifier le calcul, nous supposerons que les jours de la semaine sont tous équiprobables.

À première vue, la nouvelle information semble sans intérêt. Qu'importe le jour de naissance de la fille ? Les jours sont tous équiprobables ! Mais avant de se précipiter sur les conclusions, examinons les espaces échantillon appropriés. Le diagramme montre toutes les combinaisons possibles de sexe et de jour pour le premier et le second enfant. C'est l'espace échantillon complet, et chacun de ses 14 × 14 = 196 carreaux est équiprobable – probabilité 1/196. Le quadrant supérieur gauche, en gris clair sauf aux endroits où il est recouvert par un carreau foncé, contient 49 carreaux. Cela correspond à l'événement « les deux enfants sont des filles » ; la probabilité de cet événement en soi est 49/196 = 1/4, comme prévu.

La nouvelle information, « au moins un des enfants est une fille née un mardi » réduit l'espace échantillon aux deux bandes sombres. Celles-ci contiennent en tout 27 carreaux : 14 horizontaux plus 14 verticaux moins 1 pour le chevauchement, car il ne faut pas compter deux fois le même événement. Dans ce nouvel espace échantillon réduit, ces événements sont encore tous équiprobables, de sorte que la probabilité conditionnelle de chacun est égale à 1/27. Comptez le nombre de carreaux sombres qui se trouvent dans la région cible « deux filles » : la réponse est 13 (7 + 7, moins 1 pour le chevauchement). Les autres 14 carreaux se trouvant dans les régions où les Smith ont au moins un garçon, ils manquent la cible. Tous les carreaux étant équiprobables, la probabilité conditionnelle pour que les Smith aient deux filles, dont l'une au moins est née un mardi, est 13/27.

Le jour de naissance *a* son importance !

Je doute que l'on puisse deviner cette réponse, sauf par un pur hasard et à moins d'être un statisticien bon en calcul mental. On ne peut éviter les calculs à la main.

Toutefois, si, à la place, on nous avait dit qu'au moins un des enfants est une fille née un mercredi, ou un vendredi, nous aurions eu la même probabilité conditionnelle, sur différentes bandes du diagramme. En ce sens, le jour *n'a pas* d'importance. Alors, que se passe-t-il ?

Un énoncé mathématique contre-intuitif a parfois pour effet d'amener les gens à conclure que les mathématiques sont une chose inutile et à ne pas croire en leur surprenant pouvoir. Le risque d'une telle attitude est très réel ici, car certaines personnes rejettent instinctivement cette réponse. Pour elles, il est tout simplement insensé que le jour de naissance puisse modifier les probabilités. Face à un tel sentiment, les calculs seuls ne sont pas vraiment convaincants ; on les soupçonne fortement de contenir une erreur. Il faut alors une explication intuitive pour les conforter.

L'erreur sous-jacente au raisonnement « le jour où elle est née ne change rien » est subtile mais cruciale. Le choix du jour n'importe pas, mais le choix d'un jour particulier importe, car il se pourrait qu'il n'y ait pas de *elle* particulière. Pour ce que nous en savons – en fait, c'est là le point principal du problème –, les Smith pourraient avoir deux filles. Dans ce cas, nous savons que *l'une* d'elles est née un mardi, mais pas laquelle. Les deux problèmes simplifiés montrent que l'information supplémentaire qui améliore les chances de distinguer entre les deux enfants, telle laquelle est née la première, modifie la probabilité conditionnelle des deux filles. Si le premier enfant est une fille, la probabilité est égale à ce que l'on attend : 1/2. (C'est également vrai si le second est une fille.) Mais si nous ignorons quel enfant est la fille, la probabilité conditionnelle diminue et devient 1/3.

Ces deux problèmes simplifiés illustrent l'importance de l'information supplémentaire, mais son effet précis n'est pas vraiment intuitif.

Dans la version actuelle, l'information supplémentaire ne distingue pas clairement les enfants : nous ne savons pas *lequel* est né mardi. Pour voir ce qui arrive, il faut compter les carreaux dans le diagramme.

Le diagramme a trois quadrants gris correspondant à « au moins une fille ». Le quadrant gris moyen correspond à « deux filles », les quadrants gris pâle à « le premier enfant est une fille » et à « le second enfant est une fille », et le quadrant blanc correspond à « les deux enfants sont des garçons ». Chaque quadrant contient 49 petits carreaux.

L'information « au moins une fille » élimine le quadrant blanc. Si c'est tout ce que nous savons, l'événement cible « deux filles » occupe 49 carreaux sur 147, ce qui correspond à une probabilité de 49/147 = 1/3. Toutefois, si nous avons l'information supplémentaire « le premier enfant est une fille », alors l'espace échantillon comprend seulement les deux quadrants du haut, avec 98 carreaux. Maintenant, l'événement cible a pour probabilité 49/98 = 1/2. Ce sont les nombres que j'ai obtenus plus haut.

Dans ces cas, l'information supplémentaire accroît la probabilité conditionnelle de deux filles. Et cela, parce qu'elle diminue l'espace échantillon, mais aussi parce que l'information supplémentaire est cohérente avec l'événement cible. C'est la région gris moyen, et elle se situe à l'intérieur des deux espaces échantillon réduits. Ainsi, la proportion de l'espace échantillon qu'elle occupe augmente quand la taille de l'espace échantillon diminue.

Cette proportion peut aussi diminuer. Si l'information supplémentaire avait été « le premier enfant est un garçon », l'espace échantillon se serait composé des deux quadrants du bas, et l'événement cible aurait été totalement éliminé : sa probabilité conditionnelle se serait réduite à 0. Mais chaque fois que l'information supplémentaire est cohérente avec l'événement cible, elle rend cet événement plus probable, et sa probabilité est donnée par la probabilité conditionnelle.

Plus l'information supplémentaire est *précise*, plus l'espace échantillon se rétrécit. Toutefois, selon son contenu, cette information peut aussi réduire la taille de l'événement cible. Le résultat dépend de l'interaction de ces deux effets : le premier accroît la probabilité conditionnelle de la cible, mais le second la diminue. La règle générale est simple :

la probabilité conditionnelle d'atteindre la cible pour une information *donnée*

$$= \frac{\text{la probabilité d'atteindre la cible } et \text{ d'être cohérent avec l'information}}{\text{la probabilité de l'information}}$$

Dans la version compliquée de ce problème, la nouvelle information est « au moins un enfant est une fille née un mardi ». Ce n'est ni cohérent avec l'événement cible, ni incohérent. Certaines régions gris sombre se retrouvent dans le quadrant supérieur gauche, d'autres pas. Il faut donc faire les calculs. L'espace échantillon se réduit à 27 carreaux, dont 13 seulement atteignent la cible. L'effet global a une probabilité conditionnelle de 13/27, ce qui est un peu plus petit que le 1/2 que nous obtenons sans l'information supplémentaire.

Vérifions que ce résultat est cohérent avec la règle que je viens d'énoncer. L'« information supplémentaire » survient dans 27 carreaux sur 196, soit avec une probabilité de 27/196. « Atteindre la cible et être cohérent avec l'information » apparaît dans 13 carreaux sur 196, soit avec une probabilité de 13/196. Ma règle dit que la probabilité conditionnelle que nous recherchons est

$$\frac{13/196}{27/196} = \frac{13}{27}$$

ce qui est ce que l'on obtient en comptant les carreaux. Les 196 se simplifiant, la règle exprime simplement le comptage des carreaux en termes de probabilités définies sur l'espace échantillon tout entier.

Notez que 13/27 est proche de 1/2, ce qui est ce que nous aurions obtenu si on nous avait dit que le premier enfant est une fille. Et cela me ramène au point principal, et à la raison du changement de la probabilité conditionnelle. Comme il se peut que les deux enfants soient des filles, le fait de disposer ou non de l'information permettant de les distinguer l'une de l'autre fait une grande différence. C'est pour cela qu'« un enfant est une fille née un mardi » est important : l'ambiguïté de cette information lorsqu'elle s'applique aux *deux* enfants a moins d'effet. Pourquoi ? Parce que même lorsque l'autre enfant est aussi une fille, elle naît, la plupart du temps, un jour différent. Elle ne naît le même jour qu'une fois sur sept. Plus nous accroissons la possibilité de distinguer les deux enfants, plus nous nous éloignons du cas 1/3 (aucune distinction) pour nous rapprocher du cas 1/2 (nous savons exactement de quel enfant nous parlons).

La raison pour laquelle la réponse n'est pas exactement 1/2 est que dans la région cible, les deux bandes sombres, chacune composée de 7 carreaux, se chevauchent sur un carreau. Hors de la cible, les deux autres bandes ne se chevauchent pas. On a donc 13 bandes dans la cible, et 14 bandes hors de la cible. Plus ce chevauchement est petit, plus la probabilité conditionnelle se rapproche de 1/2.

Voici maintenant, pour vous, une dernière version de ce problème. Les conditions sont les mêmes que plus haut, sauf qu'au lieu du jour de la semaine, on nous dit qu'un enfant est une fille, née le jour de Noël. Supposez que tous les jours de l'année soient équiprobables (comme toujours, ce n'est pas vrai dans le monde réel) et qu'il n'y ait jamais de 29 février (idem). Quelle est la probabilité conditionnelle pour que les deux enfants soient des filles ?

Le croirez-vous ? C'est 729/1459. Voyez les Notes pour les calculs[4].

Cet ergotage sur les probabilités conditionnelles est-il important ? Dans les jeux, non, à moins que vous en soyez fanatique. Dans le monde réel, cela peut être littéralement une question de vie ou de mort. Nous verrons pourquoi aux chapitres 8 et 12.

Dans le langage courant, les gens parlent souvent de la « loi des moyennes ». Cette expression a peut-être été à l'origine un raccourci pour la « loi des grands nombres de Bernoulli », mais dans l'usage quotidien, elle est une dangereuse illusion, et pour cette raison, vous ne la trouvez jamais employée par des mathématiciens ou des statisticiens. Voyons ce qu'elle contient, et pourquoi ils ne l'aiment pas.

Ce type de croyance est encouragé par les tables montrant la fréquence de sortie des nombres lors d'une loterie. Les données de la Loterie nationale du Royaume-Uni sont disponibles en ligne. Elles se trouvent compliquées par une modification qui a élargi l'éventail des nombres susceptibles d'être tirés. Entre novembre 1994 et octobre 2015, période où il y avait 49 nombres, le boulier de la Loterie a sorti 252 fois le numéro 12 et seulement 215 fois le numéro 13 – qui fut en fait le numéro le moins fréquent. Le plus fréquent fut le 23, qui sortit 282 fois. Ces résultats se prêtent à de nombreuses interprétations. Les bouliers de la loterie sont-ils truqués, de sorte que certains nombres ont plus de chances de sortir ? Le 13 sort-il moins souvent que les autres parce que, comme tout le monde le sait, il n'a pas de chance ? Ou devons-nous à l'avenir miser sur lui parce qu'il est en retard et que la loi des moyennes dit qu'il ne peut que se rattraper ?

On peut trouver légèrement curieux que le pire des numéros soit le 13, mais tous les scénaristes de l'univers ont l'habitude d'utiliser des clichés. Il se trouve que 20 est lui aussi sorti 215 fois, et je ne connais aucune superstition liée à ce nombre. L'analyse statistique, fondée sur les principes originels de Bernoulli, montre qu'il faut s'attendre à des fluctuations de cette ampleur lorsque les machines tirent chaque nombre avec la même probabilité. Il n'y a donc aucune raison scientifique de conclure que les bouliers sont truqués. En outre, il est difficile de voir comment le boulier « connaîtrait » le nombre écrit sur une boule donnée : les nombres n'influencent pas le mécanisme. Le simple et évident modèle probabiliste pour 49 nombres équiprobables est très certainement applicable, et la probabilité de sortir 13 à l'avenir n'est pas influencée par les événements passés. Il n'est ni plus ni moins probable que tout autre nombre, même s'il a été un peu négligé.

La même chose vaut pour les pièces de monnaie, et pour les mêmes raisons : si la pièce est équilibrée, un excès temporaire de faces ne rend pas les piles plus probables. La probabilité des piles ou des faces reste égale à 1/2. J'ai posé plus haut une question de rhétorique : comment, sinon, les proportions peuvent-elles s'équilibrer ? La réponse est qu'il y a une autre façon que cela se produise. Bien qu'un excès de faces n'ait aucun effet sur la *probabilité* ultérieure d'obtenir pile, la loi des grands nombres implique qu'à long terme, les nombres de piles et de faces tendent effectivement à s'égaliser. Mais cela ne signifie pas qu'ils doivent devenir égaux ; cela signifie simplement que leur *rapport* tend vers 1.

Supposez qu'initialement, nous ayons fait 1 000 lancers et obtenu 525 faces et 475 piles : un excès de 50 faces, et un rapport de 525/475 = 1,105. Supposez maintenant que nous fassions deux millions de lancers supplémentaires. En moyenne, on s'attend à obtenir environ un million de piles et un nombre égal de faces. Supposez que ce soit exactement le cas. Les scores cumulés sont maintenant 1 000 525 faces et 1 000 475 piles. Il y a *encore* 50 faces de plus. Toutefois, le rapport vaut maintenant 1 000 525/1 000 475, c'est-à-dire 1,00005. C'est bien plus proche de 1.

Ici, je suis contraint d'admettre que la théorie des probabilités nous dit quelque chose de plus puissant, et cela ressemble justement à ce que les gens pensent de la loi des moyennes. À savoir, quel que puisse être le déséquilibre initial, si vous continuez vos lancers suffisamment longtemps, alors la probabilité pour qu'*à un certain stade*, les piles rattrapent leur retard et atteignent exactement le même nombre que les faces, est égale à 1. Fondamentalement, c'est certain, mais puisque nous parlons d'un processus potentiellement infini, il est préférable de dire « presque certain ». Même si les faces atteignent une avance d'un million, les piles vont presque certainement rattraper leur retard. Il vous suffit de lancer la pièce suffisamment longtemps – mais effectivement, ce sera très long.

Les mathématiciens se représentent souvent ce processus comme une marche aléatoire. Imaginez un curseur se déplaçant le long de la droite portant les entiers naturels (positifs et négatifs) avec 0 pour origine. À chaque lancer de la pièce, le curseur se déplace d'un pas vers la droite si on obtient face, d'un pas vers la gauche si on obtient pile. Sa position nous montre alors, instantanément, l'excès des faces sur les piles. Par exemple, si les lancers débutent par FF, le curseur atterrit deux pas à droite, sur le nombre 2 ; si c'est FP, il va un pas à droite, un pas à gauche, et se retrouve en 0. Si on reporte sa position en fonction du temps, gauche/droite devient bas/haut et on obtient une courbe en zigzag d'aspect aléatoire. Par exemple, la suite

PPPPFPFFFFFFPPPFPPPF

(que j'ai obtenue en faisant réellement des lancers) donne l'image de la page 90. Il y a 11 P et 9 F.

Les mathématiques de la marche aléatoire nous disent que la probabilité pour que le curseur *ne revienne jamais* à zéro est égale à 0. Ainsi, la probabilité pour que les nombres finissent par s'égaliser de nouveau est égale à 1 – presque certainement. Mais la théorie nous dit aussi des choses plus surprenantes. Premièrement, ces affirmations sont vraies même si, au départ, on donne à P ou F une grande avance. Quel que soit le déséquilibre initial, il disparaîtra presque certainement si l'on continue les lancers. Toutefois, le temps moyen nécessaire pour que cela arrive est *infini*. Cela peut sembler paradoxal, mais voici ce que cela signifie. Si vous attendez le premier retour à 0, il met un certain temps à se produire. Vous continuez vos lancers. Finalement, le curseur fait presque certainement un second retour à 0. Cela peut prendre plus ou moins de pas par rapport au premier retour. De temps en temps, c'est considérablement plus long ; en fait, si vous vous donnez un nombre de pas, aussi grand soit-il, il est alors presque certain qu'il y aura un retour qui prendra un nombre de pas au moins aussi grand. Si vous faites la moyenne d'une infinité de nombres arbitrairement grands, il n'est pas déraisonnable d'obtenir une moyenne infinie.

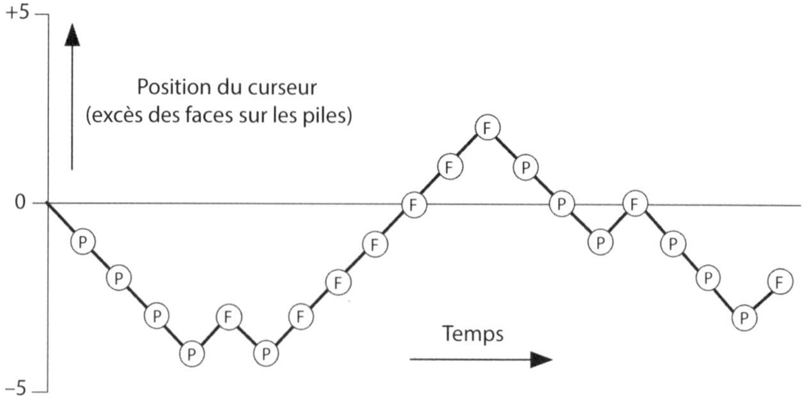

Figure 10. Les 20 premiers pas d'une marche aléatoire typique.

Cette habitude de revenir sans cesse à 0 semble contredire mon affirmation sur l'absence de mémoire d'une pièce de monnaie. En fait, il n'en est rien. Malgré tout ce que j'ai dit, il y a en effet aussi une interprétation selon laquelle les lancers de pièce *ne tendent pas* à s'égaliser à long terme. Nous avons vu que si nous attendons suffisamment, le total cumulatif est presque certain d'être aussi grand (en négatif ou en positif) que nous le souhaitons. De même, il doit finalement éliminer tout déséquilibre initial.

Quoi qu'il en soit, revenons à cette tendance au nivellement si on attend suffisamment longtemps. Ne démontre-t-elle pas l'existence de la loi des moyennes ? Non, parce que la théorie de la marche aléatoire n'a aucune incidence sur la probabilité pour que P ou F apparaissent. Oui, ils s'égalisent « dans le long terme » – mais nous n'avons aucune idée du temps exact que cela prendra dans un cas particulier. Si nous nous arrêtons à ce moment précis, il semble que la loi des moyennes est vérifiée. Mais c'est de la triche : nous nous sommes arrêtés au moment où nous avons atteint le résultat que nous recherchions. La plupart du temps, les proportions n'étaient pas égales. Si nous nous fixons à l'avance un nombre de lancers, il n'y a aucune raison pour que les piles et les faces s'égalisent au-delà de ce nombre. En fait, en moyenne, après tout nombre de lancers défini à l'avance, la différence sera exactement identique à ce qu'elle était au début.

7

Physique sociale

« Appliquons aux sciences politiques et morales la méthode fondée sur l'observation et sur le calcul, méthode qui nous a si bien servis dans les sciences naturelles. »

Pierre-Simon de Laplace, *Essai philosophique sur les probabilités*

Dans *Fondation*, le roman classique de science-fiction d'Isaac Asimov publié sous forme de nouvelles dans les années 1940 puis de livre en 1951, le mathématicien Hari Seldon prévoit l'effondrement de l'Empire galactique en recourant à la psychohistoire, c'est-à-dire au calcul des schémas régissant les réactions des masses humaines aux événements sociaux et économiques. Initialement jugé pour trahison, au motif que sa prédiction *encourage* ledit effondrement, Seldon est autorisé à créer un groupe de recherche sur une planète isolée afin de minimiser la destruction et de réduire la période anarchique qui s'ensuivra de 30 000 ans à un seul millier d'années.

Comme ses lecteurs, Asimov savait que la prédiction d'événements politiques à grande échelle sur des périodes de plusieurs millénaires n'est pas réellement plausible et est en fait une question de « suspension de l'incrédulité ». Nous faisons tous cela lorsque nous lisons une œuvre de fiction. Aucun admirateur de Jane Austen ne se trouble si on lui dit qu'Elizabeth Bennet et Mr Darcy n'ont jamais existé. Mais Asimov était suffisamment intelligent pour savoir que ce type de prédiction, quelle que soit sa précision, peut se trouver démentie par toute perturbation importante non anticipée, y compris théoriquement – par un « événement cygne noir », pour reprendre une expression à la mode. Il savait également que les lecteurs qui gobaient allègrement la psychohistoire en seraient aussi conscients. C'est la raison pour laquelle, dans le deuxième volume de la série, un tel événement fait dérailler le projet de Seldon. Mais ce dernier est suffisamment malin pour prévoir que son plan ne se déroule pas comme prévu ; en outre, il a un plan d'urgence secret, révélé dans le troisième volume (ce plan lui-même n'est d'ailleurs pas ce qu'il semble être, mais anticipe un autre niveau de planification prospective).

La série *Fondation* est connue pour se concentrer sur des machinations politiques ourdies par les groupes clés plutôt que de remplir des pages et des pages de récits des batailles mettant aux prises d'immenses flottes armées jusqu'aux dents. Les protagonistes reçoivent régulièrement des rapports sur ces batailles, mais les descriptions sont on ne peut plus éloignées d'un traitement hollywoodien. L'intrigue (comme l'a affirmé Asimov lui-même) s'inspire de l'*Histoire de la décadence et de la chute de l'Empire romain* d'Edward Gibbon. La série est une master class en planification de l'incertitude à une échelle épique. Tout ministre de haut rang et tout haut fonctionnaire devraient être obligés de la lire.

Par souci dramatique, la psychohistoire pousse une hypothétique technique mathématique à l'extrême, mais nous en utilisons chaque jour l'idée de base lors de tâches moins ambitieuses. Dans une certaine mesure, Hari Seldon s'inspire d'un mathématicien du XIXe siècle qui fut l'un des premiers à s'intéresser sérieusement aux applications des mathématiques au comportement humain. Il s'appelait Adolphe Quetelet et était né en 1796 à Gand, en Belgique. Les obsessions actuelles liées aux promesses (et aux dangers) du « big data » et de l'intelligence artificielle sont des conséquences directes de l'invention de Quetelet.

Bien sûr, il ne l'appela pas psychohistoire. Il l'appela physique sociale.

Les outils et techniques statistiques de base virent le jour en sciences physiques, notamment en astronomie où ils offraient une méthode systématique pour extraire le maximum d'information utile d'observations inévitablement entachées erreurs. Mais à mesure que progressait la compréhension de la théoric dcs probabilités et que les scientifiques commençaient à maîtriser cette nouvelle méthode d'analyse de données, quelques pionniers se mirent à étendre cette méthode au-delà de ses frontières originelles. Tirer des conclusions les plus précises possibles de données imprécises est un problème qui se pose dans tous les domaines de l'activité humaine. Il s'agit tout simplement de rechercher le maximum de certitude dans un monde incertain. En soi, il intéresse particulièrement tout individu ou organisme devant concevoir aujourd'hui des plans pour des événements qui surviendront demain. Ce qui, à vrai dire, concerne pratiquement tout le monde, mais surtout les gouvernements (nationaux et locaux), les entreprises et l'armée.

Les statistiques proliférèrent et, en relativement peu de temps, débordèrent les frontières de l'astronomie et des mathématiques pour devenir indispensables dans tous les secteurs de la science (en particulier dans les sciences de la vie), de la médecine, des sciences politiques, des lettres et même des arts. Il n'est donc pas surprenant que la personne qui enclencha la machine ait été un pur mathématicien converti à l'astronomie, qui succomba au chant des sirènes des sciences sociales et appliqua le raisonnement statistique aux attributs et au comportement humains. Quetelet légua à la postérité l'idée que malgré tous les caprices du libre arbitre et la diversité des circonstances, le comportement de l'humanité est dans l'ensemble bien plus prévisible que nous nous plaisons à l'imaginer – les prévisions sont certes imparfaites, pas totalement fiables, mais souvent suffisantes pour gouverner un pays.

Il légua aussi deux idées plus précises, toutes deux extrêmement influentes : *l'homme moyen* et l'ubiquité de la distribution normale[1]. Ces deux legs présentent de sérieux défauts si on les prend trop au pied de la lettre ou si on les applique de façon trop large, mais ils ouvrirent la voie à de nouveaux modes de pensée. Malgré leurs défauts, tous deux sont encore utilisés de nos jours. Ils servent surtout de « preuves de concept » – l'idée que les mathématiques peuvent nous dire des choses importantes sur notre comportement. Cette affirmation est aujourd'hui controversée (qu'est-ce qui ne l'est pas ?), mais elle l'était encore plus lorsque Quetelet effectua les premiers pas hésitants qui devaient le conduire à une étude statistique des travers humains.

Quetelet fut le récipiendaire du premier doctorat délivré par la toute nouvelle université de Gand. Sa thèse traitait des sections coniques, sujet remontant aux anciens géomètres grecs, qui construisirent d'importantes courbes – l'ellipse, la parabole, l'hyperbole –, formées par l'intersection d'un cône avec un plan. Il enseigna un temps les mathématiques, jusqu'à ce que son élection à l'Académie royale de Bruxelles lui fasse embrasser une carrière de cinquante ans dans la stratosphère savante en tant que figure centrale de la science belge. Vers 1820, il rejoignit un mouvement visant à la création d'un nouvel observatoire. Il ne connaissait pas grand-chose à l'astronomie, mais c'était un entrepreneur né et il savait se débrouiller dans le labyrinthe de l'administration Sa première démarche fut donc de s'assurer le soutien du gouvernement et une promesse de financement.

C'est seulement alors qu'il prit des mesures pour remédier à son ignorance du sujet que l'observatoire était destiné à éclairer. En 1823, aux frais de l'État, il se rendit à Paris pour étudier auprès des plus grands astronomes, météorologues et mathématiciens. Il apprit l'astronomie et la météorologie auprès de François Arago et Alexis Bouvard, et la théorie des probabilités auprès de Joseph Fourier et peut-être d'un Laplace désormais vieillissant. Il devint alors totalement obsédé par l'application des probabilités aux données statistiques. En 1826, il fut correspondant régional du Bureau des statistiques du Royaume des Pays-Bas (territoire équivalant à la Belgique et la Hollande actuelles). À partir de maintenant, je dirai « Belgique » plutôt que « Pays-Bas ».

Tout commença assez innocemment.

Un nombre tout à fait fondamental exerce une importante influence sur tout ce qui se produit et se produira dans un pays : la taille de sa population. Si vous ignorez combien vous avez d'habitants, il est difficile de planifier quoi que ce soit de manière cohérente. Bien sûr, vous pouvez faire des estimations et concevoir un plan d'urgence pour pallier un certain niveau d'erreur, mais tout cela reste assez aléatoire. Vous risquez de finir par dilapider d'énormes sommes d'argent dans des infrastructures inutiles, ou par sous-estimer les demandes et provoquer une crise. Ce problème n'est pas propre au XIXe siècle. Chaque pays s'y trouve confronté aujourd'hui.

Pour savoir combien de personnes habitent dans votre pays, il suffit naturellement de les compter. Autrement dit, d'effectuer un recensement, ce qui n'est toutefois pas aussi facile qu'il y paraît. Les gens se déplacent, se cachent pour éviter d'être reconnus coupables de crimes ou de payer des impôts, ou simplement pour empêcher l'administration de mettre son nez dans ce qu'ils estiment naïvement être leurs affaires. Quoi qu'il en soit, en 1829, le gouvernement belge programma un nouveau recensement. Quetelet, qui avait un temps travaillé sur l'histoire de la démographie belge, fut associé à ce programme. « Les données que nous avons actuellement ne peuvent être que provisoires et ont besoin d'être corrigées », écrivit-il. Ces données reposaient sur des valeurs plus anciennes, obtenues dans des conditions politiques difficiles ; elles avaient été mises à jour en ajoutant le nombre de naissances enregistrées et en soustrayant le nombre de décès enregistrés. C'était un peu comme naviguer à l'estime : à mesure que le temps passait, les erreurs s'accumulaient. Et le rapport immigration/émigration était totalement négligé.

Un recensement complet étant onéreux, il est logique d'utiliser des calculs de ce genre pour évaluer les populations entre les recensements. Mais on ne peut s'en tirer comme ça très longtemps. Il est courant de faire un recensement tous les dix ans. Quetelet pressa donc le gouvernement d'effectuer un nouveau recensement afin de disposer d'une référence précise pour les futures estimations. Il était toutefois revenu de Paris avec une idée intéressante suggérée par Laplace. Si elle marchait, elle permettrait d'économiser beaucoup d'argent.

Laplace avait déterminé la population de la France en multipliant deux nombres. Le premier était celui des naissances de l'année écoulée. Il figurait dans les registres des naissances, qui étaient assez précis. Le second était le rapport de la population totale au nombre annuel de naissances – l'inverse du taux de natalité. À l'évidence, la multiplication de ces deux nombres donne la population totale, mais il semble qu'il faille connaître la population totale pour trouver le second nombre. L'idée brillante de Laplace fut que l'on pouvait en obtenir une estimation raisonnable en recourant à ce que l'on appelle de nos jours l'échantillonnage. On sélectionne un petit nombre de zones géographiques raisonnablement représentatives que l'on soumet à un recensement complet afin d'y comparer le nombre de naissances. Laplace affirma, calculs à l'appui, qu'une trentaine de ces zones suffisaient pour évaluer la population de la France entière.

En fait, le gouvernement belge renonça à l'échantillonnage et effectua un recensement complet. La raison du revirement de Quetelet semble avoir été une critique intelligente, documentée mais totalement erronée émise par le baron de Keverberg, conseiller d'État. Observant avec justesse que les taux de naissance de différentes régions dépendent d'une déconcertante diversité de facteurs, dont peu d'entre eux sont susceptibles d'être anticipés, le baron prétendit qu'il serait impossible de constituer un échantillon représentatif. Les erreurs s'accumuleraient, rendant les résultats inutilisables. En cela, bien sûr, il faisait la même erreur qu'Euler avait commise : supposer le pire des cas plutôt que le cas typique. En pratique, la plupart des erreurs d'échantillonnage se seraient mutuellement annulées sous l'effet des variations aléatoires. La bourde était certes pardonnable, car Laplace avait supposé que le meilleur moyen d'échantillonner une population était de sélectionner, à l'avance, les zones considérées comme *représentatives* de l'ensemble et offrant un mélange similaire de riches et de pauvres, d'éduqués et de non éduqués, d'hommes et de femmes, et ainsi de suite.

Aujourd'hui, afin d'obtenir de bons résultats à partir de petits échantillons, les sondages d'opinion s'effectuent souvent de cette manière. C'est un travail obscur, et les méthodes qui fonctionnaient bien semblent échouer de plus en plus souvent, selon moi parce que tout le monde est saturé de sondages, de questionnaires d'études de marché et autres intrusions indésirables. Comme le découvrirent finalement les statisticiens, les échantillons aléatoires sont habituellement *suffisamment* représentatifs dès qu'ils sont raisonnablement grands. Grand comment, nous le verrons dans le reste de ce chapitre. Mais tout cela appartenait au futur, et la Belgique s'efforçait de compter chaque personne en bonne et due forme.

La critique du baron de Keverberg eut néanmoins un effet utile : elle incita Quetelet à recueillir d'énormes quantités de données dans des circonstances très précises et à les analyser en profondeur. Il passa bientôt du comptage des personnes à la *mesure* des personnes, et à la comparaison des mesures obtenues pour d'autres facteurs – la saison, la température, la situation géographique. Pendant huit ans, il collecta des données sur les taux de natalité, les taux de mortalité, les mariages, les dates de conception, la taille, le poids, la force, le taux de croissance, l'alcoolisme, la folie, le suicide, le crime. Il mena des recherches sur leurs variations en fonction de l'âge, du sexe, de la profession, du lieu de résidence, du moment de l'année, de l'emprisonnement, de l'hospitalisation. Il comparait seulement deux facteurs à la fois, ce qui lui permettait de dessiner des graphiques illustrant leur relation. Il constitua un énorme corpus de témoignages sur la nature quantitative de la variation de tous ces paramètres dans une population représentative. En 1835, il publia ses conclusions dans *Sur l'homme et le développement de ses facultés, ou Essai de physique sociale.*

Point significatif, chaque fois qu'il faisait référence à ce livre, il utilisait le sous-titre de « *Physique sociale* ». Et lorsqu'il en prépara une nouvelle édition, en 1869, il échangea le titre et le sous-titre. Il avait conscience de ce qu'il avait créé : une analyse mathématique de ce qu'est un être humain. Ou, pour éviter de paraître trop prétentieux, des traits de l'humanité susceptibles d'être quantifiés. Un concept dans ce livre frappa et frappe aujourd'hui encore l'imagination du public : celui d'*homme moyen.*

Comme le faisait souvent remarquer un biologiste de mes amis, l'« homme moyen » a un sein et un testicule. En ces temps de sensibilité à la différence sexuelle, nous devons être très prudents avec la terminologie. En fait, Quetelet avait parfaitement conscience que, dans la mesure où son concept avait un sens, il était également nécessaire de considérer la femme moyenne, l'enfant moyen, en fait les multiples instances de ce type, pour différentes populations. Il remarqua très tôt que ses données sur les attributs tels que la taille ou le poids (dûment limités à un seul sexe ou à une seule tranche d'âge) tendaient à se grouper autour d'une seule valeur. Si on les reporte sur un graphique en barres, ou histogramme, la barre la plus haute se trouve au milieu et les autres descendent en pente de chaque côté. La forme obtenue étant globalement symétrique, le pic central – la valeur la plus courante – est aussi la valeur moyenne.

Je m'empresse d'ajouter que ces affirmations ne sont pas exactes et ne sont pas applicables à toutes les données, même humaines. La distribution de richesse, par exemple, a une forme très différente : la majorité des gens sont pauvres, et un très petit nombre de super-riches possèdent la moitié de la planète. Le modèle mathématique standard est une distribution (loi de puissance) de Pareto. Mais en tant qu'observation empirique, de nombreux types de données présentent cette répartition, et ce fut Quetelet qui perçut son importance en sciences sociales. La forme générale qu'il trouva est, bien sûr, la courbe en cloche – la distribution normale d'Euler et de Gauss – ou quelque chose de suffisamment proche pour en faire un modèle mathématique raisonnable.

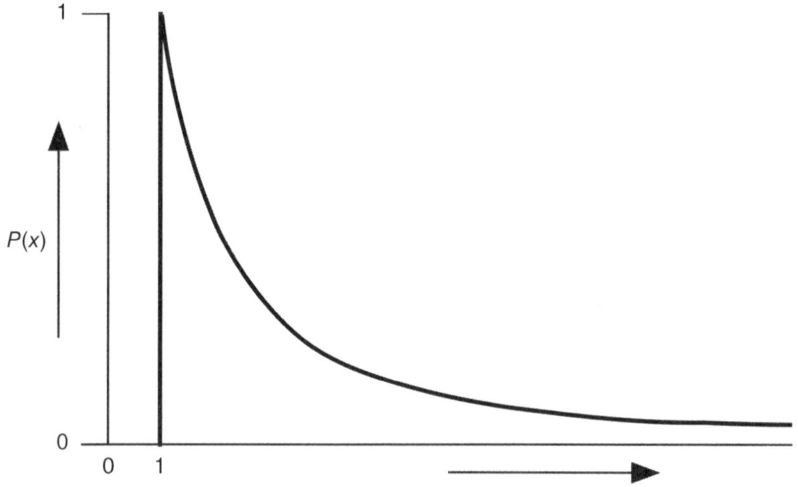

Figure 11. Distribution de Pareto reposant sur une puissance x^a pour une constante *a*, avec une coupure en $x = 1$.

Une multitude de tableaux et de graphiques, c'est très bien, mais Quetelet voulait disposer d'un résumé concis, qui présentait le point essentiel de manière saisissante, mémorable. Donc, au lieu de dire « la valeur moyenne de la courbe en cloche des tailles d'une classe d'hommes âgés de plus de 20 ans est égale à 1,74 mètre », il disait « l'homme moyen de cette classe mesure 1,74 mètre ». Il pouvait alors comparer ces hommes moyens pour différentes populations. Comment le fantassin belge moyen se compare-t-il à l'agriculteur français moyen ? Est-il est plus petit, plus grand, moins lourd, plus lourd, ou pratiquement pareil ? Comment se compare-t-il avec l'officier militaire allemand moyen ? Comment l'homme moyen bruxellois se compare-t-il avec son homologue londonien ? Qu'en est-il de la femme moyenne ? De l'enfant moyen ? Du chat ou du chien moyen, si vous le voulez – mais Quetelet s'en tenait aux êtres humains. Compte tenu de tout cela, de quel pays est l'homme moyen le plus susceptible d'être un assassin ou une victime ? Un médecin, qui se consacre à sauver des vies, ou un suicidaire, résolu à mettre fin à la sienne ?

L'important ici est que Quetelet *ne veut pas dire* qu'une personne représentative, choisie au hasard, concordera en tout point avec l'être moyen. En fait, dans certains cas, cela est impossible. La taille et le poids sont approximativement liés d'une manière qui implique que tous deux ne peuvent être simultanément moyens. Toutes choses étant égales par ailleurs, le poids varie comme le volume, qui varie comme le cube de la taille. Dans une population de trois cubes, de hauteur 1, 2 et 3 mètres, la hauteur moyenne égale 2. Leurs volumes sont 1, 8 et 27, de sorte que le volume moyen égale 12. Le volume du cube moyen n'est donc pas le cube de la hauteur du cube moyen. Bref, le cube moyen n'est pas un cube. Dans la pratique, cette critique a moins de force qu'il n'y paraît, car les données humaines se concentrent principalement autour de la moyenne. Les cubes de hauteur 1,9, 2 et 2,1 mètres ont une hauteur moyenne de 2, et un volume moyen de 8,04. Maintenant, le cube moyen est clairement « cuboïde ».

Quetelet savait tout cela. Il envisageait un « homme moyen » différent (femme, enfant) pour chaque attribut. Pour lui, ce n'était qu'une expression commode pour simplifier des formulations complexes. Comme l'écrivit Stephen Stigler, « l'homme moyen était un outil permettant de lisser les variations aléatoires de la société et révéler les régularités qui deviendraient les lois de sa "physique sociale". »[2]

Peu à peu, les chercheurs en sciences sociales en vinrent à penser comme les astronomes : on peut parvenir à des déductions légitimes en combinant des données de plusieurs sources, sans connaître et contrôler complètement les diverses occurrences et magnitudes des erreurs probables. Une certaine connaissance est nécessaire, et de meilleures données fournissent généralement des réponses plus précises, mais les données elles-mêmes contiennent des indices sur la qualité des résultats.

Après 1880, les sciences sociales commencèrent à recourir largement aux concepts statistiques, notamment à la courbe en cloche, souvent pour remplacer des expériences. L'une des figures clés de cette discipline, Francis Galton, fut l'un des premiers à recourir à l'analyse des données pour établir des prévisions météorologiques. Il découvrit l'existence des anticyclones et fut également le premier à publier une carte météo, dans le *Times*, en 1875. Il était fasciné par les données numériques du monde réel et leurs structures mathématiques sous-jacentes. Lorsque Darwin publia *L'Origine des espèces*, Galton se mit à étudier l'hérédité humaine. En quoi la taille d'un enfant est-elle liée à celle de ses parents ? Qu'en est-il de son poids ou de ses capacités intellectuelles ? Il utilisa la courbe en cloche de Quetelet pour trier des populations distinctes. Si certaines données présentaient deux maximums au lieu d'un, Galton affirmait que la population examinée se composait de deux sous-populations distinctes, chacune ayant sa propre courbe en cloche[3].

De sa lecture de *L'Origine des espèces*, Galton avait déduit que les traits humains souhaitables sont héréditaires, ce que de son côté Darwin contestait. Pour Galton, l'homme moyen de Quetelet *était* un impératif social – un impératif à éviter. L'espèce humaine devait être plus ambitieuse. Son livre de 1869, *Hereditary Genius* (le Génie héréditaire), fit appel aux statistiques pour étudier la transmission du génie et de la grandeur, avec ce qui est aujourd'hui un curieux mélange d'objectifs égalitaristes (« chaque garçon [devrait avoir] une chance de faire la démonstration de ses aptitudes et, s'il est particulièrement doué, [devrait être] autorisé à recevoir une instruction de qualité et à entrer dans la vie professionnelle ») et de promotion de « la fierté de la race ». En 1883, dans son ouvrage *Inquiries into Human Faculty and Its Development* (Étude des facultés humaines et de leur développement), il forgea le mot « eugénisme » et proposa des récompenses financières pour encourager le mariage entre familles de haut rang et la reproduction délibérée de personnes aux aptitudes prétendument supérieures. L'eugénisme fut à la mode dans les années 1920 et 1930, mais tomba rapidement en disgrâce en raison d'abus très répandus tels que la stérilisation forcée de malades mentaux et le délire nazi de la race supérieure. Aujourd'hui, il est généralement considéré comme du racisme et contrevient à la Convention pour la prévention et la répression du crime de génocide adoptée par les Nations unies et à la Charte des droits fondamentaux de l'Union européenne.

Quoi que nous pensions du caractère de Galton, sa contribution à la statistique fut considérable. En 1877, ses recherches l'amenèrent à inventer la régression, une généralisation de la méthode des moindres carrés qui compare deux ensembles de données afin de trouver leur relation la plus probable. Dans cette méthode, la « droite de régression » est la droite modélisant le mieux la relation entre ces données[4]. Cela donna naissance à un autre concept statistique central, la *corrélation*, qui quantifie la relation entre deux (ou plusieurs) ensembles de données – par exemple, la consommation de cigarettes et la fréquence du cancer des poumons. Les premières mesures statistiques en vue d'établir des corrélations sont dues au physicien Auguste Bravais, plus connu pour ses travaux sur les cristaux. Galton étudia plusieurs corrélations, telle celle, en 1888, entre la longueur de l'avant-bras et la taille.

Supposez que vous vouliez quantifier la relation entre la taille de l'être humain et la longueur de son bras. Vous mesurez ces grandeurs sur un échantillon d'individus, puis vous reportez sur un graphique les paires de nombres correspondantes. Vous ajustez ensuite une droite à ces points en utilisant les moindres carrés, tout comme je l'ai fait pour les prix de l'essence et du pétrole. Cette méthode donne toujours *une* droite, quelle que soit la dispersion des points. La corrélation quantifie la qualité de l'ajustement de la droite au nuage de points. Si ces points sont très proches de la droite, les deux variables sont fortement corrélées. S'ils sont plutôt dispersés, la corrélation est faible. Enfin, si la droite a une pente négative, de sorte qu'une variable décroît quand l'autre croît, les conclusions restent identiques, sauf que la corrélation est dite négative. Nous voulons donc définir un nombre exprimant l'ampleur de l'association mutuelle des données et la direction de cette association.

Le mathématicien et biostatisticien anglais Karl Pearson a défini une mesure statistique appropriée pour ce genre de calcul et utilisée aujourd'hui encore dans sa formulation originelle : le coefficient de corrélation[5]. Soient deux variables aléatoires, prenez leurs moyennes. Remplacez chaque variable par sa différence d'avec sa moyenne, multipliez ces différences et calculez l'espérance mathématique de ce produit.

Enfin, divisez par le produit des écarts-types des deux variables aléatoires. L'idée est que si les données sont les mêmes, le résultat est égal à 1 ; si elles sont exactement de signes contraires, le résultat est égal à –1 ; et si elles sont indépendantes, le résultat est égal à 0. D'une manière plus générale, toute relation linéaire *exacte* conduit soit à 1 soit à –1, selon le signe de la pente.

Si deux variables ont un lien causal – l'une est la cause de l'autre –, elles sont nécessairement fortement corrélées. Lorsque les données montrèrent une forte corrélation positive entre la consommation de cigarettes et le développement d'un cancer du poumon, les médecins commencèrent à croire que l'un était la cause de l'autre. Toutefois, la même corrélation apparaît quelle que soit celle des deux variables que l'on considère comme étant la cause potentielle. Peut-être qu'une prédisposition au cancer du poumon amène les gens à fumer davantage. Vous pouvez même inventer une explication ; par exemple, fumer peut aider à combattre l'irritation des poumons provoquée par les cellules précancéreuses. Ou peut-être qu'une autre chose cause à la fois le tabagisme et le cancer du poumon – le stress, par exemple. Chaque fois que des chercheurs en médecine découvrent de fortes corrélations entre un produit et une maladie, des entreprises martèlent que « la corrélation n'est pas la causalité » afin de ne pas voir leurs profits diminuer si le public se rend compte que leur produit est en fait la cause de la maladie. S'il est vrai que la corrélation n'implique pas toujours la causalité, la formule dissimule néanmoins une vérité gênante : la corrélation est un bon indicateur de la causalité *potentielle*. En outre, si un témoignage indépendant montre que le produit peut déclencher la maladie, une forte corrélation peut conforter ce témoignage. Lorsqu'on découvrit que la fumée de cigarette contient des carcinogènes – des substances susceptibles de causer un cancer –, l'argument scientifique en faveur de la causalité devint bien plus convaincant.

L'un des moyens de repérer des influences potentielles significatives consiste à employer des généralisations, telles que la matrice de corrélation, qui donne un tableau de coefficients de corrélation pour de nombreux ensembles de données. Les matrices de corrélation sont utiles pour localiser les connexions, mais elles peuvent aussi être mal utilisées. Par exemple, supposez que vous vouliez trouver comment un régime alimentaire peut provoquer tout un ensemble de maladies. Établissez une liste de 100 aliments et de 40 maladies, puis choisissez un échantillon de personnes et déterminez les aliments qu'elles mangent et les maladies qu'elles ont contractées. Pour chaque combinaison aliment-maladie, calculez le coefficient de corrélation correspondant, qui vous indique l'ampleur du lien de cet aliment avec cette maladie pour toutes les personnes de votre échantillon. La matrice de corrélation résultante est un tableau rectangulaire dont les 100 lignes correspondent aux aliments et les 40 colonnes aux maladies. Le nombre situé à l'intersection d'une ligne et d'une colonne données est le coefficient de corrélation entre l'aliment correspondant à la ligne et la maladie correspondant à la colonne. La matrice en contient 4 000. Maintenant, regardez-la et essayez de localiser les nombres voisins de 1, qui indiquent des relations potentielles entre l'aliment et la maladie. Peut-être que celui situé à l'intersection de la ligne « carotte » et de la colonne « mal de tête » est égal à, disons, 0,92. Vous pouvez en conclure, provisoirement, que la consommation de carottes *peut éventuellement* causer des maux de tête.

Il vous faut maintenant tester cette hypothèse et pour cela commencer une étude entièrement nouvelle en collectant de nouvelles données sur de nouveaux sujets. Toutefois, cela coûte cher, et les chercheurs extraient parfois ces données de la première expérience. Ils utilisent ensuite des tests statistiques pour évaluer l'importance de telle corrélation particulière, en ignorant toutes les autres données et en analysant uniquement cette relation, comme si rien d'autre n'avait été mesuré. Ils concluent alors qu'il y a une chance non négligeable pour que la consommation de carottes provoque des maux de tête.

Cette approche s'appelle la « double utilisation des données » et, telle qu'elle est présentée, elle est fallacieuse. Par exemple, supposez que vous choisissiez une femme au hasard, que vous mesuriez sa taille et que vous trouviez, en supposant une distribution normale, que la probabilité pour qu'une personne ait la même taille (ou la dépasse) soit de 1 %. Vous pourriez alors légitimement conclure que sa taille insolite ne résulte pas de causes aléatoires. Toutefois, si en fait vous l'avez choisie en mesurant les tailles de centaines de femmes et en sélectionnant les plus grandes, cette conclusion ne serait plus justifiée : vous avez de fortes chances de trouver, par un pur hasard, une telle personne dans une population aussi nombreuse. C'est un peu pareil pour la double utilisation des données avec une matrice de corrélation, mais dans un cadre plus compliqué.

En 1824, le *Harrisburg Pennsylvanian* réalisa un sondage d'opinion, un scrutin officieux, destiné à entrevoir qui, d'Andrew Jackson et John Quincy Adams, serait élu président des États-Unis. Le sondage donna 335 voix pour Jackson et 169 pour Adams. Jackson fut élu. Depuis, les élections n'ont cessé d'attirer les sondeurs d'opinion. Les sondages (ou enquêtes) n'interrogeant, pour des raisons pratiques, qu'une petite fraction des électeurs, une importante question se pose : quelle doit être la taille de l'échantillon si l'on veut obtenir des résultats précis ? La même question se pose avec autant d'importance dans de nombreux autres secteurs, tels que les recensements et les tests médicaux pour un nouveau médicament.

Nous l'avons vu au chapitre 5, Laplace étudia les techniques d'échantillonnage, mais recommandait, pour obtenir un résultat précis, de s'assurer que les données extraites de l'échantillon soient dans des proportions similaires à celles des données extraites de la population totale. Cela étant parfois difficile à réaliser, les sondeurs travaillaient (jusqu'à récemment) principalement sur des échantillons aléatoires – dont la composition reposait sur un processus aléatoire. Supposez, par exemple, que nous voulions trouver la taille moyenne d'une famille au sein d'une vaste population. Nous prenons un échantillon aléatoire de cette population et nous calculons sa moyenne – la taille moyenne de cet échantillon. On s'attend à ce que plus l'échantillon est grand, plus sa moyenne soit proche de la moyenne réelle. Quelle doit être la taille de l'échantillon pour que l'on soit suffisamment certain d'avoir atteint une précision donnée ?

Le cadre mathématique associe une variable aléatoire à chaque famille de l'échantillon. On suppose que la même distribution de probabilité – la distribution pour la population entière – vaut pour chaque famille et nous voulons évaluer sa moyenne. La loi des grands nombres nous dit que si l'échantillon est suffisamment grand, sa moyenne est « presque sûrement » aussi proche que l'on veut de la vraie moyenne. Autrement dit, sa probabilité de faire cela tend vers 1 lorsque la taille de l'échantillon croît sans limite. Mais cela ne nous dit pas quelle doit être la taille de l'échantillon. Pour la trouver, il nous faut un résultat plus sophistiqué, le théorème central limite du chapitre 5, qui lie la différence entre la moyenne de l'échantillon et la moyenne réelle à une distribution normale[6]. On utilise ensuite la distribution normale pour calculer les probabilités pertinentes et déduire la plus petite taille d'échantillon qui devrait marcher.

Dans l'exemple des tailles des familles, on constitue d'abord un échantillon préliminaire pour estimer l'écart-type – une valeur approximative suffit. On décide ensuite de la sûreté que l'on accordera au résultat (disons, sûr à 99 %) et de la marge d'erreur que l'on est prêt à accepter (disons 1/10). Il s'avère que la taille de l'échantillon doit être telle que, en supposant une distribution normale standard de moyenne 0 et d'écart-type 1, la probabilité pour que la moyenne de l'échantillon s'écarte de moins de 1/10 de la moyenne réelle est d'au moins 99 %. Le calcul à partir de la distribution normale montre que la taille de l'échantillon doit valoir au moins 660 σ^2, où σ^2 est la variance de l'ensemble de la population. Notre estimation de cette variance reposant sur un échantillon approximatif, autant nous autoriser un petit peu plus d'erreur, ce qui donne une taille d'échantillon légèrement supérieure à cette valeur. Remarquez qu'ici la taille de l'échantillon ne dépend pas de la taille de l'ensemble de la population. Elle dépend de la variance de la variable aléatoire – de sa dispersion.

La résolution de problèmes d'échantillonnage différents repose sur des analyses similaires, dépendantes de la distribution et de la grandeur considérées.

Les sondages d'opinion occupent une place spéciale dans la théorie de l'échantillonnage. L'arrivée des médias sociaux a modifié la manière dont nombre d'entre eux sont réalisés. Les sondages Internet bien conçus utilisent un panel d'individus soigneusement sélectionnés qu'ils interrogent sur leurs opinions. Toutefois, nombre de sondages donnent la parole à n'importe quel électeur. De tels sondages sont médiocrement conçus car les personnes aux opinions bien tranchées votent généralement davantage, nombre de personnes n'ont même pas entendu parler de l'élection, et certaines n'ont peut-être pas de connexion Internet, de sorte que l'échantillon n'est pas représentatif. Les sondages téléphoniques risquent eux aussi d'être biaisés car de nombreuses personnes ne répondent pas aux démarcheurs ou refusent de répondre à un sondeur quand il leur demande leur opinion. En cette époque de multiplication des escroqueries, elles ne sont même pas sûres que l'appel soit réellement un sondage. Les gens n'ont pas forcément le téléphone. Certaines personnes dissimulent leurs véritables intentions aux sondeurs – par exemple, elles ne souhaitent pas dire à un étranger qu'elles prévoient de voter pour un parti extrémiste. Même la formulation d'une question peut influer sur la réponse de la personne interrogée.

Les organismes de sondages utilisent diverses méthodes pour tenter de minimiser ces sources d'erreur. Nombre de ces méthodes sont mathématiques, mais certaines incluent des facteurs psychologiques ou autres. Il y a eu énormément d'horribles histoires de sondages indiquant avec assurance le mauvais résultat, et il semble que cela se produise plus souvent. On invoque parfois des facteurs particuliers en guise d'« explication », par exemple un soudain et tardif revirement d'opinion, ou un mensonge délibéré de gens pour faire croire à l'opposition qu'elle est en tête et lui donner confiance. Il est difficile d'évaluer la validité de ces excuses. Quoi qu'il en soit, les sondages ont dans l'ensemble un bilan passablement satisfaisant lorsqu'ils sont réalisés avec compétence et constituent alors un outil utile pour réduire l'incertitude. Ils peuvent également influencer les résultats ; par exemple, des gens peuvent décider de ne pas s'embêter à aller voter s'ils pensent que leur choix ne peut que l'emporter. Les sondages effectués à la sortie des bureaux de vote sont souvent très précis, au point de donner le résultat correct bien avant son annonce officielle, et ne peuvent influencer ce résultat.

8

En êtes-vous sûr ?

« **Absurdité**, *n.* Affirmation manifestement incompatible avec son opinion propre. »

Ambrose Bierce, *Le Dictionnaire du Diable*

Lorsque Newton publia son calcul intégral, l'évêque George Berkeley fut amené à répondre par un opuscule intitulé *L'Analyste*, sous-titré « Discours adressé à un mathématicien infidèle. Dans lequel est examiné si l'objet, les principes et les conclusions de l'analyse moderne sont plus clairement conçus, ou plus manifestement déduits, que les mystères de la religion et les points de foi. » La page de titre contient cette épigramme biblique « Ôte d'abord la poutre de ton œil, alors tu verras clair pour ôter la paille de l'œil de ton frère. – Matt. 7:5 »

Il ne faut pas être grand devin pour voir que l'évêque n'était pas fan du calcul intégral. Quand parut son opuscule, en 1734, la science faisait de grands progrès et de nombreux savants et philosophes commençaient à soutenir que la science fondée sur les témoignages l'emportait sur la foi dès qu'il s'agissait de comprendre le monde naturel. Les croyances chrétiennes, jusqu'alors considérées comme des vérités absolues en vertu de l'autorité divine, étaient en train d'être supplantées par les mathématiques, qui étaient non seulement vraies, mais aussi *nécessairement* vraies, et elles pouvaient le prouver.

Bien sûr, les mathématiques ne sont pas comme cela, et la religion pas davantage. Toutefois, à cette époque, l'évêque ne manquait pas de raisons pour être sensible aux contestations de la foi, et il entreprit de rectifier les choses en pointant certaines difficultés logiques présentes dans le calcul intégral. Son programme, plutôt frontal, voulait convaincre le monde que les mathématiciens n'étaient pas aussi logiques qu'ils l'affirmaient et mettre un terme à leur prétention d'être les seuls gardiens des vérités absolues. Il avait certes raison, mais une attaque directe n'est pas le meilleur moyen de convaincre les gens qu'ils ont tort ; les mathématiciens n'aiment pas quand des non-mathématiciens viennent leur dire comment faire des mathématiques. En définitive, Berkeley se fourvoya, et les spécialistes purent voir cela, même si à l'époque, ils n'étaient pas tout à fait en mesure de poser des fondements logiques rigoureux.

Ceci n'est pas un livre sur le calcul intégral, mais je raconte cette histoire parce qu'elle mène directement à l'un des plus grands héros méconnus des mathématiques, dont la réputation scientifique, tout à fait banale à l'époque de sa mort, n'a cessé de grandir depuis. Son nom est Thomas Bayes, et il fut à l'origine d'une révolution en statistiques qui n'a jamais été plus nécessaire qu'aujourd'hui.

Bayes est né en 1701, peut-être dans le Hertfordshire. Son père, Joshua, était un ministre presbytérien, et Thomas embrassa la même carrière. Il étudia la logique et la théologie à l'université d'Édimbourg, assista son père durant une brève période, puis devint ministre de la chapelle du Mont Sion, à Tunbridge Wells. Il est l'auteur de deux livres très différents. Le premier, en 1731, fut *La Bienveillance divine, ou une tentative de preuve que la fin première de la Providence et du Gouvernement divins est le Bonheur de ses créatures* – exactement ce que l'on pouvait attendre d'un homme d'Église non conformiste. L'autre, en 1736, fut *Une introduction à la doctrine des fluxions, et une défense des mathématiciens contre les objections faites à l'auteur de l'Analyse* – qui n'était absolument pas ce qu'on pouvait attendre de lui. Le ministre Bayes y défendait le scientifique Newton contre les attaques d'un évêque. Et pour une raison simple : Bayes était en désaccord avec les mathématiques de George Berkeley.

Lorsque Bayes mourut, son ami Richard Price hérita d'une partie de ses papiers personnels, dont il tira deux articles. L'un traitait de séries asymptotiques – de formules approximant d'importantes quantités en additionnant ensemble de nombreux termes plus simples, le mot « approximer » étant pris dans un sens technique particulier. L'autre avait pour titre « Essais sur la manière de résoudre un problème dans la doctrine des risques » et fut publié en 1763. Il traitait de la probabilité conditionnelle.

L'idée clé de Bayes figure au début de cet article. La proposition 2 débute en disant : « Si l'attente d'une personne dépend de l'occurrence d'un événement, la probabilité de cet événement rapportée à la probabilité de sa non-occurrence est comme la perte subie par la personne en cas de non-occurrence rapportée à son gain en cas d'occurrence. » C'est un peu compliqué, mais Bayes l'explique plus en détail. Je vais reformuler ce qu'il a écrit en notations modernes, mais tout est là dans son article.

Si E et F sont des événements, désignons par $P(E \mid F)$ – prononcez « probabilité de E *sachant* F » – la probabilité conditionnelle pour que E se produise si F s'est produit. Supposons que les deux événements E et F soient mutuellement indépendants. Alors la formule que nous appelons aujourd'hui théorème de Bayes s'écrit :

$$P(E \mid F) = \frac{P(F \mid E)P(E)}{P(F)}$$

Cela découle facilement[1] de ce qui est aujourd'hui considéré comme la définition de la probabilité conditionnelle :

$$P(E \mid F) = \frac{P\left(E \text{ et } F\right)}{P(F)}$$

Vérifions la seconde formule sur le problème des deux sœurs, dans le premier cas, où l'on nous disait qu'au moins un des enfants Smith est une fille. L'espace échantillon complet contient quatre événements, FF, FG, GF et GG, chacun avec une probabilité égale à 1/4. Soir E l'événement « deux filles », autrement dit, FF. Soit H l'événement « pas deux garçons », qui est le sous-ensemble {FF, FG, GF}, de probabilité 3/4. L'événement « E et H » est FF, le même que l'événement E. Selon la formule, la probabilité pour qu'ils aient deux filles, sachant qu'au moins un enfant est une fille, est

$$P(E \mid H) = \frac{P(H \mid E)P(E)}{P(H)} = \frac{1/4}{3/4} = \frac{1}{3}$$

C'est le résultat obtenu auparavant.

Bayes considéra ensuite des combinaisons plus complexes de conditions et les probabilités conditionnelles qui leur sont associées. Ces résultats, ainsi que de nombreuses autres généralisations modernes, portent également le nom de théorème de Bayes.

Le théorème de Bayes a d'importantes conséquences pratiques, par exemple pour le contrôle de la qualité dans l'industrie manufacturière. Il répond à des questions telles que : « Sachant que les roues d'une de nos voitures miniatures sont tombées, quelle est la probabilité pour que cette voiture ait été fabriquée dans notre usine de Wormingham ? » Mais au fil des ans, il est devenu une véritable philosophie centrée sur l'*essence* et le traitement de la probabilité.

La définition classique de la probabilité – peut-être vaudrait-il mieux dire « interprétation » – est la définition fréquentiste : la fréquence d'un événement lorsqu'on répète de nombreuses fois une expérience. Nous l'avons vu, cette interprétation date de l'époque des premiers pionniers. Elle a toutefois plusieurs défauts. On ne sait pas vraiment ce qu'il faut entendre par « de nombreuses fois ». Lors de certaines (rares) séries d'épreuves, la fréquence ne converge pas nécessairement vers un nombre bien défini. Mais le principal défaut est qu'elle repose sur la capacité à effectuer une expérience à l'identique autant de fois que l'on veut. Si cela est impossible, il n'est pas évident que le mot « probabilité » ait le moindre sens, et si c'est possible, nous ignorons comment trouver ce sens.

Par exemple, quelle est la probabilité pour que nous découvrions une intelligence extraterrestre d'ici l'an 3000 ? Par définition, c'est une expérience que l'on ne peut faire qu'une seule fois. Pourtant, la plupart d'entre nous sentent intuitivement que cette probabilité *devrait* avoir un sens – même si nous sommes en total désaccord sur sa valeur numérique. Certains affirmeront que cette valeur est nulle, d'autres qu'elle vaut 0,99999, et de falots indécis opteront pour 0,5 (l'égalité des chances par défaut, presque certainement fausse). Quelques-uns ressortiront l'équation de Drake, dont les variables sont trop imprécises pour être d'un grand secours[2].

La principale option au fréquentisme est l'approche bayésienne. Il n'est pas totalement certain que le bon pasteur la reconnaîtrait comme son enfant, mais il chercha certainement à s'en attribuer le mérite (douteux aux yeux de certains). Cette approche fut par la suite découverte indépendamment par Laplace, qui débattit de questions telles que « quelle est la probabilité pour que le soleil se lève demain ? » Mais nous avons conservé l'expression, ne serait-ce que pour des raisons historiques.

Voici comment Bayes définit la probabilité dans son article : « La probabilité d'un événement est le rapport entre la valeur à laquelle une attente dépendant de l'occurrence de l'événement devrait être calculée, et la possibilité que la chose attendue se produise. » Cet énoncé est quelque peu ambigu. Qu'est-ce que notre « attente » ? Que signifie « devrait être » ? Une interprétation raisonnable est que la probabilité d'un événement peut s'interpréter comme notre *degré de croyance* qu'il se produira – la confiance que nous avons en lui en tant qu'hypothèse ; les chances qui nous persuaderaient de parier sur lui ; jusqu'où nous croyons en lui.

Cette interprétation présente des avantages. En particulier, elle nous permet d'attribuer des probabilités à des événements qui ne peuvent se produire qu'une seule fois. On pourrait raisonnablement répondre à ma question sur les extraterrestres en disant que « la probabilité pour qu'une intelligence extraterrestre nous visite d'ici 3018 est égale à 0,316. » Cette affirmation ne signifie pas « Si l'on fait un millier de répétitions de cette période historique, les extraterrestres apparaîtront dans 316 de ces répétitions. » Même si nous possédions une machine à voyager dans le temps dont l'utilisation ne changerait pas le cours de l'histoire, nous obtiendrions soit 0 invasion extraterrestre, soit 1 000. Non : la valeur 0,316 signifie que notre conviction de les voir apparaître est modérée.

Interpréter la probabilité comme un degré de croyance présente également des inconvénients évidents. Comme l'écrivit en 1854

George Boole dans *Les Lois de la pensée*, « ce serait aller contre la philosophie que d'affirmer que l'intensité de cette espérance, considérée comme une émotion mentale, peut faire l'objet d'une évaluation numérique. L'homme de tempérament sanguin nourrit de grands espoirs là où le timide désespère et que le velléitaire s'égare dans ses doutes. » Autrement dit, si, en désaccord avec mon évaluation, vous dites que la probabilité d'une invasion extraterrestre n'est que de 0,003, il n'y a aucun moyen de décider qui a raison. Si tant est qu'il y en ait un. C'est vrai *même si les extraterrestres se montrent.* S'ils ne se montrent pas, votre estimation est meilleure que la mienne ; s'ils se montrent, la mienne est meilleure que la vôtre. Mais aucun de nous ne peut prouver qu'il a raison, et d'autres valeurs auraient mieux marché que les nôtres – en fonction des événements.

Les bayésiens ont une forme de réponse à cette objection. Elle réintroduit la possibilité de répéter l'expérience, mais pas exactement dans les mêmes conditions. Cette fois, nous attendons un autre millier d'années et nous regardons si un autre groupe d'extraterrestres ne se manifeste pas. Mais avant cela, nous *révisons* notre degré de croyance.

Supposez, pour les besoins de l'argument, qu'une expédition d'Apellobetnees III apparaisse en 2735. Alors, mon 0,316 serait meilleur que votre 0,003. Donc, pour ce qui concerne le millénaire suivant, nous révisons tous deux nos degrés de croyance. Le vôtre a clairement besoin d'être revu à la hausse ; le mien, peut-être aussi. Éventuellement, nous nous entendons sur un compromis, disons 0,718.

Nous pouvons nous arrêter là. L'événement exact n'est pas répétable. Il y a toujours une meilleure estimation de ce que nous sommes en train d'estimer. Si nous sommes plus ambitieux, nous pouvons reformuler la question en « probabilité pour que des extraterrestres arrivent d'ici un millier d'années », et refaire l'expérience. Cette fois, oh mon Dieu, aucune arrivée d'extraterrestres. Nous revoyons de nouveau à la baisse notre degré de croyance, disons à 0,584, et nous attendons un autre millier d'années.

Tout cela semble un peu arbitraire, et tel que cela a été dit, *c'est* arbitraire. La version bayésienne est plus systématique. L'idée est de commencer avec un degré de croyance initial – la probabilité *préalable*. On fait l'expérience (l'attente des extraterrestres), on observe son résultat, puis on utilise le théorème de Bayes pour calculer une probabilité *postérieure* – notre degré de croyance amélioré, mieux documenté. Il n'est plus une pure supposition, il repose sur un petit nombre de témoignages. Même si on s'arrête ici, on a accompli quelque chose d'utile. Mais lorsque le contexte s'y prête, on peut faire de la probabilité postérieure une nouvelle probabilité préalable. On peut alors faire une seconde expérience pour obtenir une deuxième probabilité postérieure qui, en un certain sens, devrait être meilleure encore. En faisant d'elle une nouvelle probabilité préalable, on peut reconduire l'expérience, obtenir une probabilité postérieure bien meilleure encore ... et ainsi de suite.

Cela semble encore subjectif – et ça l'est. Curieusement cependant, cela fonctionne souvent étonnamment bien. Cela donne des résultats et suggère des méthodes que n'offre pas le modèle fréquentiste. Ces résultats et ces méthodes permettent parfois de résoudre d'importants problèmes. Ainsi, le monde de la statistique s'est aujourd'hui fragmenté en deux sectes distinctes, les fréquentistes et les bayésiens, qui adhèrent à deux idéologies distinctes : le fréquentisme et le bayésianisme.

Par pragmatisme, on ne devrait pas avoir à choisir. Deux têtes valent mieux qu'une, deux interprétations valent mieux qu'une, et deux philosophies valent mieux qu'une. Si l'une ne marche pas, on essaie l'autre. Ce point de vue s'impose peu à peu, mais nombre de gens soutiennent actuellement qu'une seule de ces deux sectes a raison. Dans de nombreuses disciplines, les chercheurs sont entièrement d'accord avec les deux, et les méthodes bayésiennes sont très utilisées en raison de leur plus grande adaptabilité.

Un tribunal peut sembler un lieu plutôt inattendu pour tester des théorèmes mathématiques, mais le théorème de Bayes connaît d'importantes applications dans le domaine des poursuites judiciaires. Malheureusement, la profession juridique ignore souvent cela, et les procès abondent en raisonnements statistiques fallacieux. Il est ironique – mais hautement prévisible – que dans une activité humaine où la réduction de l'incertitude est essentielle et où existent des outils mathématiques bien développés pour parvenir justement à cela, l'accusation et la défense préfèrent recourir à un raisonnement archaïque et fallacieux. Pire, le système judiciaire lui-même décourage l'utilisation des mathématiques. Peut-être pensez-vous que l'application de la théorie des probabilités dans les tribunaux ne devrait pas faire plus controverse que l'utilisation de l'arithmétique pour mesurer l'excès de vitesse d'un automobiliste. Le principal problème est que la déduction statistique prête à confusion et crée des failles que les avocats de l'accusation et de la défense peuvent exploiter.

Un avis particulièrement dévastateur contre l'utilisation du théorème de Bayes dans les affaires judiciaires fut délivré en 1998 lors du procès en appel *Regina vs Adams*, une affaire de viol dans laquelle le seul témoignage de culpabilité fut une correspondance ADN observée lors d'un prélèvement effectué sur la victime. Le prévenu avait un alibi et ne ressemblait pas à la description que la victime donnait de son agresseur, mais il fut néanmoins reconnu coupable en raison de cette correspondance ADN. En appel, la défense contesta l'affirmation de l'accusation selon laquelle la probabilité de la correspondance était de un sur 200 millions, citant le témoignage d'un expert qui expliquait que tout argument statistique devait aussi tenir compte du témoignage de la défense et que le théorème de Bayes était la bonne approche. L'appel aboutit, mais le juge condamna *tout* raisonnement statistique : « La tâche des jurés est [...] de peser les preuves et de parvenir à une conclusion non au moyen d'une formule, mathématique ou autre, mais par l'application conjuguée de leur sens commun individuel et de leur connaissance du monde aux témoignages qui leur sont présentés. » Tout cela est bien beau, mais le chapitre 6 a montré à quel point le « sens commun » peut s'avérer inutile dans de telles circonstances.

Nulty & autres vs Conseil municipal de Milton Keynes, en 2013, fut un procès civil concernant l'incendie d'un centre de recyclage près de Milton Keynes. Le juge conclut que la cause était une cigarette mal éteinte, car l'autre possibilité – un arc électrique – était encore moins probable. La compagnie assurant l'ingénieur qui aurait jeté la cigarette perdit le procès et fut condamnée à payer 2 millions de livres de dédommagement. La cour d'appel rejeta le raisonnement du juge, mais rejeta aussi l'appel. Le jugement contesta tout ce qui constitue le fondement de la statistique bayésienne : « Parfois, la norme de la "prépondérance des probabilités" s'exprime mathématiquement par l'expression "plus de 50 % de probabilité", mais cela peut exposer au risque de tomber dans de la pseudomathématique [...]. Exprimer la probabilité d'un événement passé en termes de pourcentages est illusoire. »

Norma Fenton et Martin Neil[3] rapportent qu'un avocat a dit : « Écoutez, le gars, soit il l'a fait, soit il ne l'a pas fait. S'il l'a fait, alors il est 100 % coupable, et s'il ne l'a pas fait, alors il est 0 % coupable ; de sorte qu'attribuer à sa culpabilité une probabilité comprise entre ces deux chiffres est absurde et n'a pas sa place dans le droit. » Il n'est pas raisonnable d'assigner des probabilités à des événements dont vous *savez* qu'ils se sont (ou ne se sont pas) produits. Mais il est tout à fait sensé d'assigner des probabilités quand vous ignorez s'ils se sont produits, et le bayésianisme vous dit comment faire cela de manière rationnelle. Par exemple, supposez qu'une personne joue à pile ou face ; des gens voient la pièce, vous non. Pour eux, le résultat est connu et la probabilité est égale à 1. Mais pour vous, la probabilité est de 1/2 pour chaque pile et chaque face, parce que vous n'évaluez pas ce qui s'est produit, vous évaluez la probabilité pour que votre pressentiment soit juste. Dans *chaque* affaire judiciaire, le prévenu est soit coupable, soit non coupable – mais cette information est sans influence sur le tribunal, dont le travail est de trouver *s'il l'est ou non*. Rejeter un outil utile parce qu'il pourrait désorienter les jurés est un peu ridicule quand on sait que, selon une tradition bien ancrée, on les laisse être désorientés par des avocats débitant du non-sens.

La notation mathématique embrouille de nombreuses personnes, et la pauvreté de notre intuition concernant les probabilités conditionnelles n'est pas faite pour arranger les choses. Mais tout cela n'est pas une bonne raison pour rejeter un précieux outil statistique. Les juges et les jurés sont quotidiennement confrontés à des situations très complexes. Au nombre des traditionnels garde-fous, on compte les témoins experts – mais nous le verrons, leurs conseils ne sont pas infaillibles – et une direction avisée des jurys par les juges. Dans les deux cas que j'ai mentionnés, peut-être était-il raisonnable de décider que les arguments statistiques présentés par les avocats n'étaient pas suffisamment étayés. Mais statuer contre l'utilisation future de tout lien statistique lointain fut, aux yeux de nombreux commentateurs, le pas de trop qui rendait bien plus difficile la condamnation des coupables et donc réduisait la protection de l'innocent. Ainsi, une découverte, brillante et fondamentalement simple, qui s'était avérée très utile pour réduire l'incertitude, se retrouva délaissée parce que la profession juridique soit ne la comprenait pas, soit était prête à en abuser.

Malheureusement, il est très facile de détourner un raisonnement probabiliste, en particulier un raisonnement sur les probabilités conditionnelles. Nous l'avons vu au chapitre 6, on peut facilement égarer notre intuition, et cela, malgré la clarté et la précision des mathématiques. Imaginez que vous soyez dans un tribunal, accusé de meurtre. L'ADN d'une tache de sang sur le vêtement de la victime correspond de près à votre ADN. L'accusation soutient que cette correspondance est si étroite que les chances de la retrouver sur une personne choisie au hasard sont de un sur un million – cela n'étant pas irréaliste, supposons que ce soit effectivement le cas – et conclut que les chances pour que vous soyez innocent sont aussi de un sur un million. C'est là, dans sa forme la plus simple, ce que l'on appelle le sophisme du procureur. C'est un total non-sens.

Votre avocat passe à l'action. Il y a soixante millions de personnes dans le Royaume-Uni. Même avec une chance sur un million, 60 d'entre eux ont autant de chances d'être coupables. Votre chance d'être coupable est de 1/60, soit environ 1,6 %. C'est là le sophisme de l'avocat de la défense, et c'est aussi un non-sens.

Ces exemples sont des inventions, mais il existe de nombreuses affaires où des arguments analogues ont été exposés à la cour, notamment celle de *Regina vs Adams*, dans laquelle l'accusation insista sur une probabilité de correspondance ADN disproportionnée. Il existe des exemples où des innocents ont manifestement été reconnus coupables sur la base du sophisme du procureur, comme les tribunaux l'ont eux-mêmes admis en annulant les condamnations en appel. Les experts en statistiques pensent que nombre d'erreurs judiciaires comparables, dues à un raisonnement statistique fallacieux, n'ont pas été annulées. Il semble probable, bien que plus difficile à prouver, que des criminels ont été reconnus non coupables parce que les tribunaux se sont laissés piéger par le sophisme de l'avocat de la défense. Il est toutefois assez facile d'expliquer pourquoi ces deux raisonnements sont fallacieux.

Pour cela, laissons de côté la question de l'autorisation ou non des calculs probabilistes lors des procès. Après tout, les procès sont censés évaluer la culpabilité ou l'innocence, et non vous déclarer coupable au motif que vous avez *probablement* commis le sale coup. Ce qui nous intéresse ici, c'est ce à quoi nous devons faire attention quand on autorise l'utilisation des statistiques. Il se trouve que rien, dans les lois britanniques ou américaines, n'interdit de présenter des probabilités à titre de témoignage. À l'évidence, l'accusation et la défense dans mon scénario sur l'ADN ne peuvent toutes deux avoir raison puisque leurs évaluations diffèrent nettement. Qu'est-ce qui ne va pas, alors ?

L'intrigue de « Silver Blaze », la nouvelle de Conan Doyle, repose sur l'attention que Sherlock Holmes accorde à « l'incident curieux du chien pendant cette nuit-là ». « Le chien n'a *rien* fait cette nuit-là ! », proteste l'inspecteur Gregory de Scotland Yard. À quoi Holmes, énigmatique comme toujours, répond : « C'est justement là ce qu'il y a de curieux. » Il y a un chien qui ne fait rien dans les deux arguments ci-dessus. Qu'est-ce que cela signifie ? Il n'y a aucune référence à un autre témoignage susceptible d'indiquer la culpabilité ou l'innocence. Or un témoignage additionnel a un effet important sur la probabilité *a priori* de votre culpabilité, et cela change les calculs.

Voici un autre scénario qui peut aider à éclaircir le problème. Un appel téléphonique vous apprend que vous avez gagné à la Loterie nationale la coquette somme de 10 millions d'euros. Ce n'est pas une blague, et vous retirez votre chèque de vainqueur. Mais quand vous le présentez à votre banque, vous sentez une main se poser lourdement sur votre épaule : c'est un policier, qui vous arrête pour vol. Au tribunal, le procureur affirme que vous avez très probablement triché et escroqué la société de loterie. La raison est simple : les chances pour qu'une personne choisie au hasard gagne à la loterie sont de une sur 20 millions. En vertu du sophisme du procureur, c'est la probabilité pour que vous soyez innocent.

Dans ce cas, l'erreur est évidente. Dix millions de personnes jouent chaque semaine à la loterie ; *l'une d'elles* a de très fortes chances de gagner. Vous n'avez pas été choisi au hasard avant le tirage ; vous avez été choisi après le tirage *parce que vous avez gagné.*

Une affaire judiciaire particulièrement troublante, impliquant des témoignages statistiques, est survenue lors du procès de Sally Clark, une avocate anglaise qui avait perdu deux enfants, victimes de la mort subite du nourrisson (MSN). Le témoin expert de l'accusation déclara que la probabilité pour que cette double tragédie se produise par hasard était de une sur 73 millions. Il ajouta que le taux réel observé était plus élevé et expliqua cette différence par le fait que de nombreuses doubles morts subites du nourrisson n'étaient pas dues au hasard et résultaient du syndrome de Münchhausen par procuration, qui était son propre domaine d'expertise. Malgré l'absence de preuve corroborante extra-statistique, Sally Clark fut déclarée coupable du meurtre de ses enfants, copieusement fustigée par les médias, et condamnée à la prison à vie.

Il fut tout de suite évident que l'argument de l'accusation contenait de graves insuffisances, à la consternation de la Société royale de statistique qui les releva dans un communiqué de presse après la condamnation. Après plus de trois années passées en prison, Clark fut libérée en appel, non en raison de ces insuffisances, mais parce que le pathologiste qui avait examiné les bébés après leur mort n'avait pas mentionné une preuve possible de son innocence. Clark ne s'est jamais remise de cette erreur judiciaire. Elle développa des problèmes psychiatriques et mourut d'éthylisme quatre ans plus tard.

Ces insuffisances sont de plusieurs types. Il est clair que la MSN a une composante génétique, de sorte qu'une mort subite dans une famille rend plus probable une seconde mort. Vous ne pouvez raisonnablement estimer la probabilité de deux morts subites successives en multipliant la probabilité d'une telle mort par elle-même. Les deux événements *ne sont pas indépendants*. L'affirmation selon laquelle la plupart des doubles morts sont le résultat du syndrome de Münchhausen par procuration est contestable. Le syndrome de Münchhausen est une forme d'automutilation. Le syndrome de Münchhausen *par procuration* est une forme d'automutilation que l'on s'inflige en faisant du mal à une autre personne. (La logique de cette stratégie est controversée.) Le tribunal sembla ignorer que le taux plus élevé de doubles morts rapporté par son témoin expert pouvait, en fait, n'être que le taux *réel* des morts dues au hasard. Plus, bien sûr, des quelques rares cas où les enfants avaient réellement été assassinés.

Mais tout cela n'a rien à voir avec notre sujet. Quelle que soit la probabilité utilisée pour les doubles MSN fortuites, il faut la comparer avec les options possibles. En outre, tout doit dépendre de l'autre témoignage : *il y a eu deux morts*. Il y a donc trois explications possibles : les deux morts étaient fortuites ; toutes deux étaient des meurtres ; une autre interprétation, entièrement différente (telle qu'un meurtre et une mort naturelle). Ces trois événements sont extrêmement improbables : s'il y a un aspect probabiliste important, c'est l'improbabilité de chacun comparée à celle des autres. Et même si chaque mort fut un meurtre, une question demeure : *qui l'a commis ?* Ce n'est pas automatiquement la mère.

Le tribunal se concentra alors sur :

- la probabilité pour qu'une famille choisie au hasard connaisse deux MSN ;

alors qu'il aurait dû examiner :

- la probabilité pour que la mère soit une double meurtrière, sachant que deux MSN se sont produites.

Il a ensuite emmêlé les deux, tout en utilisant des valeurs incorrectes.

Se fondant sur des données réelles, le mathématicien Ray Hill a effectué une analyse statistique de la mort subite du nourrisson et trouvé qu'une famille a entre 4,5 et 9 fois plus de chances de connaître deux MSN que d'être victime de deux meurtres. Autrement dit, du strict point de vue statistique, la probabilité de la culpabilité de Clark n'était que de 10–20 %.

Encore une fois, le chien n'a pas aboyé. Dans ce type d'affaires, le témoignage statistique seul n'est absolument pas fiable s'il n'est pas étayé par d'autres témoignages. Par exemple, l'accusation aurait pu renforcer son argument si elle avait pu établir, indépendamment, que l'accusée avait des antécédents de maltraitance d'enfants, mais rien de tel n'existait. Et la défense aurait pu renforcer sa position en montrant qu'il n'existait aucune trace d'une telle maltraitance. Finalement, la seule « preuve » de la culpabilité de Clark était que deux enfants étaient morts, apparemment d'une MSN.

Fenton et Neil ont examiné un grand nombre d'autres cas dans lesquels le raisonnement statistique a peut-être été mal appliqué[4]. En 2003, Lucia de Berk, une infirmière pédiatrique néerlandaise, fut accusée de quatre meurtres et de trois tentatives de meurtre. Un nombre anormalement élevé de patients étaient morts pendant son service dans le même hôpital, et l'accusation, après avoir réuni des preuves indirectes, affirma que la probabilité pour que ces événements soient dus au hasard était de une sur 342 millions. Ce calcul reposait sur la probabilité des témoignages existants, en supposant l'accusée innocente. Ce qui aurait dû être calculé, c'est la probabilité de sa culpabilité, en fonction des témoignages existants. De Berk fut reconnue coupable et condamnée à la prison à vie. En appel, le verdict fut confirmé, même si un témoin reconnut alors qu'il avait tout inventé et retira son témoignage accusateur. (Ce témoin était à l'époque détenu dans une unité de psychologie criminelle.) On pouvait s'y attendre, la presse contesta la condamnation, une pétition publique fut organisée, et en 2006 la Cour suprême des Pays-Bas renvoya l'affaire devant le tribunal d'Amsterdam, qui confirma de nouveau le verdict. En 2008, après de très nombreuses critiques, la Cour suprême rouvrit l'affaire. En 2010, une révision du procès conclut que toutes les morts étaient dues à des causes naturelles et que les infirmières impliquées avaient sauvé plusieurs vies. La cour annula la condamnation.

Il devrait être évident qu'avec le grand nombre de morts que l'on rencontre dans les hôpitaux, et le grand nombre d'infirmières, l'association de certaines morts à une infirmière particulière risque d'être bien plus fréquente. Ronald Meester et ses collègues[5] suggèrent que le chiffre de « un sur 342 millions » est un cas de double utilisation des données (voir le chapitre 7). Ils montrent que des méthodes statistiques plus appropriées conduisent à des valeurs d'environ un sur 300, voire de 1 sur 50. Ces valeurs ne sont pas statistiquement significatives en tant que témoignages de culpabilité.

En 2016, Fenton, Neil et Daniel Berger publièrent un bilan de l'utilisation du raisonnement bayésien dans les affaires judiciaires. Ils se demandèrent pourquoi la profession juridique se méfie de ce type d'arguments et examinèrent leurs potentialités. Ils commencèrent par souligner que si l'utilisation des statistiques lors des procédures judiciaires s'est considérablement développée ces quatre dernières décennies, elle ne concerne la plupart du temps que la statistique classique, alors que l'approche bayésienne permet d'éviter nombre des pièges associés aux méthodes classiques et offre une plus vaste applicabilité. Leurs principales conclusions furent que ce désintérêt résulte d'un « malentendu du milieu judiciaire sur le théorème de Bayes [...] et de sa réticence à adopter des méthodes de calcul modernes. » Et ils recommandèrent une nouvelle technique, les réseaux bayésiens, capable d'automatiser les calculs requis pour « aborder la plupart des problèmes liés à l'utilisation de la théorie de Bayes dans le droit. »

La statistique classique, avec ses hypothèses passablement rigides et ses longues traditions, prête particulièrement à confusion. L'insistance sur les tests de significativité statistique peut conduire au sophisme du procureur, car la probabilité du témoignage sachant la culpabilité peut apparaître à tort comme la probabilité de la culpabilité sachant le témoignage. Des concepts plus techniques tels que les intervalles de confiance, qui définissent l'éventail des valeurs dans lequel on peut supposer en toute confiance que se trouve un certain nombre, sont « presque invariablement interprétés à tort, car leur définition correcte est à la fois complexe et contre-intuitive (de fait, elle n'est même pas bien comprise par de nombreux statisticiens expérimentés). » Ces difficultés, et la pauvreté des archives statistiques classiques, ont rendu les avocats hostiles à toute forme de raisonnement statistique.

C'est peut-être là l'une des raisons de cette résistance aux méthodes bayésiennes. Fenton et ses collègues en suggèrent une autre, plus intéressante : trop de modèles bayésiens présentés lors des procès sont simplifiés à l'extrême, l'idée étant que les calculs qu'ils contiennent doivent être suffisamment simples pour pouvoir être faits à la main et être ainsi compris par le juge et le jury.

À l'ère de l'informatique, cette restriction n'est pas nécessaire. Il est naturel de se poser des questions face à des algorithmes informatiques incompréhensibles ; dans un cas extrême, on peut imaginer un Ordinateur judiciaire artificiellement intelligent qui pondérerait en silence les témoignages et déclarerait soit « coupable » soit « non coupable » sans fournir d'explications. Mais lorsque l'algorithme est totalement compréhensible, et que les calculs sont évidents, il ne devrait pas être difficile de se prémunir contre les problèmes potentiels plus évidents.

Les modèles-jouets de raisonnement bayésien que j'ai discutés contiennent un très petit nombre d'énoncés, et tout ce que nous avons fait, ce fut de déterminer la probabilité d'un de ces énoncés, sachant un autre énoncé. Mais une affaire judiciaire implique toutes sortes de témoignages, ainsi que les énoncés qui leur sont associés, tels que « le suspect était sur le lieu du crime », « l'ADN du sujet correspond aux traces de sang trouvées sur la victime » ou « une voiture gris métallisé a été vue dans le voisinage ». Un réseau bayésien représente tous ces facteurs et leurs influences mutuelles sous forme d'un graphe orienté – d'un ensemble de boîtes reliées par des flèches. Il y a une boîte pour chaque facteur et une flèche pour chaque influence. En outre, à chaque flèche est associé un nombre, la probabilité conditionnelle du facteur situé à sa pointe, sachant le facteur situé, lui, à sa queue. Une généralisation du théorème de Bayes permet alors de calculer la probabilité d'un facteur donné, sachant un autre facteur, voire toute autre chose connue.

Fenton et ses collègues suggèrent que des réseaux bayésiens convenablement mis en place, développés et testés, pourraient devenir un important outil judiciaire, capable de « modéliser les hypothèses pertinentes correctes et la totalité du contexte causal de la preuve ». Il est clair que les types de témoignages susceptibles de se prêter à un tel traitement soulèvent de nombreuses questions auxquelles seul un débat pourra répondre. Mais les principaux obstacles qui empêchent ce débat sont les solides barrières culturelles existant actuellement entre la science et le droit.

9

La loi et le désordre

> « La chaleur ne passe pas d'un corps plus froid à un corps plus chaud,
> Vous pouvez essayer si vous voulez, mais vaudrait mieux pas. »
>
> Michael Flanders et Donald Swann (duo comique britannique),
> *La première et la deuxième loi*

De la loi et l'ordre à la loi et au désordre. Des affaires humaines à la physique.

L'un des très rares principes scientifiques connus de tous, ou presque, est la deuxième loi de la thermodynamique. Dans ses célèbres Conférences Rede de 1959 sur les « deux cultures », et dans le livre qui en résulta, le romancier C.P. Snow déclara que personne ne devait se considérer cultivé s'il ignorait ce que dit cette loi :

> « Bien des fois je me suis retrouvé parmi des gens qui, selon les normes de la culture traditionnelle, passent pour très instruits et prennent un plaisir extrême à exprimer leur incrédulité face à l'inculture des scientifiques. Une ou deux fois, répondant à une provocation, je leur ai demandé combien d'entre eux pouvaient dire ce qu'était la deuxième loi de la thermodynamique. On me répondit froidement, et par la négative. Pourtant, je ne demandais pas autre chose que l'équivalent scientifique de "Avez-vous lu une œuvre de Shakespeare ?" »

C'était là une remarque sensée : la science fondamentale fait au moins autant partie de la culture humaine que, par exemple, une citation latine d'Horace, ou un vers de Byron ou de Coleridge. D'un autre côté, C.P. Snow aurait vraiment dû choisir un meilleur exemple, car nombre de *scientifiques* ne connaissent pas la deuxième loi de la thermodynamique sur le bout des doigts[1].

Pour être juste, Snow suggéra ensuite qu'il n'y avait pas plus d'une personne éduquée sur dix capable d'expliquer le sens de concepts plus simples tels que la masse ou l'accélération, l'équivalent scientifique de demander « Savez-vous lire ? » Le critique littéraire F. R. (Frank Raymond) Leavis répondit qu'il n'y a qu'une seule culture, *la sienne* – reprenant par inadvertance à son compte la remarque de Snow.

Dans une réponse plus positive, Michael Flanders et Donald Swann écrivirent l'une de leurs chansons comiques les plus appréciées qu'ils interprétèrent durant leurs deux tournées, *At the Drop of a Hat* (Au pied levé) et *At the Drop of Another Hat* (À un autre pied levé) entre 1956 et 1967, et dont deux vers figurent en épigramme en tête de ce chapitre[2]. L'énoncé scientifique de la deuxième loi apparaît sous forme d'un concept passablement insaisissable vers la fin de leur chanson : « Ouais, c'est l'entropie, mec. »

La thermodynamique est la science de la chaleur et de ses transferts d'un corps ou d'un système à un autre. Les exemples sont l'eau dans la bouilloire ou le ballon au-dessus d'une bougie. Les variables thermodynamiques les plus familières sont la température, la pression et le volume. La loi des gaz parfaits nous dit comment elles sont liées : le produit de la pression par le volume est proportionnel à la température absolue. Par exemple, si nous chauffons l'air contenu dans un ballon, sa température augmente, de sorte que soit il occupe un plus grand volume (le ballon gonfle), soit sa pression interne augmente (faisant finalement éclater le ballon), ou un peu des deux. Bien entendu, j'ignore ici le fait que la chaleur peut aussi brûler ou faire fondre le ballon, ce qui dépasse le cadre de la loi des gaz parfaits.

La chaleur est une autre variable thermodynamique ; elle est distincte de, et à de nombreux égards plus simple que, la température. Bien plus subtile que ces deux variables, l'entropie est souvent spontanément présentée comme une mesure du désordre d'un système thermodynamique. En vertu de la deuxième loi, dans tout système non soumis à des facteurs externes, l'entropie ne cesse d'augmenter. Dans ce contexte, le « désordre » n'est pas une définition, mais une métaphore, facilement susceptible d'être mal interprétée.

La deuxième loi de la thermodynamique a d'importantes implications pour la compréhension scientifique du monde qui nous entoure. Certaines sont de dimension cosmique, telle la mort thermique de l'univers, selon laquelle dans un futur très lointain, tout deviendra une soupe uniformément tiède. Certaines résultent de malentendus, telle l'affirmation selon laquelle la deuxième loi rend l'évolution impossible parce que les organismes plus complexes sont davantage ordonnés. Et certaines encore sont déconcertantes et paradoxales, telle la « flèche du temps », par laquelle l'entropie semble distinguer une direction spécifique pour l'écoulement du temps, même si les équations dont découle la deuxième loi sont indépendantes de la direction dans laquelle s'écoule le temps.

Le fondement théorique de la deuxième loi est la théorie cinétique des gaz inventée par le physicien autrichien Ludwig Boltzmann dans les années 1870. C'est un modèle mathématique simple du mouvement des molécules d'un gaz, molécules qui sont représentées par de minuscules billes dures rebondissant les unes sur les autres lors de leurs collisions. Ces molécules sont censées être, en moyenne, très éloignées les unes des autres comparativement à leur taille – et non étroitement serrées comme dans un liquide ou, bien plus encore, dans un solide. À l'époque, la plupart des grands physiciens ne croyaient pas aux molécules. En fait, ils ne croyaient pas que la matière fût faite d'atomes se combinant pour former des molécules, et menaient la vie dure à Boltzmann. Ses idées suscitèrent constamment le scepticisme de ses confrères. Peut-être est-ce là la raison qui l'amena à se pendre durant l'été 1906, alors qu'il était en vacances.

Une caractéristique centrale de la théorie cinétique est qu'en pratique, le mouvement des molécules semble aléatoire. Cela explique la présence d'un chapitre sur la deuxième loi de la thermodynamique dans un livre sur l'incertitude. Toutefois, le modèle des billes rebondissantes est déterministe, et leur mouvement est chaotique. Mais il fallut plus d'un siècle pour que les mathématiciens démontrent cela[3].

L'histoire de la thermodynamique et de la théorie cinétique étant compliquée, je passerai sur certaines subtilités et me limiterai à la seule discussion des gaz, pour lesquels les problèmes sont plus simples. Ce domaine de la physique connut deux grandes périodes. Dans la première, la thermodynamique classique, les caractéristiques importantes d'un gaz étaient les variables macroscopiques qui décrivent son état global – les déjà citées température, pression, volume, etc. Les scientifiques savaient qu'un gaz est composé de molécules (cela resta toutefois controversé jusqu'au début des années 1900), mais les positions et vitesses précises de ces molécules n'étaient pas prises en considération tant que l'état global n'était pas affecté. La chaleur, par exemple, est l'énergie cinétique totale des molécules. Si des collisions accélèrent certaines d'entre elles mais en ralentissent d'autres, l'énergie totale ne varie pas, de sorte que ces changements n'ont aucun effet sur ces variables macroscopiques. Le problème mathématique était de décrire les relations entre ces variables macroscopiques et d'utiliser les équations résultantes (les « lois ») pour déduire le comportement du gaz. Au début, la principale application pratique de ces recherches fut la conception de moteurs à vapeur et de dispositifs industriels similaires. De fait, c'est l'analyse des limites théoriques imposées au rendement des machines à vapeur qui motiva l'introduction du concept d'entropie.

Dans la deuxième période, les variables microscopiques telles que la position et la vitesse des molécules de gaz individuelles se virent accorder la priorité. Le premier grand problème théorique fut de décrire l'évolution de ces variables lorsque les molécules rebondissent en tous sens dans l'enceinte ; le second fut de déduire la thermodynamique classique à partir de cette image microscopique plus détaillée. Plus tard, l'arrivée de la thermodynamique quantique, qui intègre de nouveaux concepts tels que l'« information » et donne les fondements détaillés de la version classique de la théorie, amena à prendre également en compte les effets quantiques.

Dans l'approche classique, l'entropie d'un système est définie indirectement. On définit tout d'abord l'*évolution* de cette variable lorsque le système lui-même évolue ; puis on additionne tous ces infimes changements pour obtenir l'entropie elle-même. Si le système subit un petit changement d'état, la variation d'entropie est égale à la variation de chaleur divisée par la température. (Si le changement d'état est suffisamment petit, on peut considérer que la température reste constante durant ce changement.) Un grand changement d'état peut être considéré comme un grand nombre de petits changements successifs, et la variation d'entropie correspondante est la somme de toutes les petites variations correspondant à chaque étape. Plus rigoureusement, c'est l'intégrale de ces variations au sens du calcul intégral.

Cela nous donne la variation d'entropie, mais qu'en est-il de l'entropie elle-même ? Mathématiquement, la variation d'entropie ne définit pas l'entropie de manière unique : elle la définit à une constante près. On peut fixer cette constante en attribuant une valeur particulière à l'entropie d'un état bien défini. Le choix standard repose sur la notion de température absolue. La plupart des échelles de température familières, tels les degrés Celsius (communément utilisés en Europe) ou Fahrenheit (en Amérique), reposent sur des choix arbitraires. Sur l'échelle Celsius, zéro est le point de fusion de la glace et 100 le point d'ébullition de l'eau. Sur l'échelle Fahrenheit, les températures correspondantes sont 32 °F et 212 °F. À l'origine, Daniel Fahrenheit définit 100 °F comme étant la température du corps humain et 0 °F comme étant le corps le plus froid qu'il puisse toucher. De telles définitions dépendent des circonstances, d'où les 32 et 212. En principe, vous pouvez choisir n'importe quelle valeur pour ces deux températures, ou utiliser des phénomènes totalement différents, tels que les points d'ébullition de l'azote et du plomb.

À mesure que les scientifiques tentaient d'atteindre des températures de plus en plus basses, ils découvrirent l'existence d'une limite au-delà de laquelle on ne peut refroidir davantage la matière. Cette limite, égale environ –273 °C, est appelée le « zéro absolu » et est la température à laquelle s'arrête tout mouvement thermique dans la description classique de la thermodynamique. Vous aurez beau essayer, vous ne pourrez rien refroidir en dessous de cette valeur. L'échelle de température Kelvin, ainsi nommée d'après le physicien écossais d'origine irlandaise lord Kelvin, est une échelle de température thermodynamique dont le point zéro est le zéro absolu ; son unité de température est le kelvin (°K). L'échelle Kelvin est identique à l'échelle Celsius, sauf que l'on ajoute 273 à chaque température : la glace fond à 273 °K, l'eau bout à 373 °K et le zéro absolu est 0 °K. L'entropie d'un système est maintenant définie (au choix d'unités près) en choisissant la constante additive arbitraire qui la rend nulle lorsque la température absolue est égale à zéro.

C'est la définition classique de l'entropie. La définition donnée par la mécanique statistique moderne est, à certains égards, plus simple. Elle revient au même pour les gaz, bien que cela ne soit pas immédiatement évident, de sorte qu'il n'y a aucun problème à utiliser le même mot dans les deux cas. La définition moderne repose sur les états microscopiques – les micro-états pour faire court. La recette est simple : si le système peut exister dans l'un quelconque de N micro-états, tous équiprobables, alors l'entropie est

$$\mathrm{S} = k_B \log N$$

où k_B est une constante appelée constante de Boltzmann. Sa valeur numérique est $1{,}38065 \times 10^{-23}$ joules par kelvin. Ici, log est le logarithme naturel, le logarithme en base e = 2,71828… . Autrement dit, l'entropie du système est proportionnelle au logarithme du nombre de micro-états qu'il pourrait en principe occuper.

En guise d'illustration, supposez que le système soit un paquet de cartes et qu'un micro-état soit l'un des ordres dans lesquels ce paquet peut être mélangé. D'après le chapitre 4, le nombre de micro-états est égal à 52! – un nombre assez grand commençant par 80 658 et ayant 68 chiffres. On peut calculer l'entropie de ce système en prenant le logarithme de ce nombre et en le multipliant par la constante de Boltzmann. Cela donne

$$S = 2{,}15879 \times 10^{-21}$$

Si maintenant on prend un second paquet de cartes, il aura la même entropie. Mais si on combine les deux paquets et qu'on mélange le paquet résultant (plus gros), le nombre de micro-états est maintenant

$N = 104\,!$, ce qui est un nombre bien plus grand commençant par 10 299 et ayant 167 chiffres. L'entropie de ce système combiné est alors

$$T = 5{,}27765 \times 10^{-21}$$

La somme des entropies des deux sous-systèmes (des deux paquets) avant leur combinaison est

$$2S = 4{,}31758 \times 10^{-21}$$

T étant plus grand que $2S$, l'entropie du système combiné est plus grande que la somme des entropies des deux sous-systèmes.

Métaphoriquement parlant, le paquet combiné représente toutes les interactions possibles entre les cartes des deux paquets individuels. Non seulement nous pouvons mélanger chaque paquet séparément, nous pouvons aussi obtenir des arrangements supplémentaires en les mélangeant ensemble. Ainsi, l'entropie du système lorsque l'on permet les interactions est supérieure à la somme des entropies des deux systèmes lorsqu'ils ne sont pas en interaction. Le probabiliste Mark Kac avait coutume de décrire cet effet à l'aide de deux chats, chacun porteur d'un certain nombre de puces. Lorsque les chats sont séparés, les puces peuvent se déplacer, mais seulement sur « leur » chat. Quand les chats se rencontrent, ils peuvent échanger des puces, et le nombre d'arrangements possibles augmente.

Le logarithme d'un produit étant la somme des logarithmes des facteurs, l'entropie augmente chaque fois que le nombre de micro-états du système combiné est supérieur au produit des nombres de micro-états des systèmes individuels. C'est habituellement le cas, car ce produit est égal au nombre de micro-états du système combiné lorsque les deux sous-systèmes n'interagissent pas. Le mélange permet davantage de micro-états.

Maintenant, imaginez une boîte comportant une cloison, un grand nombre de molécules d'oxygène d'un côté, et le vide de l'autre. Chacun de ces deux sous-systèmes a une entropie particulière. On peut identifier les micro-états au nombre d'arrangements des positions des molécules individuelles, à condition de découper grossièrement l'espace en un nombre très grand mais fini de minuscules boîtes permettant de localiser ces molécules. Lorsqu'on enlève la cloison, tous les micro-états initiaux associés aux molécules existent toujours. Mais nombre de nouveaux micro-états apparaissent, car les molécules peuvent passer dans l'autre moitié de la boîte. Le nombre de nouveaux arrangements dépasse considérablement celui des anciens, et avec une probabilité écrasante, le gaz finit par occuper toute la boîte avec une densité uniforme.

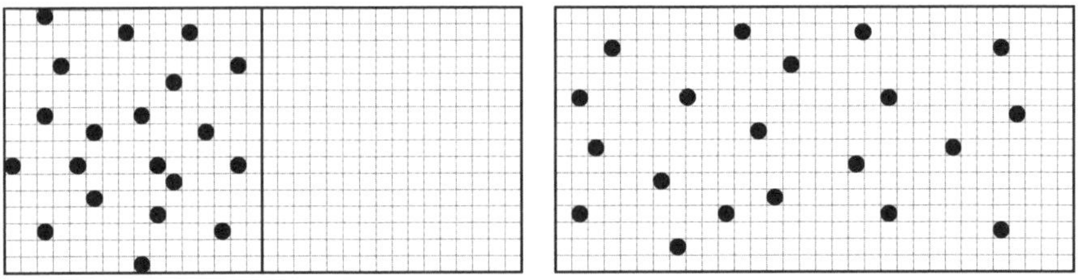

Figure 12. *À gauche* : avec la cloison. *À droite* : l'enlèvement de la cloison permet l'apparition de nombreux nouveaux micro-états. Les boîtes minuscules sont en gris.

En deux mots : le nombre de micro-états disponibles augmentant avec la suppression de la cloison, l'entropie – le logarithme de ce nombre – augmente elle aussi.

Les physiciens disent que l'état associé à la présence de la cloison est un état ordonné, dans le sens où l'ensemble des molécules d'oxygène présentes dans une partie de la boîte est séparé du vide présent dans l'autre partie. Lorsqu'on enlève la cloison, cette séparation disparaît et l'état devient plus désordonné. C'est en ce sens que l'on identifie l'entropie à la quantité de désordre. Cette métaphore n'est pas vraiment utile.

Venons-en maintenant à la délicate question de la flèche du temps.

Pour un gaz, le modèle mathématique détaillé est un nombre fini de très petites billes dures rebondissant en tous sens dans une boîte. Chaque bille représente une molécule. On suppose que les collisions entre molécules sont parfaitement élastiques, ce qui signifie qu'aucune énergie n'est perdue ou gagnée lors de ces collisions. On suppose également que lorsqu'une bille heurte une paroi de la boîte, elle rebondit comme une boule de billard idéalisée heurtant la bande du billard : l'angle de réflexion est égal à l'angle d'incidence (pas de rotation) et la vitesse de la bille après le choc est identique à celle qu'elle avait avant le choc (la bande du billard est parfaitement élastique). Ici encore, l'énergie est conservée.

Le comportement de ces petites billes est régi par les lois du mouvement de Newton. Celle qui importe ici est la deuxième loi : la force agissant sur un corps est égale à sa masse fois son accélération. (La première loi dit qu'un corps non soumis à une force décrit un mouvement rectiligne uniforme ; la troisième dit qu'à chaque action correspond une réaction égale et opposée.) Quand nous étudions des systèmes mécaniques, nous connaissons habituellement les forces et nous voulons trouver les mouvements des particules. La deuxième loi implique que l'accélération est à chaque instant égale à la force divisée par la masse. Cela s'appliquant à chacune de ces petites billes, nous pouvons donc en principe calculer le mouvement de chacune d'elles.

L'équation qui apparaît lorsqu'on applique les lois du mouvement de Newton est une équation différentielle : elle nous donne la variation de certaines grandeurs en fonction du temps. Généralement, nous voulons connaître les grandeurs elles-mêmes, et non la vitesse de leur changement, mais nous pouvons trouver ces grandeurs à partir de leurs vitesses de changement en recourant au calcul intégral. L'accélération est la variation de la vitesse en fonction du temps et la vitesse est la variation de la position en fonction du temps. Pour trouver la position des billes à un instant donné, on détermine d'abord leurs accélérations à l'aide de la loi de Newton, puis on applique le calcul intégral pour obtenir leurs vitesses, puis de nouveau le calcul intégral pour obtenir leurs positions.

Deux autres éléments sont nécessaires. Le premier est les conditions initiales. Ces conditions précisent la position de toutes les billes à un instant donné (par exemple à $t = 0$), ainsi que la valeur et la direction de leurs vitesses. Ces informations définissent une solution unique de ces équations, solution qui nous dit ce qui arrive à l'arrangement initial au fil du temps. Pour des billes soumises à des collisions mutuelles, tout se réduit à de la géométrie. Chaque bille se déplace à vitesse constante et en ligne droite (la direction de sa vitesse initiale) jusqu'à ce qu'elle heurte une autre bille. Le second élément est une règle disant ce qui arrive ensuite : elles rebondissent les unes sur les autres, acquérant ainsi de nouvelles vitesses et de nouvelles directions, et continuent de nouveau en ligne droite jusqu'à la prochaine collision. Ces règles déterminent la théorie cinétique des gaz, d'où l'on peut déduire les lois des gaz parfaits et d'autres choses du même genre.

Pour tout système de corps en mouvement, les lois de Newton conduisent à des équations qui sont inversibles par rapport au temps. Si l'on prend une solution quelconque de ces équations et que l'on fait s'écouler le temps à l'envers (on change la variable temps t en $-t$), on obtient également une solution de ces équations. Ce n'est généralement pas *la même* solution, mais il arrive que ce le soit. Intuitivement, si vous filmez une solution et que vous passez le film à l'envers, le résultat est aussi une solution. Par exemple, supposez que vous lanciez une balle en l'air, à la verticale. Elle part très vite, ralentit sous l'effet de la gravitation, reste un instant stationnaire, puis redescend en accélérant jusqu'à revenir dans votre main. Projetez le film à l'envers, vous pourrez faire la même description. Ou frappez une boule de billard avec la queue de sorte qu'elle heurte la bande puis rebondit ; projetez le film à l'envers et de nouveau vous verrez la balle heurtant la bande puis rebondir. Comme le montre cet exemple, laisser des billes rebondir les unes contre les autres n'affecte pas la réversibilité pour peu que les rebonds obéissent aux mêmes règles quand ils s'effectuent en remontant le temps.

Tout cela est très raisonnable, mais nous avons tous vu des choses bizarres se produire dans des films passés à l'envers. Un blanc et un jaune d'un œuf déposés dans un bol s'élèvent soudain en l'air, sont attrapés par les deux moitiés d'une coquille d'œuf brisée, qui se ressoudent pour laisser un œuf intact dans la main du cuisinier. Des débris de verre sur le sol se rassemblent mystérieusement pour former une bouteille intacte, qui saute en l'air. Une chute d'eau *remonte* la falaise au lieu de la descendre. Le vin s'élève du verre pour rentrer dans la bouteille. Si c'est du champagne, les bulles rétrécissent et remontent avec le vin ; le bouchon apparaît mystérieusement à une certaine distance et s'introduit d'un coup dans le goulot de la bouteille, retenant le vin à l'intérieur. Les films projetés à l'envers de personnes mangeant des tranches de gâteau sont particulièrement dégoûtants – vous imaginez pourquoi.

La plupart des processus de la vie réelle n'ont pas beaucoup de sens si vous inversez le temps. Certains, oui, mais ce sont des exceptions. Le temps, apparemment, ne s'écoule que dans un seul sens : la flèche du temps pointe du passé vers le futur.

En soi, ce n'est pas un mystère. En fait, projeter un film à l'envers ne fait pas s'écouler le *temps* à l'envers. Cela nous donne simplement l'impression de ce qui se passerait si nous pouvions faire cela. Mais la thermodynamique renforce l'irréversibilité de la flèche du temps. Sa deuxième loi dit que l'entropie croît avec le temps. Projetez le film à l'envers et vous obtenez un scénario dans lequel l'entropie décroît, en contradiction avec la deuxième loi. Ici encore, cela a un sens ; vous pouvez même définir la flèche du temps comme étant la direction dans laquelle l'entropie augmente.

Les choses commencent à devenir délicates quand on se demande comment tout cela se raccorde à la théorie cinétique des gaz. La deuxième loi de Newton dit que le système est inversible par rapport au temps ; la deuxième loi de la thermodynamique dit que non. Mais les principes de la thermodynamique sont une *conséquence* des lois de Newton. Manifestement, il y a quelque chose de tordu ; comme l'a dit Shakespeare, « ce temps est mal en point ».

La littérature sur ce paradoxe est énorme, et pour une bonne part extrêmement érudite. Boltzmann s'y intéressa lorsqu'il commença à réfléchir sur la théorie cinétique. Ce paradoxe s'explique en partie par le fait que les principes de la thermodynamique sont des principes statistiques. Ils ne s'appliquent pas à chaque solution individuelle des équations de Newton correspondant à un million de billes rebondissant mutuellement. En principe, toutes les molécules d'oxygène contenues dans une boîte pourraient s'accumuler dans une moitié de la boîte. Mettez la cloison, vite ! Mais en général, elles ne le font pas ; la probabilité pour qu'elles le fassent est quelque chose comme 0,000000…, avec tant de zéro avant d'atteindre le premier chiffre différent de 0 que la planète est trop petite pour les contenir.

Ce n'est toutefois pas la fin de l'histoire. À chaque solution dont l'entropie augmente avec le temps correspond une solution inversée dans le temps dont l'entropie décroît avec le temps. Très rarement, la solution inversée est identique à l'original (le jet de balle, pourvu que les conditions initiales correspondent au moment où la balle atteint le maximum de sa trajectoire ; la boule de billard, pourvu que les conditions initiales correspondent au moment où elle heurte la bande). Si l'on ignore ces exceptions, les solutions viennent par paires : l'une à entropie croissante ; l'autre à entropie décroissante. Il n'y a aucune raison d'affirmer que les effets statistiques ne sélectionnent qu'une moitié de ces solutions. C'est comme affirmer qu'une pièce de monnaie équilibrée atterrit toujours du même côté.

Une autre résolution partielle implique une rupture de symétrie. J'ai bien veillé à vous dire que lorsque vous inversez temporellement une solution des lois de Newton, vous obtenez toujours une solution, mais qui n'est pas toujours la même. La symétrie temporelle des lois n'entraîne pas la symétrie temporelle d'une solution donnée. C'est vrai, mais ce n'est pas très utile, car les solutions se présentent par paires, ce qui soulève la même question.

Pourquoi alors la flèche du temps pointe-t-elle seulement dans une seule direction ? J'ai le sentiment que la réponse est liée à une particularité que l'on ignore généralement. Tout le monde se focalise sur la symétrie temporelle des *lois*. Je pense que l'on devrait considérer l'asymétrie temporelle des *conditions initiales*.

Cette phrase seule est une mise en garde. Lorsqu'on inverse le temps, les conditions initiales ne sont pas initiales. Elles sont finales. Si l'on précise ce qui arrive au temps zéro, et que l'on en déduit le mouvement pour les temps positifs, cela fixe la direction de la flèche du temps. Cela peut paraître idiot de dire que les mathématiques nous permettent également de déduire ce qui arrive pour les temps négatifs, mais laissez-moi finir. Comparons la bouteille qui tombe et se casse avec ce qui se passe lors d'une inversion du temps : les débris de verre qui se rassemblent pour reformer la bouteille.

Dans le scénario « destruction », les conditions initiales sont simples : une bouteille intacte, tenue en l'air. Vous la lâchez. Le temps passant, la bouteille tombe, se casse, et des milliers de minuscules débris s'éparpillent. Les conditions finales sont très complexes : de système ordonné, la bouteille est devenue un système désordonné sur le sol, l'entropie a augmenté et la deuxième loi est respectée.

Le scénario « reconstruction » est assez différent. Les conditions initiales sont compliquées : des tessons de verre en quantité. Ils peuvent paraître stationnaires, mais en fait, ils se déplacent tous très lentement.

(Rappelez-vous, nous ignorons le frottement.) Le temps passant, les tessons convergent les uns vers les autres pour former une bouteille intacte qui s'élève en l'air. Les conditions finales sont très simples : le désordre sur le sol s'est transformé en un système ordonné, la bouteille, l'entropie a diminué, la deuxième loi n'est pas respectée.

La différence, ici, n'a rien à voir avec la loi de Newton ou sa réversibilité. Ni avec l'entropie. Les deux scénarios sont compatibles avec la loi de Newton ; la différence tient au choix des conditions initiales. Le scénario « destruction » est facile à réaliser expérimentalement, car la condition initiale est facile à mettre en place : on prend une bouteille, on la tient en l'air et on la lâche. Le scénario « reconstruction » est impossible à réaliser expérimentalement, car la condition initiale est trop complexe, et trop délicate, à mettre en place. En principe, il existe, car nous pouvons résoudre les équations de la bouteille tombante jusqu'à un instant situé après qu'elle s'est cassée sur le sol. On prend ensuite cet état comme condition initiale, mais avec toutes les vitesses inversées, et la symétrie des mathématiques entraîne la reconstitution effective de la bouteille – à condition toutefois de reproduire exactement ces conditions « initiales » incroyablement complexes.

Notre capacité à résoudre les équations pour les temps négatifs concerne également la bouteille intacte. Comment est-elle arrivée dans cet état ? Très probablement, quelqu'un l'a mise là. Mais si vous appliquez les lois de Newton à l'envers dans le temps, vous n'obtenez pas la mystérieuse apparition d'une main. Les particules qui composent cette main ne figurent pas dans le modèle que vous utilisez. Ce que vous obtenez, c'est un passé hypothétique qui est mathématiquement cohérent avec l'état « initial » choisi. En fait, puisque la trajectoire d'une bouteille en l'air est identique à son inversion temporelle, la solution inversée impliquerait également la chute de la bouteille sur le sol et, « par symétrie », sa destruction. Mais dans un temps inversé. L'histoire complète de la bouteille – non ce qui se passe réellement, parce que la main de Dieu au temps zéro ne fait pas partie du modèle – se compose de milliers de débris de verre, qui se mettent à converger mutuellement, s'agrègent, s'élèvent dans l'air sous forme d'une bouteille intacte, atteignent le maximum de leur trajectoire au temps zéro, puis tombent, se fracassent et s'éparpillent en des milliers d'éclats. Initialement, l'entropie décroît ; puis elle augmente de nouveau.

Dans *L'Ordre du temps*, Carlo Rovelli dit une chose très similaire[4]. L'entropie d'un système se définit en acceptant de ne pas distinguer entre certaines configurations (c'est mon découpage grossier de l'espace). De sorte que l'entropie dépend de l'information que l'on peut acquérir sur le système. Selon Rovelli, nous n'avons pas le sentiment qu'il existe une flèche du temps car c'est la direction le long de laquelle l'entropie augmente. Au lieu de cela, nous pensons que l'entropie augmente parce que pour *nous*, le passé semble avoir une entropie inférieure à celle du présent.

J'ai dit qu'il est facile de créer les conditions initiales pour casser une bouteille, mais c'est parfois faux. C'est vrai si je peux aller au supermarché acheter une bouteille de vin, la boire, puis l'utiliser une fois vide. Mais d'où vient la bouteille ? Si on retrace son histoire, ses molécules constituantes ont probablement traversé de nombreux cycles de recyclage et de fusion ; elles proviennent de multiples bouteilles, souvent écrasées avant ou pendant les recyclages. Mais la totalité du verre composant la bouteille provient en définitive de grains de sable, qui furent fondus pour former du verre. Les véritables « conditions initiales », il y a des décennies ou des siècles de cela, furent au moins aussi compliquées que celles que j'ai qualifiées d'impossibles pour la reconstitution de la bouteille.

Pourtant, miraculeusement, on a fait la bouteille.

Cela réfute-t-il la deuxième loi de la thermodynamique ?

Pas du tout. La théorie cinétique des gaz – en fait, toute la thermodynamique – implique des hypothèses simplificatrices. Elle modélise certains scénarios fréquents, et les modèles fonctionnent bien lorsque ces scénarios sont pertinents.

L'une de ces hypothèses dit que le système est « fermé ». On exprime habituellement cela en disant qu'« aucun apport d'énergie externe n'est possible », mais la formulation dont nous avons réellement besoin est « aucune influence externe non intégrée dans le modèle n'est possible ». La fabrication d'une bouteille à partir du sable met en jeu un nombre énorme d'influences qui ne sont pas prises en compte si l'on suit uniquement les molécules situées à l'intérieur de la bouteille.

Les scénarios traditionnels décrits dans les livres de thermodynamiques utilisent tous cette simplification. Le texte examine une boîte pourvue d'une cloison et contenant des molécules gazeuses dans une moitié. Il explique que si, *ensuite*, vous enlevez la cloison, l'entropie augmente. Mais ce qu'il ne dit pas, c'est comment le gaz s'est retrouvé dans cette configuration *initiale*, avec une entropie inférieure à ce qu'elle était lorsqu'il faisait partie de l'atmosphère terrestre. D'accord, ce n'est plus un système fermé. Mais ce qui importe réellement ici, c'est le type de système ou, plus précisément, les conditions initiales supposées. Les mathématiques ne nous disent pas comment ces conditions ont été véritablement mises en place. Faire tourner à l'envers dans le temps le modèle de destruction de la bouteille ne nous conduit pas au sable. Ainsi, ce modèle ne vaut réellement que pour un temps s'écoulant vers l'avant. Je viens de mettre deux mots en italiques : *ensuite* et *initiale*. Si on remonte le temps, il faut changer ces deux mots en *avant* et *finale*. La raison pour laquelle le temps a une flèche unique en thermodynamique, malgré la réversibilité temporelle des équations, est que les scénarios envisagés intègrent une flèche du temps : via l'utilisation des conditions *initiales*.

C'est une vieille histoire, qui s'est plusieurs fois répétée durant l'histoire de l'humanité. Nous sommes tellement focalisés sur le *contenu* qu'on en ignore le *contexte*. En l'occurrence, le contenu est réversible mais le contexte ne l'est pas. C'est pour cela que la thermodynamique ne contredit pas Newton. Il y a toutefois un autre message. L'examen d'un concept aussi subtil que l'entropie à l'aide de mots vagues comme « désordre » risque de prêter à confusion.

10

Ne pas prévoir le prévisible

« Nous exigeons une stricte définition des zones de doute et d'incertitude ! »

Douglas Adams, *Le Guide du voyageur galactique*[1]

Aux XVIe et XVIIe siècles, deux grandes figures scientifiques remarquèrent des régularités mathématiques dans le monde naturel. Galilée les observa à la surface de la Terre, dans le roulement de boules et la chute de corps. Johannes Kepler les découvrit dans le ciel, dans le mouvement orbital de la planète Mars. En 1687, inspirés par leurs travaux, les *Principia* de Newton changèrent notre façon de penser la nature en découvrant de profondes lois mathématiques qui régissent ses incertitudes. Du jour au lendemain, pratiquement, de nombreux phénomènes, allant des marées aux comètes en passant par les planètes, devinrent prévisibles. Des mathématiciens européens récrivirent rapidement les découvertes de Newton dans le langage du calcul intégral et appliquèrent des méthodes similaires à la chaleur, à la lumière, au son, aux ondes, aux fluides, à l'électricité et au magnétisme. La physique mathématique était née.

L'enseignement le plus important que l'on retira des *Principia* fut qu'au lieu de nous concentrer sur la description du comportement de la nature, nous devons rechercher les lois plus profondes qui régissent ce comportement. La connaissance de ces lois nous permet de déduire ce comportement, d'étendre notre pouvoir sur notre environnement et de réduire nos incertitudes. Nombre de ces lois ont des formes très particulières : elles sont des équations différentielles, qui expriment l'état d'un système à un moment donné en fonction de la vitesse à laquelle varie cet état. L'équation précise les lois – les règles du jeu. Sa *solution* précise le comportement, ou la façon dont se déroule le jeu, à *chaque* instant, passé, présent, futur. Armés des équations de Newton, les astronomes purent prédire, avec une grande précision, le mouvement de la Lune et des planètes, les éclipses et les orbites des astéroïdes. Les mouvements incertains et erratiques du ciel, guidés par les caprices des dieux, furent remplacés par un immense mécanisme d'horlogerie cosmique, dont les actions étaient entièrement déterminées par sa structure et son mode de fonctionnement.

L'humanité avait appris à prédire l'imprévisible.

En 1812, dans son *Essai philosophique sur les probabilités*, Laplace affirma qu'en principe, l'univers est entièrement déterministe. Si une intelligence connaissait l'état présent de chaque particule de l'univers, elle pourrait déduire le déroulement de tous les événements, passés et futurs, dans leurs moindres détails. « Rien ne serait incertain pour elle, poursuivit-il, et l'avenir, comme le passé, serait présent à ses yeux. » Cette idée est parodiée dans *Le Guide du voyageur galactique*, de Douglas Adams, lorsque le superordinateur *Pensées Profondes*, qui réfléchit sur la Question Ultime de l'Univers, de la Vie et du Reste, répond au bout de sept millions et demi d'années : 42.

Pour les astronomes de cette époque, Laplace avait globalement raison. *Pensées Profondes* aurait obtenu d'excellentes réponses, comme ses actuels homologues du monde réel. Mais lorsque les astronomes commencèrent à poser des questions plus difficiles, il devint clair que si Laplace pouvait avoir raison en principe, il y avait néanmoins un problème. Parfois, la prédiction de l'évolution d'un système, même sur seulement quelques jours, exigeait que l'on dispose *maintenant* de données fantastiquement précises sur l'état de ce système. Cet effet s'appelle le chaos et a totalement changé notre vision de la relation entre déterminisme et prédictibilité. Nous pouvons parfaitement connaître les lois d'un système déterministe mais être pourtant incapables de prédire son évolution. Paradoxalement, le problème ne vient pas du futur. Il vient du fait que nous ne pouvons connaître le présent avec une précision suffisante.

Certaines équations différentielles sont faciles à résoudre et leurs solutions ont un bon comportement. Ce sont des équations linéaires, ce qui signifie grosso modo qu'elles décrivent des effets proportionnels aux causes. Elles se rencontrent souvent dans la nature lorsque les changements sont petits, et les premiers physiciens mathématiciens acceptèrent cette limitation afin de pouvoir progresser. Les équations non linéaires sont difficiles – elles furent souvent impossibles à résoudre avant l'arrivée des ordinateurs rapides – mais sont habituellement de meilleurs modèles de la nature. À la fin du XIXe siècle, le mathématicien français Henri Poincaré introduisit une nouvelle approche des équations différentielles non linéaires, fondée sur la géométrie plutôt que sur les nombres. Son idée, la « théorie qualitative des équations différentielles », déclencha une lente révolution dans notre capacité à traiter la non-linéarité.

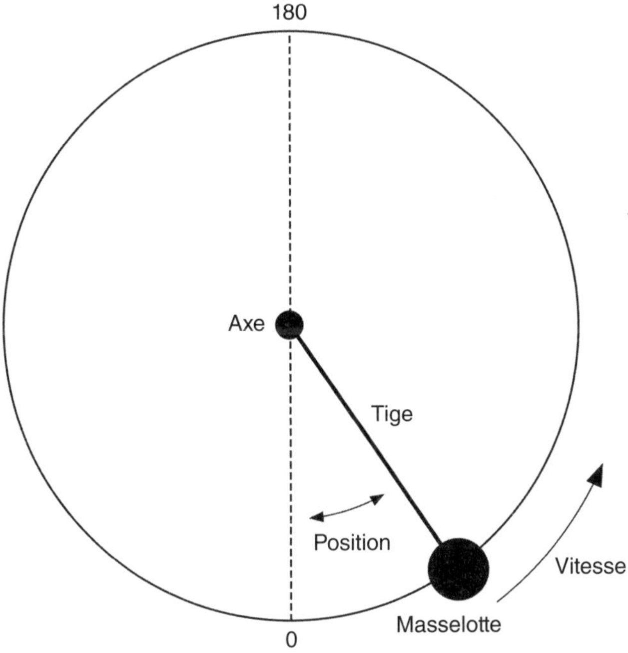

Figure 13. Un pendule et les deux variables qui définissent son état : sa *position*, mesurée par un angle de sens anti-horaire, et sa *vitesse* (angulaire), elle aussi mesurée dans le sens anti-horaire.

Pour comprendre ce qu'il fit, prenons un système physique simple : le pendule. Le modèle le plus simple est une tige ayant à une extrémité une masselotte et se balançant autour d'un point fixe dans un plan vertical. La force de gravité attire la masselotte vers le bas – nous supposerons pour commencer qu'aucune autre force n'agit, pas même le frottement. Dans une horloge à balancier, comme les horloges comtoises, nous savons tous ce qui se passe : le balancier effectue des va-et-vient réguliers. (Un ressort ou un poids sur une poulie compense la perte d'énergie due au frottement.) Selon la légende, Galilée eut l'idée d'une horloge à balancier alors que, regardant un lustre se balancer dans une église, il remarqua que la durée des oscillations était la même quelle que soit leur amplitude. Un modèle linéaire confirme cela tant que les oscillations restent très faibles, mais un modèle non linéaire, plus précis, montre que ce n'est pas vérifié pour des oscillations plus importantes.

La manière traditionnelle de modéliser ce mouvement est d'écrire une équation différentielle fondée sur les lois de Newton. L'accélération de la masselotte dépend de la manière dont la force de gravitation agit dans la direction du mouvement de la masselotte, à savoir la tangente au cercle à l'endroit où se trouve la masselotte. À tout instant, la vitesse se déduit de l'accélération et la position se déduit de la vitesse. L'état dynamique du pendule dépend de ces deux variables : la position et la vitesse. Par exemple, si au départ, le pendule pend verticalement vers le bas avec une vitesse nulle, il reste dans cette position, mais si sa vitesse initiale est différente de zéro, il se met à osciller.

La résolution du modèle non linéaire qui en résulte est difficile ; si difficile que pour obtenir la solution exacte, on a inventé de nouveaux gadgets mathématiques appelés « fonctions elliptiques ». L'innovation de Poincaré fut de penser de façon géométrique. Les deux variables position et vitesse sont les coordonnées d'un espace appelé « espace des états », qui représente toutes les combinaisons possibles de ces deux variables – tous les états dynamiques possibles. La position est un angle, que l'on mesure habituellement à partir du bas dans le sens anti-horaire. Comme 360° est le même angle que 0°, cette coordonnée couvre le cercle tout entier, ainsi que le montre l'illustration. La vitesse est en fait une vitesse angulaire, et peut prendre n'importe quelle valeur réelle : positive pour le mouvement anti-horaire, négative pour le mouvement horaire. L'espace des états (également appelé « espace des phases » pour des raisons qui m'échappent) est donc un cylindre, infiniment long, de section circulaire. Un point le long du cylindre représente la vitesse, l'angle au niveau de ce point représente la position.

Si on lance le pendule depuis une certaine position et avec une certaine vitesse – repérées par un point sur le cylindre –, ces deux nombres changent avec le temps, conformément à l'équation différentielle. Le point se déplace sur la surface du cylindre en dessinant une courbe (de temps en temps, il marque un arrêt). Cette courbe est la trajectoire correspondant à cet état initial et nous dit comment se déplace le pendule. Des états initiaux différents donnent des courbes différentes. Si l'on reporte sur une feuille (Figure 14) une sélection représentative de ces états initiaux, on obtient un élégant diagramme appelé « portrait de phase ». Sur ce diagramme, j'ai découpé le cylindre verticalement à 270° et je l'ai mis à plat pour faire apparaître la géométrie.

La plupart des trajectoires sont des courbes lisses. Toutes celles qui sortent par la droite reviennent par la gauche, car elles sont continues sur le cylindre, de sorte que la plupart d'entre elles se referment sur elles-mêmes. Ces trajectoires lisses sont toutes périodiques : le pendule répète éternellement les mêmes mouvements. Les trajectoires qui entourent le point A sont analogues à celle des horloges comtoises ; le pendule se balance sans jamais passer par la position verticale à 180°. Les autres trajectoires, au-dessus et en dessous des courbes en gras, correspondent aux tours complets du pendule, à la manière d'une fronde, dans le sens anti-horaire (au-dessous de la courbe en gras) ou horaire (ci-après).

Le point A correspond à l'état où le pendule est immobile et pend à la verticale. Le point B est plus intéressant (et on ne le rencontre pas avec une horloge comtoise) : le pendule est immobile et pointe vers le haut, à la verticale. En théorie, il peut rester éternellement dans cette position, mais en pratique, cet état est instable. La plus infime perturbation suffit pour déstabiliser le pendule et le ramener tête en bas. Le point A est stable : les petites perturbations ne font que placer le pendule sur une courbe fermée toute proche, de sorte qu'il se borne à osciller légèrement.

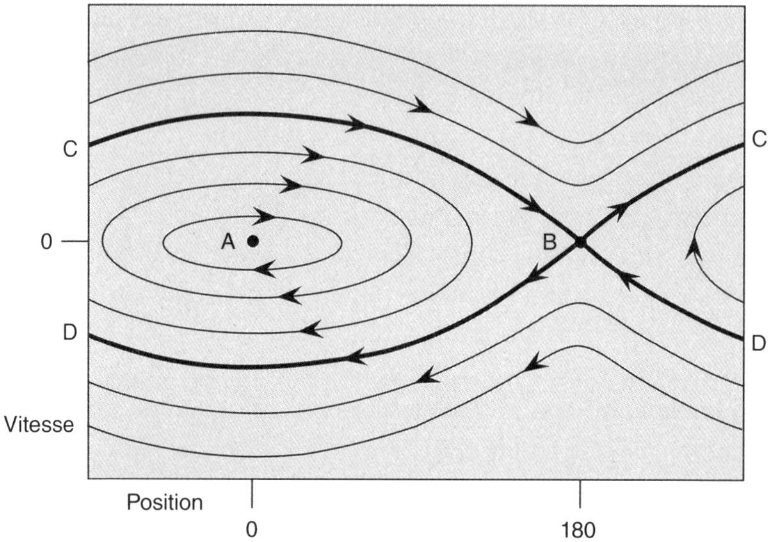

Figure 14. Portrait de phase du pendule. La position étant un angle, il faut identifier les côtés gauche et droit du rectangle. A : centre. B : point selle. C : trajectoire homocline. D : autre trajectoire homocline.

Les courbes en gras C et D sont particulièrement intéressantes. La courbe C décrit ce qui arrive si on lâche le pendule très près de la verticale en lui donnant une infime pichenette pour qu'il parte dans le sens anti-horaire et remonte de l'autre côté jusqu'à presque atteindre la verticale. Si la pichenette est finement dosée, il remonte en ralentissant de plus en plus pour atteindre la verticale en un temps infini. Si on inverse le temps, le pendule tend également vers la verticale, mais depuis l'autre côté. Cette trajectoire est dite « homocline » : elle reste confinée sur le même (*homo*) état stationnaire durant un temps infini positif ou négatif. D est une seconde trajectoire homocline ; elle correspond à une rotation horaire.

Nous avons maintenant décrit toutes les trajectoires possibles : deux états stationnaires, en A (stable) et B (instable) ; deux types d'état périodique : l'horloge comtoise et la fronde ; et deux trajectoires homoclines : anti-horaire en C, horaire en D. En outre, les caractéristiques en A, B, C et D structurent tout cela en un tout cohérent. Nombre d'informations sont toutefois manquantes, en particulier ce qui est lié au temps. Par exemple, le diagramme ne nous donne pas la période des trajectoires périodiques. (Les flèches nous donnent des indications : le sens dans lequel la trajectoire est parcourue au fil du temps.) Il faut cependant un temps infini pour parcourir entièrement une trajectoire homocline, car plus le pendule s'approche de la position verticale, plus il ralentit. La période de toute trajectoire fermée voisine est donc très grande, et plus cette trajectoire est proche de C ou D, plus sa période est grande. C'est la raison pour laquelle Galilée avait raison pour les petites oscillations, mais pas pour les plus grandes.

Un point stationnaire (ou d'équilibre) comme A s'appelle un centre. Un point comme B est un point-selle, et les courbes en gras de son voisinage sont cruciformes. Deux d'entre elles, de sens opposés, pointent vers B ; les deux autres s'en éloignent. Je les appellerai respectivement ensemble entrant et ensemble sortant de B. (La littérature technique les appelle variétés stables et instables, ce que je trouve un peu déroutant. L'idée est que les points de l'ensemble entrant se dirigent vers B, de sorte que cet ensemble définit la direction « stable ». Les points de l'ensemble sortant s'éloignent de B et cet ensemble définit la direction « instable ».)

Le point A est entouré de courbes fermées. Cela tient au fait que nous avons ignoré le frottement et donc que l'énergie est conservée. Chaque courbe correspond à une valeur particulière de l'énergie, qui est la somme de l'énergie cinétique (liée à la vitesse) et de l'énergie potentielle (qui est due à la pesanteur et dépend de la position). Si on introduit un petit frottement, on obtient un pendule « amorti » et le diagramme change. Les trajectoires fermées se transforment en spirales, et le centre A en puits, ce qui signifie que tous les états voisins se dirigent vers lui. Le point-selle B reste un point-selle, mais l'ensemble sortant C se scinde en deux parties, qui toutes deux spiralent vers A. C'est ce que l'on appelle une trajectoire hétérocline ; elle relie B à un autre (*hétéro*) état stationnaire A. L'ensemble entrant D se scinde lui aussi en deux, et chaque moitié s'enroule sur le cylindre sans jamais s'approcher de A.

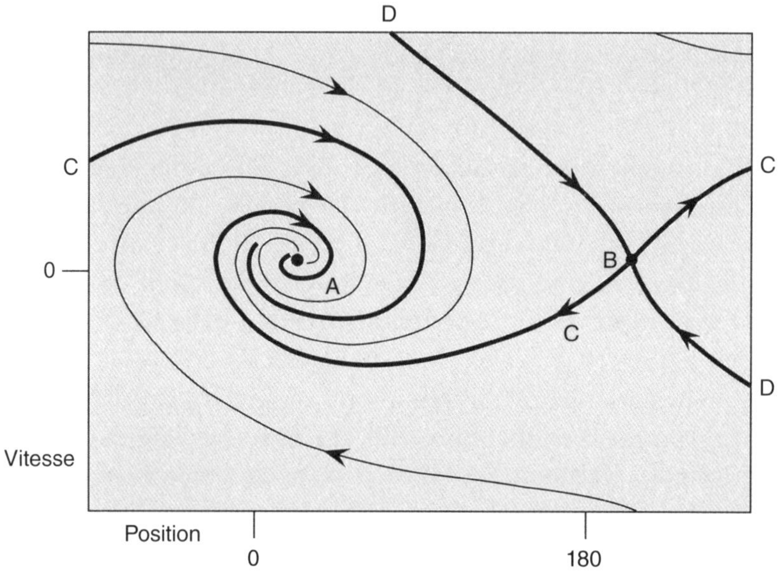

Figure 15. Portrait de phase d'un pendule amorti. A : puits. B : point de selle. C : deux branches de l'ensemble sortant du point de selle, formant des connexions hétéroclines avec le puits. D : deux branches de l'ensemble entrant du point de selle.

Ces deux exemples, le pendule libre et le pendule amorti, illustrent toutes les principales caractéristiques des portraits de phase dans le cas d'un espace des états bidimensionnel, autrement dit, déterminé par deux variables. Il faut toutefois qu'en plus des puits, il y ait des sources : des points stationnaires d'où partent des trajectoires. Si vous inversez toutes les flèches, A devient une source. Il faut également qu'il puisse y avoir des trajectoires fermées même lorsque l'énergie n'est pas conservée, par exemple dans un modèle mécanique non soumis au frottement. Lorsqu'elles existent, ces trajectoires fermées sont habituellement isolées – il n'y a pas d'autres trajectoires fermées dans leur voisinage. Une trajectoire fermée de ce type apparaît, par exemple, dans un modèle standard de battement cardiaque et correspond à un cœur battant normalement. Tout point initial voisin spirale de plus en plus près de la trajectoire fermée, de sorte que le pouls est stable.

Poincaré et Ivar Bendixson ont démontré un célèbre théorème qui dit en substance que toute équation différentielle bidimensionnelle standard peut avoir un nombre variable de puits, sources, points-selles et cycles fermés – éventuellement séparés par des trajectoires homoclines et hétéroclines – mais rien d'autre. Tout cela est relativement simple, et nous connaissons toutes les principales composantes. Nous le verrons, lorsqu'il y a au moins trois variables d'état, la situation change spectaculairement.

En 1961, le météorologue Edward Lorenz travaillait sur un modèle simplifié de convection atmosphérique. Utilisant un ordinateur pour résoudre numériquement ses équations, il dut soudain s'interrompre pendant l'exécution d'un programme. Il rerentra alors ses données à la main pour reprendre ses calculs, avec un certain chevauchement pour vérifier que tout allait bien. Au bout d'un temps, les résultats divergèrent par rapport à ses premiers calculs au point qu'il se demanda s'il ne s'était pas trompé en rerentrant les données. Mais une vérification lui montra qu'il n'en était rien. Finalement, il découvrit que l'ordinateur travaillait sur des nombres contenant plus de chiffres qu'il n'en imprimait. Pour une raison ou une autre, cette minuscule différence « explosait » et affectait les chiffres qui n'étaient pas imprimés. Lorenz écrivit : « Un météorologue a remarqué que si la théorie était correcte, un battement d'aile de mouette pouvait changer à jamais les conditions météorologiques. »

Cette remarque se voulait critique, mais Lorenz avait raison. La mouette se mua rapidement en un plus poétique papillon, et cette découverte fut baptisée « effet papillon ». Pour l'étudier, Lorenz utilisa l'approche géométrique de Poincaré. Ses équations ayant trois variables, l'espace des états est donc un espace tridimensionnel. L'illustration page 150 montre une trajectoire typique. Elle débute en bas à droite et prend rapidement la forme d'un masque dont la moitié gauche sort de la page pour se rapprocher de nous tandis que sa moitié droite s'éloigne de nous. Cette trajectoire spirale un temps à l'intérieur d'une moitié, puis saute sur l'autre moitié et poursuit cette alternance. Ces sauts d'une moitié à l'autre sont irréguliers – et apparemment aléatoires – et la trajectoire n'est pas périodique.

Si vous entrez d'autres conditions initiales, vous obtenez une autre trajectoire, mais qui finit par spiraler au sein de la même forme de masque.

C'est la raison pour laquelle cette forme s'appelle un « attracteur ». Elle ressemble à deux surfaces planes, une pour chaque moitié, qui se rencontrent et fusionnent en haut au centre. Or un théorème fondamental sur les équations différentielles dit que les trajectoires ne fusionnent jamais. Autrement dit, les deux surfaces distinctes sont nécessairement superposées, très proches l'une de l'autre. Toutefois, cela implique que la surface du bas est en fait constituée de deux couches. Mais alors, les surfaces fusionnées contiennent elles aussi deux couches, de sorte que la surface de base possède en fait quatre couches. Mais alors…

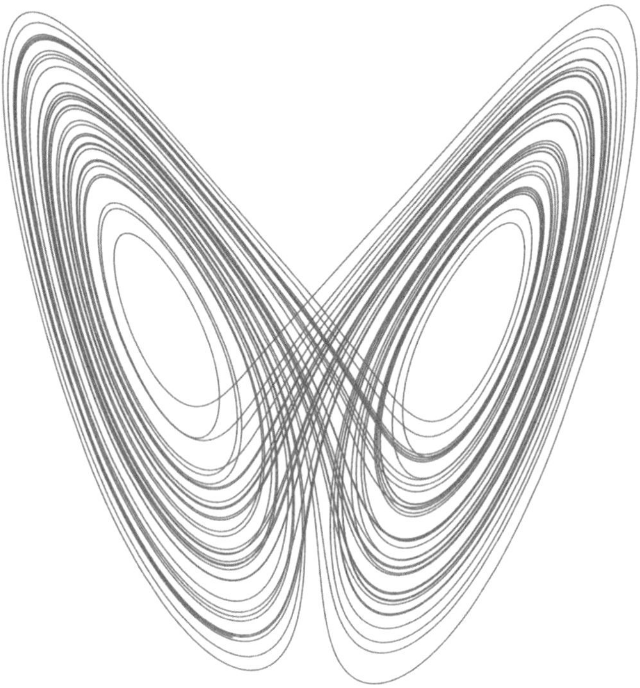

Figure 16. La trajectoire typique des équations de Lorenz dans un espace tridimensionnel converge vers un attracteur chaotique.

La seule solution est que toutes les surfaces apparentes contiennent une infinité de couches, étroitement intercalées de manière complexe. C'est là un exemple de fractale, nom donné par Benoît Mandelbrot à toute forme possédant la même structure quelle que soit l'échelle à laquelle vous la regardez.

Lorenz observa que cette forme étrange expliquait pourquoi la seconde exécution de son programme avait différé de la première. Imaginez deux trajectoires débutant très proches l'une de l'autre. Elles se dirigent toutes deux vers une moitié de l'attracteur, disons la moitié gauche, et toutes deux spiralent à l'intérieur de cette moitié. Mais à un moment, elles commencent à se séparer – elles restent sur l'attracteur, mais divergent. Lorsqu'elles approchent du milieu, où les surfaces fusionnent, l'une d'elles peut sauter sur la moitié droite tandis que l'autre décrit quelques spirales supplémentaires sur la moitié gauche. Lorsque cette dernière passe sur la moitié droite, l'autre est déjà si loin qu'elle se déplace de manière pratiquement indépendante.

Cette divergence est le moteur de l'effet papillon. Sur ce type d'attracteur, les trajectoires mutuellement proches au départ divergent et deviennent pratiquement indépendantes – même si elles vérifient toutes la même équation différentielle. Cela signifie que vous ne pouvez pas prédire exactement l'état futur du système, car toute infime erreur initiale va s'amplifier pour atteindre une taille comparable à celle de l'attracteur tout entier. Ce type de dynamique s'appelle le chaos et explique pourquoi certains aspects de la dynamique semblent entièrement aléatoires. Pourtant, le système est totalement déterministe et les équations ne contiennent rien qui soit explicitement aléatoire[2].

Lorenz qualifiait d'« instable » ce comportement, mais nous le considérons aujourd'hui comme un nouveau type de stabilité, associé à un attracteur. Pour le dire simplement, un attracteur est une région de l'espace des états telle que toute condition initiale débutant près de cette région converge vers une trajectoire située dans cette région. Contrairement aux attracteurs traditionnels des mathématiques classiques – les points et boucles fermées –, les attracteurs chaotiques ont une topologie plus complexe – ils sont fractals.

Un attracteur peut être un point ou une boucle fermée, ce qui correspond respectivement à un état stationnaire ou un état périodique. Mais à partir de trois dimensions, il peut être bien plus complexe. L'attracteur est lui-même un objet stable, et sa dynamique est robuste : si le système est soumis à une petite perturbation, la trajectoire peut changer spectaculairement, *mais elle reste sur le même attracteur*. En fait, presque toute trajectoire située sur l'attracteur explore la totalité de l'attracteur dans le sens où elle finit par être aussi proche que l'on veut de tout point de l'attracteur. Au bout d'un temps infini, presque toutes les trajectoires forment un ensemble dense dans l'attracteur.

Une stabilité de ce type signifie que le comportement chaotique est physiquement possible, à la différence de la notion usuelle d'instabilité, pour laquelle les états instables – par exemple, le crayon en équilibre sur sa mine – ne s'observent habituellement pas dans la réalité. Mais dans cette notion plus générale de stabilité, les détails ne sont pas reproductibles, seule l'est la « texture » d'ensemble. Le nom technique attribué à l'observation de Lorenz reflète cette situation : il n'est pas « effet papillon », mais « sensibilité aux conditions initiales ».

L'article de Lorenz déconcerta la plupart des météorologues, qui craignaient que cet étrange comportement soit dû au fait que son modèle était trop simplifié. Il ne leur vint pas à l'esprit que si un modèle simple conduisait à un comportement aussi étrange, un modèle complexe pouvait donner un comportement encore plus étrange. Leur « intuition physique » leur disait qu'un modèle plus réaliste se comporterait mieux. Nous verrons au chapitre 11 qu'ils avaient tort. Pendant longtemps, les mathématiciens n'accordèrent pas d'attention à l'article de Lorenz parce qu'ils ne lisaient pas les revues météorologiques. Lorsque finalement ils le remarquèrent, ce fut uniquement parce que l'américain Stephen Smale suivait une piste mathématique encore plus ancienne, repérée par Poincaré dans les années 1887-1890.

Poincaré avait appliqué sa méthode géométrique au légendaire problème à trois corps : comment un système de trois corps – par exemple, la Terre, la Lune et le Soleil – se comporte-t-il sous l'action de la gravitation newtonienne ? Après avoir corrigé une importante erreur, il conclut que ce comportement pouvait être extraordinairement complexe. « On est frappé par la complexité de cette figure que je ne tente même pas de dessiner, » écrivit-il. Dans les années 1960, Smale, le Russe Vladimir Arnold et d'autres mathématiciens élargirent l'approche de Poincaré et élaborèrent une puissante théorie systématique des systèmes dynamiques non linéaires reposant sur la topologie – une forme flexible de géométrie dont Poincaré avait également été l'un des pionniers. La topologie traite des propriétés géométriques qui restent inchangées lors de déformations continues, telles que la formation d'un nœud à partir d'une courbe fermée ou la désagrégation d'une forme en éléments disjoints. Smale espérait classifier tous les types qualitatifs de comportement dynamiques susceptibles d'exister. Son projet se révéla trop ambitieux, mais il découvrit en chemin la présence de chaos dans certains modèles simples et estima que ce phénomène était probablement très répandu. Les mathématiciens finirent par tomber sur l'article de Lorenz et se rendirent compte que son attracteur était un autre exemple, plutôt fascinant, de chaos.

Les bases géométriques que nous avons rencontrées dans l'étude du pendule se retrouvent en partie dans les systèmes plus généraux. L'espace des états est maintenant multidimensionnel, avec une dimension pour chaque variable dynamique. (« Multidimensionnel » n'a rien de mystérieux ; il signifie simplement que vous avez une longue liste de variables algébriques. Mais vous pouvez vous représenter la géométrie de cet espace par analogie avec les espaces à deux et trois dimensions.) Les trajectoires sont encore des courbes ; le portrait de phase est un système de courbes dans un espace à plusieurs dimensions. Il y a des états stationnaires, des trajectoires fermées représentant des états périodiques, et des connexions homoclines et hétéroclines. Il y a des généralisations des ensembles entrants et ensembles sortants, comme ceux associés au point selle dans le modèle du pendule. Le principal élément supplémentaire est qu'à partir de trois dimensions, il peut y avoir des attracteurs chaotiques.

L'arrivée des ordinateurs rapides et puissants a donné un nouvel élan à l'ensemble du sujet en rendant plus facile l'étude des systèmes non linéaires par approximation numérique du comportement du système. Cette option a toujours été disponible en principe, mais l'exécution à la main de milliards ou de milliers de milliards de calculs n'était pas une option viable. De nos jours, une machine peut faire ce travail, et contrairement à un calculateur humain, elle ne fait pas d'erreurs de calcul.

La synergie de ces trois forces motrices – l'intuition topologique, le besoin d'applications et la puissance informatique brute – a révolutionné notre compréhension des systèmes non linéaires, du monde naturel et de l'ensemble des préoccupations humaines. L'effet papillon, en particulier, suggère que les systèmes chaotiques ne sont prédictibles que sur une période de temps limitée par un « horizon prédictif ». Au-delà, la prédiction devient *inévitablement* trop imprécise pour être utile. Pour la météo, cet horizon est de quelques jours. Pour les marées, de nombreux mois. Pour les planètes du Système solaire, des dizaines de millions d'années. Mais pour la position de notre planète dans 200 millions d'années, nous sommes pratiquement sûrs que son orbite n'aura pas beaucoup changé, mais nous n'avons aucune idée de l'endroit où elle sera sur cette orbite.

Nous pouvons toutefois dire encore bien des choses sur le comportement à long terme en un sens statistique. Les valeurs moyennes des variables le long d'une trajectoire, par exemple, sont les mêmes pour toutes les trajectoires de l'attracteur, à condition d'ignorer des choses rares telles que les trajectoires périodiques instables, susceptibles de coexister à l'intérieur de l'attracteur. Cette égalité des valeurs moyennes est due au fait que presque toutes les trajectoires explorent chaque région de l'attracteur et donc que les valeurs moyennes dépendent uniquement de l'attracteur. La caractéristique la plus importante de ce type est appelée « mesure invariante ». Nous en reparlerons au chapitre 11 lorsque nous examinerons la relation entre météo et climat, et au chapitre 16 lorsque nous nous interrogerons sur l'incertitude quantique.

Nous savons déjà ce qu'est une mesure. C'est une généralisation de choses telles que l'« aire » et qui attribue une valeur numérique à des sous-ensembles appropriés d'un espace donné, presque comme le fait une distribution de probabilité. Ici, l'espace pertinent est l'attracteur. La manière la plus simple de décrire la mesure qui lui est associée est de prendre une trajectoire dense dans l'attracteur – c'est-à-dire une trajectoire qui est aussi proche que l'on veut d'un point de l'attracteur pourvu que l'on attende suffisamment longtemps. Étant donnée une région de l'attracteur, on lui attribue une mesure en suivant cette trajectoire durant très longtemps et en calculant la proportion de temps qu'elle passe à l'intérieur de cette région. Si vous attendez suffisamment longtemps, vous obtenez la mesure de cette région. Comme la trajectoire est dense, cela définit effectivement la probabilité pour qu'un point de l'attracteur choisi au hasard se trouve dans cette région[3].

Il y a de nombreuses façons de définir une mesure sur un attracteur. La mesure que nous voulons a une particularité : elle est un invariant dynamique. Si nous prenons une région et laissons tous ses points se déplacer sur leurs trajectoires pendant un temps donné, c'est de fait cette région toute entière qui se déplace. L'invariance signifie que lorsque la région se déplace, sa mesure reste identique. Toutes les caractéristiques statistiques importantes d'un attracteur peuvent se déduire de sa mesure invariante. Ainsi, malgré le chaos, nous pouvons faire des prédictions statistiques et émettre des spéculations sur l'avenir accompagnées d'estimations de leur fiabilité.

Les systèmes dynamiques, leurs caractéristiques topologiques et les mesures invariantes allant souvent intervenir dans la suite du livre, autant éclaircir maintenant quelques points supplémentaires tant que le sujet est encore frais dans notre esprit.

Il existe deux types d'équations différentielles. Une équation différentielle ordinaire décrit l'évolution d'un nombre fini de variables en fonction du temps. Ces variables peuvent être par exemple la position des planètes du Système solaire. Une équation aux dérivées partielles décrit une grandeur qui dépend simultanément de l'espace et du temps. Elle lie les vitesses de changement dans le temps aux vitesses de changement dans l'espace. Par exemple, les ondes à la surface de l'océan ont une structure qui est à la fois spatiale et temporelle : elles génèrent des formes, et ces formes se déplacent. Une équation aux dérivées partielles relie, en un endroit donné, la vitesse de déplacement de l'eau à la variation de sa forme globale. La plupart des équations de la physique mathématique sont des équations aux dérivées partielles.

Aujourd'hui, tout système d'équations différentielles ordinaires est appelé un « système dynamique », et il est commode d'étendre métaphoriquement ce terme aux équations aux dérivées partielles, que l'on peut considérer comme des équations différentielles à une infinité de variables. Ainsi, grosso modo, j'utiliserai l'expression « système dynamique » pour désigner tout ensemble de règles mathématiques qui détermine le comportement futur d'un système en fonction de son état – les valeurs de ses variables – à chaque instant.

Les mathématiciens distinguent deux types de systèmes dynamiques : les systèmes discrets et les systèmes continus. Dans un système discret, le temps se compte par nombres entiers, comme le fait la trotteuse d'une montre. Une règle nous dit ce que devient l'état actuel, un *tic* après le *tac*. Appliquons de nouveau la règle et nous obtenons l'état du système un *tac* après le *tic*, et ainsi de suite. Pour trouver ce qui se passera dans un million de *tic* et de *tac*, il suffit d'appliquer la règle un million de fois. À l'évidence, un tel système est déterministe : étant donné l'état initial, tous les états ultérieurs sont déterminés de manière unique par la règle mathématique. Si la règle est réversible, tous les états passés sont également déterminés de manière unique.

Dans un système continu, le temps est une variable continue. La règle devient une équation différentielle, qui précise la vitesse à laquelle les variables changent à tout moment. Sous réserve de conditions techniques qui sont presque toujours valides, on peut en principe, pour un état initial donné, déduire ce que devient cet état à tout autre instant, passé ou futur.

L'effet papillon est suffisamment célèbre pour que Terry Pratchett l'ait ironiquement qualifié de « papillon météo quantique » dans ses livres sur le disque-monde *Tribulations d'un mage en Aurient* et *Pieds d'argile*. On sait moins que la dynamique déterministe recèle de nombreuses autres sources d'incertitude. Supposez que l'on ait plusieurs attracteurs. On peut se poser la question fondamentale suivante : étant données des conditions initiales, vers quel attracteur converge le système ? La réponse dépend de la géométrie des « bassins d'attraction ». Le bassin d'un attracteur est, dans l'espace des états, l'ensemble des conditions initiales dont les trajectoires convergent vers cet attracteur. Cela ne fait que reformuler la question, mais les bassins divisent l'espace des états en régions, une pour chaque attracteur, et on peut déterminer l'emplacement de ces régions. Les bassins ont souvent des frontières simples, comme les frontières entre pays sur une carte. La principale incertitude sur la destination finale survient uniquement pour les états initiaux très proches de ces frontières. Toutefois, la topologie des bassins peut être bien plus complexe et générer de l'incertitude pour un large éventail de conditions initiales.

Si l'espace des états est plan et si les régions ont des formes relativement simples, seules deux d'entre elles peuvent alors avoir une frontière courbe commune. Les autres régions ne peuvent avoir qu'un *point* frontière commun. Mais en 1917, Kunizo Yoneyama démontra que trois régions suffisamment complexes peuvent avoir une frontière commune non constituée de points isolés. Il attribua cette idée à son maître Takeo Wada, et sa construction s'appelle les lacs de Wada.

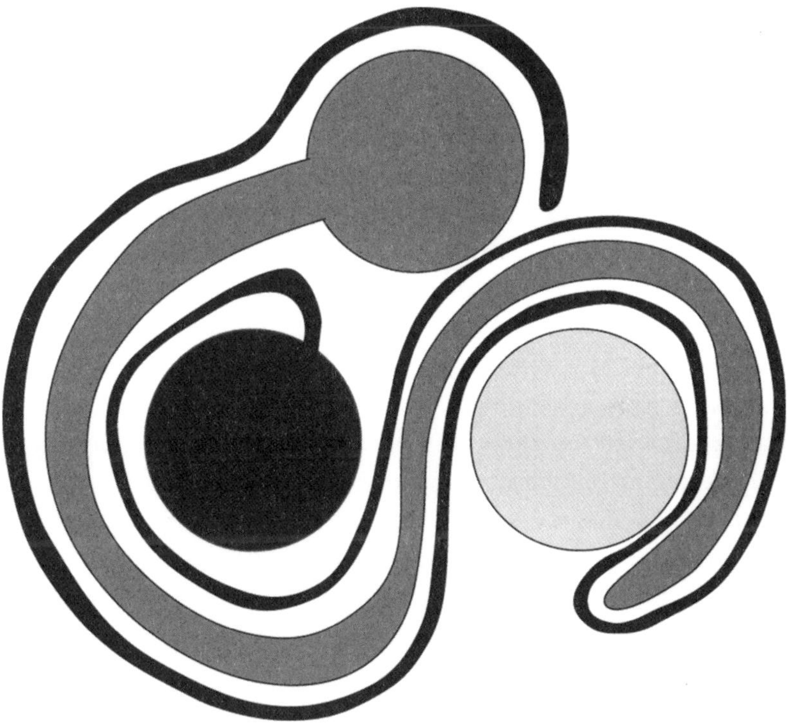

Figure 17. Premières étapes de la construction des lacs de Wada. Chaque disque émet des protubérances de plus en plus fines qui se faufilent entre les autres disques. Ce processus continue à l'infini, comblant ainsi les vides entre les régions.

Un système dynamique peut avoir des bassins d'attractions qui se comportent comme les lacs de Wada. Un important exemple de ce phénomène survient naturellement en analyse numérique, dans la méthode de Newton-Raphson. Cette méthode vénérable est un algorithme donnant les solutions d'une équation algébrique par une série d'approximations successives qui transforme cette équation en un système dynamique discret dans lequel le temps progresse d'une unité à chaque itération. Les bassins de Wada apparaissent également dans des systèmes physiques, par exemple lors de la réflexion de la lumière sur quatre sphères contiguës. Les bassins sont les quatre ouvertures situées entre les sphères, à travers lesquelles se glissent les rayons lumineux.

Les bassins criblés de trous – comme une passoire – sont une version plus extrême de bassins de Wada. Aujourd'hui, nous connaissons précisément les attracteurs que l'on peut y rencontrer, mais leurs bassins sont si entrelacés que nous ignorons totalement vers quel attracteur se dirigera le système. Chaque région de l'espace des états, aussi petite soit-elle, contient des points initiaux qui aboutissent sur différents attracteurs. Si nous connaissions *exactement* les conditions initiales, avec une précision infinie, nous pourrions prédire l'attracteur final, mais la moindre erreur rend la destination finale imprévisible. Le mieux que nous puissions faire, c'est estimer la *probabilité* de convergence vers un attracteur donné.

Les bassins criblés de trous ne sont pas de simples curiosités mathématiques. Ils apparaissent dans nombre de systèmes physiques standard et importants. Par exemple, un pendule soumis en son point de suspension à une force périodiquement variable et à un léger frottement a pour attracteurs divers états périodiques. Judy Kennedy et James Yorke ont montré que leurs bassins d'attraction sont criblés de trous[4].

11

L'usine à prévoir le temps

« Une belle journée d'hiver annonce la tempête. »

George Herbert, *Proverbes farfelus*

Peu de choses sont moins certaines que la météo. Pourtant, la physique sous-jacente est très bien comprise et nous connaissons les équations. Pourquoi alors la météo est-elle si imprévisible ?

Les premiers pionniers de la prévision météo numérique, qui espéraient prédire le temps en résolvant des équations, étaient des optimistes. On prévoyait couramment les marées plusieurs mois à l'avance. Pourquoi pas le temps ? Ces espoirs se trouvèrent douchés lorsqu'il devint clair que le temps est une chose différente. Les caractéristiques de sa physique le rendent imprévisible à long terme, quelle que soit la puissance de votre ordinateur. Tous les modèles informatiques sont des approximations, et si, sans autre précaution, vous cherchez à rendre les équations plus réalistes, vous risquez au contraire d'altérer davantage la fiabilité de vos prédictions.

L'amélioration des observations ne s'avère pas nécessairement plus utile. La prédiction est un problème de valeur initiale : partant de l'état actuel de l'atmosphère, on résout les équations pour prédire son comportement futur. Mais si la dynamique est chaotique, la moindre erreur, aussi petite soit-elle, sur la mesure de l'état actuel de l'atmosphère s'amplifie exponentiellement et la prévision n'a plus aucune valeur. Ainsi que l'a découvert Lorenz pendant son travail sur un modèle météorologique extrêmement simplifié, le chaos rend impossible toute prévision précise au-delà d'un certain horizon prédictif. Pour la vraie météo, cet horizon est de quelques jours, même avec les modèles les plus réalistes utilisés par les météorologues.

En 1922, Lewis Fry Richardson eut une vision de l'avenir, qu'il rendit publique dans *Weather Prediction by Numerical Process* (La prévision météorologique par processus numérique). Partant des principes physiques sous-jacents, il avait déduit un ensemble d'équations mathématiques décrivant l'état de l'atmosphère et se proposait de l'utiliser pour faire des prévisions météorologiques. Il suffisait d'entrer les données du jour et de résoudre les équations pour prédire le temps de demain. Il envisagea de monter ce qu'il appela une « usine à prévoir le temps » : un immense bâtiment plein de « calculateurs » (c'est-à-dire de personnes sachant calculer) effectuant un gigantesque calcul sous la direction du patron. Cet auguste personnage serait « comme le chef d'un orchestre dont les instruments sont des règles à calcul et des machines à calculer. Mais au lieu de diriger ce monde avec une baguette, il projette une lumière rosée sur toute région qui est en avance sur les autres et une lumière bleue sur celles qui sont en retard. »

De nombreuses versions de l'usine à prévoir le temps de Richardson existent aujourd'hui, mais sous une forme différente : ce sont des centres de prévisions météorologiques pourvus de superordinateurs électroniques et non plus de centaines de personnes assises devant des calculatrices mécaniques. À son époque, le mieux que Richardson pouvait faire était de prendre une machine à calculer et de faire les calculs lui-même, lentement et laborieusement. Le 20 mai 1910, il s'essaya à la « prévision » météorologique numérique en calculant, à partir d'observations météorologiques réalisées à 7 heures du matin, le temps qu'il ferait six heures plus tard. Ses calculs, qui lui prirent plusieurs jours, indiquèrent une importante élévation de la pression. Mais en réalité, la pression n'avait guère changé.

Le travail de pionnier est toujours maladroit, et il s'avéra par la suite que la stratégie de Richardson était bien meilleure que ne le suggérait ce résultat. Il avait les bonnes équations et avait fait les bons calculs, mais sa tactique était défectueuse parce que les équations réalistes de l'atmosphère sont numériquement instables. Quand vous convertissez les équations en format numérique, vous ne calculez pas les grandeurs – par exemple, la pression – en tout point de l'espace ; vous les calculez aux sommets d'un quadrillage. Le calcul numérique prend les valeurs en ces sommets et les met à jour sur une très courte durée en utilisant une approximation des vraies lois physiques. Les variables – telle la pression – qui déterminent le temps évoluent lentement et sur de grandes échelles. Mais l'atmosphère pouvant également être le siège d'ondes sonores, qui sont de rapides et faibles variations de pression, il en va de même pour les équations du modèle. Les solutions correspondant aux ondes sonores dans le modèle numérique peuvent entrer en résonnance avec le quadrillage, s'amplifier, et brouiller les conditions météo réelles.

Le météorologue Peter Lynch a découvert que si les méthodes de lissage actuelles avaient été utilisées pour atténuer les ondes sonores, alors les prédictions de Richardson auraient été correctes[1]. On peut parfois améliorer les prévisions météorologiques en rendant les équations du modèle moins réalistes.

L'effet papillon se rencontre dans les modèles mathématiques, mais se produit-il dans le monde réel ? Un papillon ne peut certainement pas générer un ouragan. Le battement d'ailes ajoute une infime énergie à l'atmosphère, tandis qu'un ouragan recèle une énergie immense. L'énergie n'est-elle pas conservée ? Si. Mathématiquement parlant, le battement d'ailes ne crée pas un ouragan à partir de rien. Son effet opère en cascade, déclenchant un réarrangement des régimes météo, d'abord petit et localisé, puis s'étendant rapidement jusqu'à ce que cette situation soit sensiblement différente au niveau global. L'énergie de l'ouragan, présente depuis le début, a été redéployée par le battement d'ailes. La conservation de l'énergie n'est donc pas un obstacle.

Historiquement, le chaos fut une surprise parce qu'il n'apparaît pas dans les équations suffisamment simples pour être résolues à l'aide d'une formule. Mais du point de vue géométrique de Poincaré, le chaos est tout aussi logique, et tout aussi banal, que les formes habituelles de comportement telles que les états stationnaires et les cycles périodiques. Si une région de l'espace des états se trouve localement étirée tout en restant confinée à l'intérieur d'une région bornée, l'effet papillon est inévitable. Il ne peut se produire en deux dimensions, mais survient facilement à partir de trois dimensions. Le comportement chaotique peut paraître exotique, mais il est en fait très commun dans les systèmes physiques ; en particulier, c'est pour cela que de nombreux processus de mélange industriels fonctionnent. Mais il est plus délicat de dire s'il existe dans l'atmosphère réelle. On ne peut relancer une seconde fois l'atmosphère avec pour seul changement planétaire un battement d'aile de papillon, mais des tests sur des systèmes fluides plus simples confortent l'idée qu'en principe, l'atmosphère réelle est sensible aux conditions initiales. Les critiques de Lorenz avaient tort ; l'effet papillon n'est pas qu'un défaut d'un modèle trop simplifié.

Cette découverte a changé la manière dont on détermine et présente les prévisions météorologiques. L'idée initiale était que les équations étant déterministes, l'obtention de prévisions à long terme fiables passait par l'amélioration de la précision des observations et le perfectionnement des méthodes numériques utilisées pour projeter dans le futur les données du moment. Le chaos a changé tout cela. La communauté de la prévision météorologique numérique s'est tournée vers des méthodes probabilistes, méthodes qui fournissent un éventail de prévisions et une estimation de leur précision. En pratique, seule la prévision la plus probable est présentée à la télévision ou sur les sites Web, mais elle est souvent accompagnée d'une estimation de sa probabilité, telle que « 25 % de chances de pluies ».

Ici, la technique de base s'appelle la « prévision d'ensembles ». Elle consiste à faire toute une série de prévisions au lieu d'une seule. Vous ne faites pas cela à la manière des astronomes du XIXe siècle, en répétant des observations de l'état de l'atmosphère. Non, vous vous constituez à la place un ensemble de données observationnelles et vous faites tourner votre logiciel de prévision à dix jours. Ensuite, vous faites une petite modification aléatoire des données, et vous relancez votre logiciel. Et vous recommencez, disons 50 fois. Cela vous donne 50 échantillons de ce que la prévision aurait été si vous les aviez obtenus à partir des observations aléatoirement modifiées. De fait, vous explorez l'éventail des prévisions susceptibles de découler de données proches des données observées. En comptant alors le nombre de prévisions annonçant la pluie en un endroit, vous en déduisez sa probabilité.

En octobre 1987, le présentateur météo de la BBC Michael Fish annonça à ses téléspectateurs qu'un auditeur avait appelé la chaîne pour la prévenir qu'un ouragan approchait de la Grande-Bretagne. « Si vous regardez, dit Fish, ne vous inquiétez pas, il n'y en a pas. »[2] Il ajouta que des vents violents étaient probables, mais que les pires d'entre eux resteraient confinés à l'Espagne et à la France. Cette nuit-là, la tempête de 1987 frappa le sud-est de l'Angleterre, avec des vents atteignant 220 kilomètres-heure et, dans certaines régions, des vents soutenus de plus de 130 kilomètres-heure. Quinze millions d'arbres furent abattus par le vent, des routes furent bloquées, plusieurs centaines de milliers de foyers furent privés d'électricité, des bateaux, dont un ferry de la Sealink, s'échouèrent sur la côte et un vraquier chavira. Les assurances remboursèrent 2 milliards de livres sterling de dégâts.

L'annonce de Fish reposait sur une seule prévision, la carte de droite sur le premier rang de l'illustration page 164. C'était tout ce qu'il avait à sa disposition à ce moment. Par la suite, le Centre européen pour les prévisions météorologiques à moyen terme publia une prévision d'ensembles rétrospective utilisant les mêmes données – et qui constitue le reste de l'illustration. Un quart environ de ces prévisions montrent une dépression très profonde, caractéristique d'un ouragan.

Des approches similaires peuvent être utilisées pour traiter des questions plus précises. La prédiction de la trajectoire d'un ouragan est une application importante. Les ouragans sont des systèmes météorologiques extrêmement énergiques, qui causent d'énormes dégâts lorsqu'ils frappent la terre, et leurs trajectoires sont étonnamment erratiques. Le calcul d'un ensemble de trajectoires possibles peut donner une estimation de l'endroit et du moment où il frappera, ainsi qu'une indication de la taille probable des erreurs. Les villes peuvent alors prendre des mesures préventives en disposant d'une évaluation un tant soit peu crédible du danger.

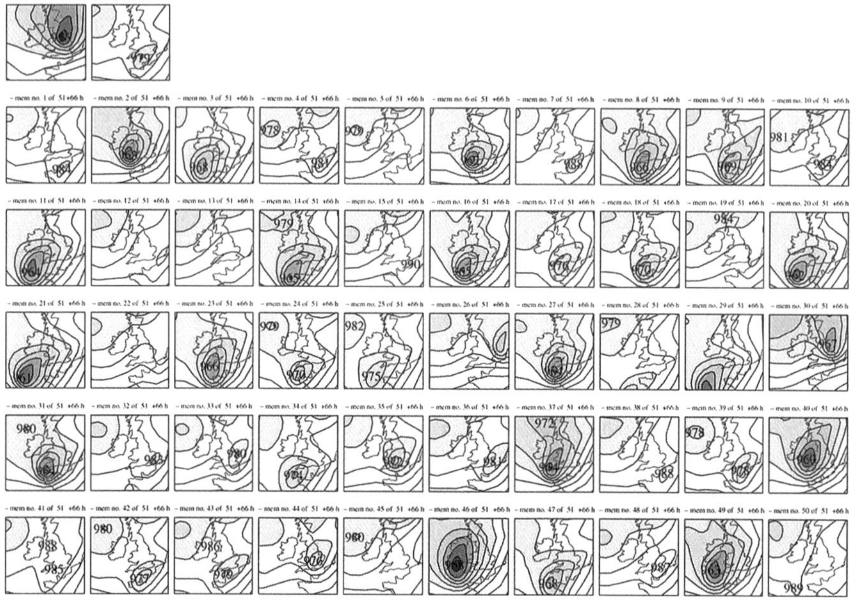

Figure 18. Prévision d'ensembles de 66 heures, du 15 au 16 octobre 1987. *Ligne du haut, seconde carte* : prévision déterministe. *Ligne du haut, première carte* : prévision alternative montrant une profonde dépression porteuse de vents destructeurs sur son bord méridional. Les 50 autres cartes montrent d'autres résultats possibles déduits de petites modifications aléatoires des conditions initiales. Sur nombre de ces cartes, on voit se développer une profonde dépression (l'ovale sombre).

De nombreux détails mathématiques interviennent dans l'amélioration des prévisions d'ensembles. Pour pouvoir contribuer à l'amélioration des techniques, leur précision doit s'évaluer a posteriori. Par nécessité, les modèles numériques approximent l'état d'une atmosphère continue par un ensemble de nombres discret. Diverses astuces mathématiques sont utilisées pour simplifier au maximum les calculs. Un grand progrès a été accompli avec la découverte de méthodes flexibles permettant d'inclure l'état des océans dans les calculs. En présence de plusieurs modèles, on peut désormais appliquer une nouvelle technique probabiliste appelée « prévision multi-modèle » : au lieu d'effectuer de nombreuses simulations en utilisant un seul modèle, vous les effectuez en utilisant un grand nombre de modèles. Cela donne une indication non seulement sur leur sensibilité aux conditions initiales, mais aussi sur leur sensibilité aux hypothèses intégrées dans le modèle.

Aux débuts de la prévision météorologique numérique, les ordinateurs n'existaient pas et il fallait des journées de calculs à la main pour prévoir le temps 12 heures à l'avance. Cela était utile en tant que preuve de concept et aidait à affiner les méthodes numériques, mais ce n'était pas pratique. Les progrès que connurent par la suite les ordinateurs permirent de déterminer les situations météorologiques avant qu'elles ne surviennent, mais même les grosses organisations officielles ne pouvaient publier qu'un bulletin météo par jour, en utilisant pourtant les ordinateurs les plus rapides. Aujourd'hui, rien n'empêche de publier 50 prévisions, voire plus, en une ou deux heures. Toutefois, plus vous utilisez de données pour améliorer la précision de vos prévisions, plus votre ordinateur doit être rapide. Les méthodes multi-modèles accroissent encore plus leur capacité.

L'atmosphère réelle est sujette à d'autres effets, et la sensibilité aux conditions initiales n'est pas toujours la cause la plus importante d'imprédictibilité. En particulier, il n'y a pas seulement un papillon. De petites modifications atmosphériques se produisent en permanence en tout point de la planète. En 1969, Edward Epstein suggéra d'utiliser un modèle statistique pour prédire l'évolution temporelle de la moyenne et de la variance des états atmosphériques. Cecil Leith remarqua que cette approche fonctionne uniquement lorsque les distributions de probabilité utilisées concordent bien avec la distribution des états atmosphériques. Par exemple, vous ne pouvez pas supposer uniquement une distribution normale. Les prévisions d'ensembles déduites de modèles déterministes mais chaotiques ont toutefois rapidement rendu obsolètes ces approches explicitement statistiques.

On pourrait espérer qu'à l'instar des petites erreurs affectant les observations astronomiques, la plupart de ces innombrables battements d'ailes s'annulent mutuellement. Mais même cela, apparemment, est trop optimiste – cette découverte est également due à Lorenz. Le fameux papillon fit son entrée en 1972, lors d'une conférence grand public donnée par Lorenz et intitulée « Le battement d'ailes d'un papillon au Brésil déclenche-t-il une tornade au Texas ? » On a longtemps supposé que ce titre faisait référence à l'article de 1963, mais Tim Palmer, A. Döring et G. Seregin[3] avancent des arguments convaincants en faveur d'une référence à un article de 1969 dans lequel il affirmait que les systèmes météorologiques sont imprédictibles en un sens bien plus fort que la sensibilité aux conditions initiales[4].

Lorenz demanda combien de jours à l'avance on pouvait prédire un ouragan. L'échelle spatiale d'un ouragan est de l'ordre du millier de kilomètres. Dans cet espace se trouvent des structures d'échelles moyennes, dont la taille est plus proche de la centaine de kilomètres, et dans lesquelles se trouvent des systèmes de nuages d'un petit kilomètre de diamètre. Un nuage contient des vortex turbulents de quelques mètres de diamètre. Lorenz se demanda laquelle de ces échelles importait le plus pour la prédiction des ouragans. La réponse n'est pas évidente : y a-t-il uniformisation de la turbulence à petite échelle, de sorte qu'elle n'a qu'un impact minime, ou s'amplifie-t-elle avec le temps pour acquérir alors une grande importance ?

Sa réponse mit en avant trois caractéristiques de ce système météorologique multi-échelles. Premièrement, les erreurs dans la structure à grande échelle doublent environ tous les trois jours. Si c'était le seul effet important, réduire de moitié les erreurs liées aux observations à grande échelle élargirait de trois jours la fourchette des prédictions précises, ouvrant ainsi la perspective de faire de bonnes prévisions plusieurs semaines à l'avance. Cela n'est toutefois pas possible, à cause de la deuxième caractéristique : les erreurs au niveau de la structure fine – par exemple, de la localisation des nuages individuels –, croissent bien plus vite et doublent en une heure ou deux. En soi, cela n'est pas un problème, parce que personne n'essaie de prévoir cette structure fine, mais cela le devient en raison de la troisième caractéristique : les erreurs au niveau de la structure fine se propagent dans la structure plus grossière. En fait, la division par deux des erreurs liées aux observations de la structure fine accroîtrait d'une heure, et non de plusieurs jours, la fiabilité des prédictions. Ensemble, ces trois caractéristiques signifient que la prévision précise deux semaines à l'avance est hors de question.

Jusqu'ici, ces affirmations concernent la sensibilité aux conditions initiales. Mais sur le tard, Lorenz dit une chose directement reprise de son article de 1969 : « Deux états du système qui diffèrent initialement entre eux par une petite erreur d'observation différeront, au bout d'un intervalle de temps fini, autant que deux états du système choisis au hasard, et cet intervalle de temps ne peut être allongé en réduisant l'ampleur de l'erreur initiale. » Autrement dit, l'horizon prédictif est soumis à une limite absolue et ne peut être repoussé, quelle que soit la précision des observations. C'est bien plus fort que l'effet papillon. Avec cet effet, des observations suffisamment précises permettent de repousser l'horizon prédictif aussi loin que l'on veut. Lorenz fixait cette limite à environ une semaine, quelle que soit la précision de vos observations.

Selon Palmer et ses collègues, la situation n'est pas tout à fait aussi mauvaise que le pensait Lorenz. Les aspects théoriques à l'origine de la limite finie n'opèrent pas tous en même temps. Avec la prévision d'ensembles, on pourrait faire des prévisions précises deux semaines à l'avance. Mais cela exigerait bien plus d'observations, en des endroits de l'atmosphère plus rapprochés, et des progrès en termes de puissance et de vitesse des superordinateurs.

Il est possible de faire des prévisions météorologiques sans prédire la météo. C'est ce qu'illustre le phénomène courant des régimes météorologiques bloqués, dans lesquels l'atmosphère reste pratiquement dans le même état pendant une semaine ou plus, avant de basculer soudainement, apparemment au hasard, dans un autre régime durable. C'est le cas de l'oscillation nord-atlantique et de l'oscillation arctique, dans lesquelles des périodes de flux est-ouest alternent avec des périodes de flux nord-sud. Si l'on sait bien des choses sur ces états, il n'en va absolument pas de même sur les transitions qui s'opèrent entre eux – et sont peut-être leurs caractéristiques les plus importantes.

En 1999, Tim Palmer proposa d'utiliser la dynamique non linéaire pour améliorer les prédictions du comportement atmosphérique à long terme[5]. Daan Crommelin reprit son idée et montra de manière convaincante que les régimes atmosphériques bloqués peuvent être liés à l'occurrence d'un cycle hétérocline dans les modèles non linéaires de dynamique atmosphérique à grand échelle[6]. Nous l'avons vu au chapitre 10, les cycles hétéroclines sont des séries de connexions entre points selles – c'est-à-dire entre états d'équilibre stables dans certaines directions mais instables dans d'autres. Les connexions hétéroclines génèrent des régimes d'écoulement qui s'installent dans la durée et sont ponctués de rapides passages d'un régime d'écoulement à un autre. Ce comportement apparemment contre-intuitif est parfaitement logique dans le contexte d'un cycle hétérocline.

Les cycles hétéroclines ne sont pas totalement prévisibles, mais leur dynamique est relativement simple et en grande partie tout à fait prévisible. Ils se caractérisent par d'occasionnels sursauts d'activité ponctués de longues périodes de torpeur. Ces états torpides sont prévisibles : ils surviennent lorsque le système est proche d'un équilibre. La principale incertitude concerne le moment où cesse la torpeur et se déclenche alors le passage à un nouveau régime météorologique.

Pour détecter ces cycles dans les données, Crommelin analyse les « fonctions propres empiriques » – les régimes d'écoulement ordinaires – dans l'atmosphère. Cette technique fournit la combinaison de régimes de base indépendants qui est la plus proche de l'écoulement réel. Les complexes équations aux dérivées partielles de la météo se trouvent alors transformées en un système d'équations différentielles ordinaires à un nombre fini de variables, qui représentent les contributions des régimes composants à l'écoulement global.

En testant sa théorie sur les données de l'hémisphère nord pour la période 1948-2000, Crommelin a trouvé des témoignages attestant l'existence d'un cycle dynamique ordinaire connectant divers régimes d'écoulement bloqué dans la région atlantique. Le cycle débute par des écoulements nord-sud sur le Pacifique et l'Atlantique Nord. Ces écoulements se rencontrent pour former un seul écoulement arctique est-ouest. À son tour, celui-ci s'étend sur l'Eurasie et la côte ouest de l'Amérique du Nord en générant un écoulement principalement nord-sud. Dans la seconde moitié du cycle, le régime d'écoulement revient à son état initial, mais en suivant une séquence différente. Le cycle met une vingtaine de jours pour s'accomplir totalement. Les données détaillées suggèrent que les oscillations nord-atlantique et arctique sont liées entre elles – chacune pouvant en partie déclencher l'autre.

La véritable usine à prévoir le temps, c'est le Soleil. Il injecte de l'énergie thermique dans notre atmosphère, dans les océans et dans le sol. À mesure que la Terre tourne sur elle-même et que le Soleil se lève et se couche, la planète tout entière traverse un cycle de réchauffement et de refroidissement. Cela active les systèmes météorologiques et conduit à de nombreux régimes à grande échelle relativement réguliers, mais le caractère fortement non linéaire des lois physiques rend les petits effets extrêmement variables. Si un facteur – une variation du rayonnement solaire, une variation de la quantité de chaleur réfléchie dans l'espace ou retenue dans l'atmosphère – influence la quantité d'énergie thermique, les régimes météorologiques changent. Si les changements systématiques persistent trop longtemps, le climat global risque de changer.

Les scientifiques étudient les effets des changements de l'équilibre thermique de la planète depuis au moins 1824, année où Fourier montra que l'atmosphère de la Terre maintient la chaleur de notre planète. En 1896, le scientifique suédois Svante Arrhenius analysa les effets sur la température du gaz carbonique (CO_2) contenu dans l'atmosphère. Le CO_2 est un « gaz à effet de serre », qui contribue à piéger la chaleur du Soleil. Tenant compte d'autres facteurs tels que les variations de la couverture glaciaire (qui réfléchit la lumière et la chaleur du Soleil), Arrhenius calcula que la division par deux de la quantité de CO_2 planétaire pouvait déclencher une période glaciaire.

À l'origine, cette théorie intéressa surtout les paléontologues, qui se demandaient si les changements climatiques étaient susceptibles d'expliquer les brusques transitions observées dans les archives fossiles. Mais en 1938, l'ingénieur britannique Guy Callendar recueillit des témoignages montrant que le CO_2 et la température augmentaient depuis les cinquante dernières années, et le problème se fit plus actuel. La plupart des scientifiques ignoraient son résultat ou le contestaient, mais à la fin des années 1950, plusieurs d'entre eux commencèrent de se demander si les variations de concentration de CO_2 ne réchauffaient pas lentement la planète. En 1960, Charles Keeling montra que les niveaux de CO_2 étaient clairement en augmentation. Quelques scientifiques craignaient que les aérosols n'induisent un refroidissement et ne déclenchent un nouvel âge glaciaire, mais les articles prédisant le réchauffement l'emportaient à six contre un. En 1972, dans son livre *Man-made Carbon Dioxide and the « Greenhouse » Effect* (Le gaz carbonique humain et gaz à effet de serre), John Sawyer prédit qu'en l'an 2000, l'augmentation de CO_2 attendue (environ 25 %) entraînerait un réchauffement planétaire de 0,6 °C. Les médias continuèrent de se focaliser sur l'imminence d'un âge glaciaire, mais les scientifiques cessèrent de s'inquiéter à propos du refroidissement pour prendre plus au sérieux le réchauffement climatique.

En 1979, le Conseil national de la recherche des États-Unis prévenait que si l'on ne contenait pas l'augmentation du CO_2, les températures globales pourraient croître de plusieurs degrés. En 1998, l'Organisation météorologique mondiale mit en place le Groupe d'experts intergouvernemental sur l'évolution du climat pour examiner ce problème, et le monde commença finalement à prendre conscience de l'imminence du désastre. Des observations de plus en plus précises montrèrent une élévation de la température et des niveaux de CO_2. En 2010, une étude de la NASA confirma la prédiction de Sawyer. Les mesures des proportions d'isotopes (différentes formes atomiques) du carbone atmosphérique ont confirmé que la principale cause de l'accroissement de CO_2 est l'activité humaine, en particulier le brûlage du charbon et du pétrole. Le réchauffement climatique devint l'objet d'un intense débat. Cela fait des années que les scientifiques l'ont remporté, mais leurs adversaires (les « sceptiques » ou les « dénialistes », selon les goûts) continuent de contester la science. Leurs contre-arguments habituels suscitent parfois un intérêt naïf, mais les climatologues les ont tous réfutés, souvent depuis plusieurs décennies.

Presque tous les gouvernements reconnaissent aujourd'hui que le réchauffement climatique est bel et bien réel, qu'il est dangereux, et que nous en sommes la cause. Une exception frappante est l'actuel gouvernement américain, qui semble insensible aux témoignages scientifiques et qui, pour des raisons politiques court-termistes, s'est retiré de l'Accord de Paris de 2015 sur la limitation de la production de gaz à effet de serre. Après cinquante années de tergiversations dues aux stratégies dilatoires adoptées par les négateurs du changement climatique afin de brouiller les pistes, le reste du monde prend finalement des mesures sérieuses. Plusieurs États américains rejoignent le mouvement, malgré les grincements de dents de la Maison-Blanche.

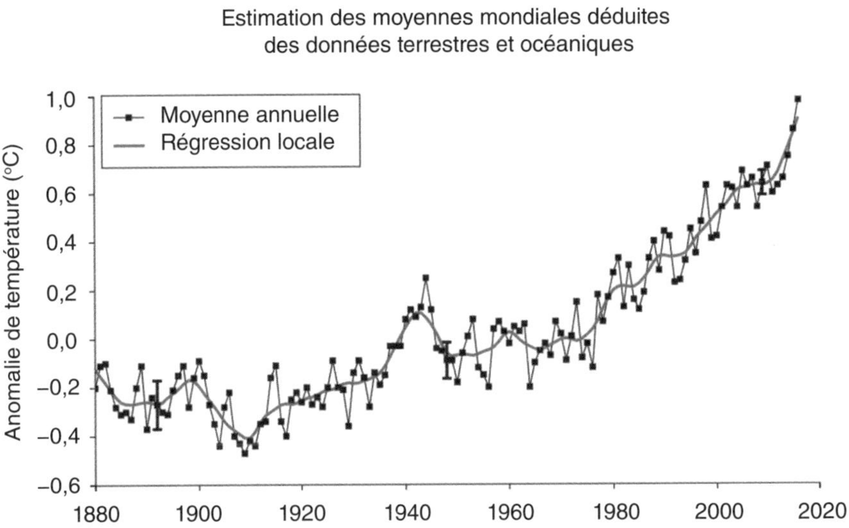

Figure 19. Évolution des températures mondiales entre 1880 et 2020.

La « Bête venue de l'est » fut différente. Généralement, une tempête hivernale britannique typique vient de l'ouest et correspond à une région de basse pression atmosphérique poussée par le *jet-stream*, qui est lui-même un immense vortex d'air froid tournant autour du pôle Nord. Au lieu de cela, en 2018, des conditions météorologiques exceptionnellement chaudes dans l'Arctique poussèrent une énorme masse d'air froid vers le sud, qui à son tour poussa plus d'air froid sibérien en Europe centrale et donc en Grande-Bretagne. Cela généra aussi la tempête Emma, et la combinaison de ces phénomènes fit tomber jusqu'à 57 centimètres de neige, fit chuter les températures jusqu'à –11 °C, et tua seize personnes. Ces conditions météorologiques exceptionnellement froides se maintinrent plus d'une semaine et un événement similaire mais moins important survint un mois plus tard.

L'Amérique vécut elle aussi des événements similaires. En 2014, de nombreuses régions des États-Unis connurent un hiver très froid ; le lac Supérieur resta couvert de glace jusqu'en juin – un nouveau record. En juillet, la plupart des États de l'est, autres que ceux bordant le golfe du Mexique, virent leurs températures baisser jusqu'à 15 °C en dessous de la normale. Dans le même temps, les États de l'ouest avaient des températures significativement *plus chaudes*. La même chose s'est reproduite en juillet 2017, qui fut le mois de juillet le plus froid jamais enregistré dans l'Indiana et l'Arkansas, et fut plus froid que d'habitude dans la majeure partie de l'est des États-Unis.

Si, comme l'affirment avec assurance les climatologues, les activités humaines sont responsables du réchauffement climatique, pourquoi ces événements de froids sans précédent continuent-ils de se produire ?

La réponse est : parce que les activités humaines sont responsables du réchauffement climatique.

Le réchauffement n'est pas le même partout. Il est plus important près des pôles : exactement là où il peut faire le plus de dégâts. De l'air plus chaud au pôle Nord repousse le *jet-stream* vers le sud et provoque aussi son affaiblissement, de sorte qu'il change de position plus fréquemment. En 2014, cet effet déplaça l'air frais des pôles vers l'est des États-Unis. Dans le même temps, le reste du pays reçut des régions équatoriales un air exceptionnellement chaud parce que le *jet-stream* avait pris une forme en S. Ce fut l'un des dix plus chauds mois de juillet jamais enregistrés dans six États de l'ouest – Washington, Oregon, Idaho, Californie, Nevada et Utah.

Quiconque veut vraiment résoudre l'apparent paradoxe de l'existence de coups de froid insolites dans un monde en réchauffement peut facilement en trouver l'explication sur l'Internet, preuves à l'appui. Il suffit de comprendre la différence entre météo et climat.

Le climat change constamment.

Cette contestation du changement climatique est un vieux classique. Le président américain Donald Trump l'a reprise dans ses tweets sur le réchauffement et le changement climatiques. Contrairement à de nombreuses contestations, celle-ci mérite une réponse : non, le climat *ne change pas* constamment. Il peut paraître absurde de dire cela étant donné que certains jours le soleil brille d'un éclat radieux, que d'autres jours, il pleut des cordes et qu'encore d'autres jours, tout est recouvert d'une épaisse couche de neige. *Bien sûr* qu'il change tout le temps ! Oui, c'est vrai ! Mais ce qui change, c'est la météo, et non le climat. Ce sont deux choses différentes. Pas forcément dans le langage quotidien, mais dans le langage scientifique, oui.

Nous savons tous ce qu'est la météo. C'est ce dont nous parle la dame de la météo à la télévision : la pluie, la neige, les nuages, le vent, le soleil. Cela renvoie à ce qui va se passer demain, et peut-être dans quelques jours. Cela concorde avec la définition scientifique de la météo : ce qui arrive à court terme – dans quelques heures, quelques jours. Le climat est une chose différente. Le terme est souvent utilisé de manière plus vague, mais il désigne « la situation météorologique typique sur de plus grandes échelles de temps » – des dizaines d'années. La définition officielle du climat est « la moyenne glissante de la météo sur 30 ans ». Je vais expliquer cette phrase dans un moment, mais pour l'instant, nous devons prendre conscience de la subtilité des moyennes.

Supposons que la température moyenne des derniers 90 jours soit de 16 °C. Survient maintenant une canicule qui maintient la température à 30 °C pendant les dix jours suivants. Que devient la moyenne ? On pourrait penser qu'elle est devenue bien plus grande, mais en fait, elle ne s'est élevée que de 1,4 °C[7]. Les moyennes ne varient pas énormément dans le cas de fluctuations à court terme. Si, en revanche, la canicule se maintient pendant 90 jours, la moyenne sur la période de 180 jours s'élève alors à 23 °C – à mi-chemin entre 16 et 30. Les fluctuations à long terme influent plus fortement sur la moyenne.

Une moyenne glissante de température sur 30 ans se calcule, n'importe quel jour, en additionnant les températures de chacun des jours des 30 dernières années et en divisant la somme obtenue par ce nombre de jours. Cette moyenne est très stable et ne peut varier que si les températures diffèrent de cette valeur sur une très longue durée – et aussi si elles tendent à aller dans la même direction (à être en moyenne soit plus chaudes, soit plus froides). Dans une certaine mesure, des périodes chaudes alternant avec des périodes froides s'annulent. L'été étant généralement plus chaud que l'hiver, la moyenne des températures sur l'année se situe entre les deux. La moyenne sur 30 ans détermine une température typique autour de laquelle tout fluctue.

C'est pour cette raison que le climat ne peut changer « tout le temps ». Quelle que soit l'ampleur du changement météorologique aujourd'hui, même s'il est permanent, il faudra des années pour qu'il ait le moindre effet significatif sur la moyenne sur 30 ans.

En outre, nous n'avons considéré que le climat local – disons, celui de votre ville natale. Le « changement climatique » ne fait pas référence à votre ville natale. Le climat global, cette chose dont les climatologues nous disent qu'il devient plus chaud, exige que l'on prenne la moyenne non seulement sur une longue durée, mais aussi sur la planète tout entière – Sahara, Himalaya, régions polaires couvertes de glace, toundra sibérienne et océans compris. S'il fait plus froid que d'habitude dans l'Indiana, mais plus chaud que d'habitude en Ouzbékistan, les deux effets se compensent et la moyenne globale reste pratiquement inchangée.

Une dernière remarque sur la terminologie. Il existe des effets « naturels » (non induits par l'homme) à moyen terme sur le climat. Le plus connu est El Niño, un courant chaud de l'est du Pacifique qui se forme naturellement à quelques années d'intervalle. Dans une bonne part de la littérature, « changement climatique » signifie en fait « changement climatique anthropique » – changement climatique dû à l'activité humaine. Les effets tels que El Niño ont reçu une explication. Ce qui fait actuellement débat, ce sont les changements qui n'en sont pas, parce qu'ils n'arrivent que si un nouveau facteur affecte le climat.

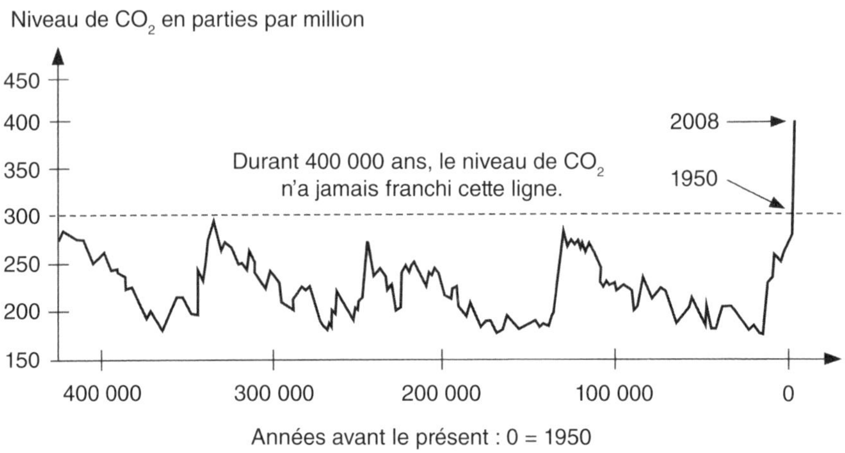

Figure 20. Évolution du niveau de CO_2 lors des 400 000 dernières années. Jusqu'en 1950, il n'a jamais dépassé 300 parties par million. En 2018, il a atteint 407 parties par million.

De nombreux témoignages confirment qu'il y a un nouveau facteur, et c'est nous. L'activité humaine a élevé le niveau de CO_2 dans l'atmosphère au-dessus de 400 ppm (parties par million). Durant la majeure partie des 800 000 dernières années, ce niveau se situait entre 170 ppm et 290 ppm (l'illustration montre les 400 000 dernières années)[8]. Tout ce qui se trouve au-dessus de 300 ppm s'est produit depuis la révolution industrielle. La physique élémentaire nous enseigne que tout accroissement de CO_2 piège davantage de chaleur. Les températures globales (déduites des carottes glaciaires et des sédiments océaniques *via* des mesures très minutieuses) ont augmenté de presque 1 °C lors des 150 dernières années, ce qui est conforme à ce que prédisent les principes physiques pour une telle augmentation du CO_2.

Si vous ne pouvez prédire la météo une semaine à l'avance, comment pouvez-vous prédire le climat dans vingt ans ?

L'argument serait imparable si la météo et le climat étaient une seule et même chose, mais il n'en est rien. Certaines caractéristiques d'un système peuvent être prédictibles même si d'autres ne le sont pas. Rappelez-vous l'astéroïde Apophis du chapitre 1. Les lois de la gravitation nous disent qu'il a clairement une chance de heurter la Terre en 2029 ou en 2036, mais nous ignorons si l'une de ces deux années verra effectivement une collision. Toutefois, nous sommes absolument certains que s'il y a collision lors de l'une de ces années, elle se produira le 13 avril. Notre capacité à prédire un événement dépend de sa nature et de ce que nous savons préalablement sur lui. On peut parfois prédire en toute confiance certaines caractéristiques d'un système même si ses autres caractéristiques nous restent totalement imprédictibles. Quetelet a observé que certains attributs individuels sont imprédictibles, mais que si l'on prend leur moyenne sur une population, on peut souvent les prédire avec une précision considérable.

Pour le climat, tout ce que nous avons à modéliser, ce sont les lents changements à long terme qui conduisent à une moyenne glissante sur 30 ans. Pour le *changement* climatique, nous devons en outre modéliser les liens entre ces changements à long terme et les changements de situations – tels que l'ajout de gaz à effet de serre dû à l'activité humaine. Ce n'est pas une tâche facile, car le système climatique est très complexe et ses réactions très subtiles. L'augmentation des températures peut générer plus de nuages, qui réfléchissent alors davantage la chaleur solaire. Cette augmentation accélère également la fonte des glaces, et l'eau sombre qui les remplace peut connaître une *diminution* de son pouvoir réflecteur de la chaleur solaire. La croissance de la végétation varie lorsque les niveaux de CO_2 sont plus élevés, ce qui peut enlever plus de CO_2, de sorte que le réchauffement peut, dans une certaine mesure, être auto-correcteur. (Les tout derniers résultats suggèrent qu'au début, l'augmentation du CO_2 entraîne un accroissement de la végétation, mais malheureusement, cet effet disparaît au bout d'une dizaine d'années.) Les modèles doivent faire de leur mieux pour intégrer tout effet important de ce type.

Les modèles climatiques (fort nombreux) travaillent directement sur les données climatiques, et non sur les données météorologiques concernant des échelles plus fines. Ils couvrent une gamme allant du très simple à l'extraordinairement complexe. Les modèles complexes sont plus « réalistes » dans la mesure où ils s'appuient davantage sur nos connaissances de la physique des écoulements atmosphériques et d'autres facteurs pertinents. Les modèles simples se concentrent sur un nombre limité de facteurs ; ils ont l'avantage d'être plus faciles à comprendre et à calculer. Un réalisme excessif (et donc une complexité excessive) n'est pas toujours mieux, mais exige toujours bien plus de calculs. Le but d'un bon modèle mathématique est de conserver toutes les caractéristiques importantes tout en excluant les complications superflues. Einstein aurait dit : « [Un modèle] doit être aussi simple que possible, mais pas plus simple. »[9]

Pour vous donner une idée générale de ce que cela implique, je vais décrire dans les grandes lignes un type de modèle climatique. Il vise à comprendre l'évolution temporelle, passée et future, de la température globale moyenne. En principe, c'est de la simple comptabilité : le gain d'énergie thermique sur une année est égal à la différence entre le revenu énergétique – provenant principalement du Soleil, mais nous pourrions inclure, par exemple, le CO_2 émis par les volcans – et les dépenses énergétiques – la chaleur rayonnée ou réfléchie par la planète. Si le revenu est supérieur aux dépenses, la planète sera plus chaude ; dans le cas contraire, elle sera plus froide. Nous devons également tenir compte des « économies » – de la chaleur stockée quelque part, peut-être temporairement. C'est une forme de dépense, mais qui peut revenir nous hanter si nous la percevons comme un revenu.

Le revenu est (relativement) simple. Dans son immense majorité, il provient du Soleil ; nous connaissons la quantité d'énergie rayonnée par le Soleil, et nous savons calculer dans quelle proportion elle frappe la Terre. La dépense est le principal casse-tête. Tout corps chaud rayonne de la chaleur, et l'on connaît les lois physiques qui régissent ce processus. C'est ici que les gaz à effet de serre (principalement le gaz carbonique et le méthane, mais aussi l'oxyde d'azote) entrent en scène, parce qu'ils piègent la chaleur par « effet de serre », de sorte qu'elle rayonne moins dans l'espace. La réflexion est plus délicate parce que la chaleur est réfléchie par la glace (qui, étant blanche, réfléchit plus de lumière et aussi plus de chaleur), par les nuages, etc. Les nuages ont des formes très complexes, difficiles à modéliser. En outre, la chaleur est parfois absorbée ; les océans, en particulier, constituent un gigantesque réservoir de chaleur (les « économies »). Elle peut réémerger par la suite (diminuant les économies présentes dans le compte).

Le modèle mathématique prend tous ces facteurs en considération et écrit les équations associées aux flux de chaleur entre le Soleil, la Terre, l'atmosphère et les océans. Puis on résout ces équations – sur un ordinateur. Tous ces modèles sont des approximations ; tous font des hypothèses distinguant les facteurs importants des facteurs susceptibles d'être ignorés ; tous peuvent être critiqués à ces deux niveaux. Aucun n'a valeur d'évangile. Les sceptiques peuvent tirer avantage de ces objections, mais le point essentiel est simple : *tous* ces modèles prédisent que la production humaine de quantités excessives de CO_2, due au brûlage de combustibles fossiles et du carbone stocké dans les forêts, a élevé et élèvera la température de la planète entière par rapport à ce qu'elle aurait été en l'absence de ces activités. Tout ce supplément d'énergie mène les régimes météorologiques vers de nouveaux extrêmes, qui se combinent pour donner des changements climatiques.

On n'est pas certains de la vitesse et de la durée de cette élévation de température, mais tous les modèles disent qu'elle sera de plusieurs degrés Celsius au cours des prochaines décennies. Les observations montrent que la température a déjà augmenté de 0,85 °C depuis 1880. En fait, elle n'a jamais cessé d'augmenter depuis le début de la révolution industrielle, lorsque les industries manufacturières ont commencé à consommer des combustibles fossiles en grandes quantités. Cette élévation s'est accélérée ces dernières années avec une multiplication par deux de la vitesse de réchauffement par rapport aux années antérieures. Elle a ralenti lors de la dernière décennie, en partie parce que de nombreux pays prennent finalement des mesures pour réduire l'utilisation des combustibles fossiles, mais aussi en raison de la récession mondiale consécutive à l'effondrement du secteur bancaire en 2008. Aujourd'hui, elle s'accélère de nouveau.

La plus grande menace est peut-être l'élévation du niveau des mers, due à la fonte des glaces et à l'expansion de l'eau des océans consécutive à leur réchauffement. Il existe toutefois de nombreuses autres causes : la perte de la banquise, la fonte du pergélisol qu'accompagne une libération de méthane (un gaz à effet de serre encore plus puissant que le gaz carbonique et l'oxyde d'azote), des changements dans la répartition géographique des insectes vecteurs de maladies, etc. On pourrait écrire tout un livre sur ces effets négatifs – de nombreuses personnes l'ayant déjà fait, je ne m'y lancerai pas à mon tour. Les effets sur l'environnement ne peuvent être prédits avec une parfaite précision des décennies à l'avance, comme le réclament de manière insensée les sceptiques, mais un grand nombre d'effets négatifs sont déjà en train de se produire. Tous les modèles prédisent un désastre à très grande échelle. La seule chose sur laquelle ils sont en désaccord, c'est l'étendue et l'ampleur de ce désastre.

Un degré en un siècle ? Ce n'est pas si grave.

Dans de nombreuses régions du monde, les gens seraient ravis si le climat était d'un degré plus chaud. Peu d'entre nous s'inquièteraient réellement si c'était tout ce qui arrivait. Mais raisonnons. Si c'était si simple, les climatologues, qui sont des personnes intelligentes, l'auraient déjà remarqué. Ils ne s'inquièteraient pas ; ils ne publieraient même pas des mises en garde. Donc – comme la plupart des choses dans la vie et comme toute chose en dynamique non linéaire –, ce n'est pas si simple.

Un degré, ça ne semble pas grand-chose, mais lors du siècle passé, nous autres humains avons réussi à réchauffer d'autant *toute la surface de notre planète*. Pour faire simple : les quantités de chaleur absorbées par l'atmosphère, les océans et la terre ne sont pas identiques. Arguties mises à part, la quantité d'*énergie* nécessaire pour obtenir un tel changement généralisé est énorme. Et ça, c'est le premier problème : nous injectons d'énormes suppléments d'énergie dans le système dynamique non linéaire qui constitue le climat de notre planète.

Ne croyez pas les gens qui vous disent qu'il y a de l'arrogance à imaginer que les humains pourraient produire autant d'effet. Un seul homme peut brûler une forêt – cela fait pas mal de CO_2. Nous sommes peut-être minuscules, mais nous sommes très nombreux, et nous avons pas mal de machines, dont une bonne partie émettent du CO_2. Les mesures montrent sans ambiguïté que nous *avons produit* cet effet : regardez le graphe de la page 174. Nous avons aussi produit des effets considérables par d'autres voies. Nous avons tardivement découvert que le fait de jeter des détritus dans les fleuves et les mers a disséminé d'énormes quantités de déchets plastiques dans les océans. En outre, cela est indéniablement de notre faute. Rien d'autre ne fabrique des plastiques. Puisque nous pouvons dégrader la chaîne alimentaire océanique simplement en vidant notre poubelle, il n'y a guère d'arrogance à suggérer que nous sommes aussi capables de dégrader l'environnement en produisant d'énormes quantités de gaz à effet de serre : environ 120 fois plus que tous les volcans de la Terre (y compris les volcans sous-marins) réunis[10].

Un degré, ça peut ne pas sembler bien méchant, mais il en va tout autrement pour un accroissement d'énergie de dimension planétaire. Quand vous injectez un supplément d'énergie dans un système dynamique non linéaire, cela fait plus que légèrement et uniformément modifier son comportement. Cela change le niveau de violence des fluctuations du système – la rapidité, l'ampleur et le degré d'irrégularité de son changement. Les températures estivales ne s'élèvent pas uniformément d'un degré. Elles fluctuent hors de leur fourchette historique, provoquant des vagues de chaleur et des vagues de froid. Tout événement individuel de ce type pourrait certes en rappeler un autre survenu des décennies auparavant, mais on remarque que quelque chose a changé quand les événements extrêmes deviennent considérablement plus fréquents. Le réchauffement climatique a aujourd'hui atteint un stade où les canicules qui se produisent n'ont *aucun* précédent historique, témoins celles des États-Unis en 2010, puis en 2011, 2012 et 2 013 ; de l'Asie du Sud-Ouest en 2011 ; de l'Australie en 2012-2 013 ; de l'Europe en 2015 ; de la Chine et de l'Iran en 2017. En juillet 2016, il a fait 54 °C au Koweït et 53,9 °C à Bassora, en Irak. Ce sont (à ce jour et à l'exception de la vallée de la Mort) les plus hautes températures jamais enregistrées sur terre.

Dans la première moitié de l'année 2018, de nombreuses régions du monde connurent de terribles vagues de chaleur. La Grande-Bretagne fut frappée par une sécheresse prolongée, qui affecta la croissance des cultures. La Suède subit des incendies de forêt. L'Algérie enregistra la plus forte température, 51,3 °C, qu'ait connue l'Afrique. Au moins trente personnes moururent de chaleur lorsque la température du Japon dépassa les 40 °C. En Australie, la Nouvelle-Galles du Sud connut la pire sécheresse de son histoire, qui entraîna des pénuries d'eau, des destructions de récoltes, et des pénuries alimentaires pour le bétail. La Californie fut dévastée par l'incendie du complexe de Mendocino, qui brûla plus de 1 000 kilomètres carrés. Chaque année qui passe voit des records tomber. La même chose vaut pour les inondations, les tempêtes, les blizzards – choisissez votre événement extrême, son record va lui aussi bientôt tomber.

Le supplément d'énergie injecté dans le système météorologique modifie également la circulation de l'air. Actuellement, par exemple, l'Arctique semble se réchauffer bien plus que les autres régions de la planète. Cela affaiblit le vortex polaire, l'ensemble de vents froids qui tournent autour du pôle aux hautes latitudes, de sorte que la circulation de l'air froid s'étale considérablement, en particulier vers le sud. Ce vortex peut également entraîner plus au sud l'ensemble de la circulation d'air froid, comme cela s'est produit au début de 2018. Il peut sembler paradoxal que le réchauffement climatique puisse donner naissance à un hiver bien plus froid, mais il n'en est rien. C'est ce qui arrive lorsque vous perturbez un système non linéaire en augmentant son énergie. Tandis que l'Europe était paralysée par des températures de cinq degrés inférieures à la normale, l'Arctique se prélassait dans des températures de vingt degrés au-dessus de la normale. En somme, notre production excessive de CO_2 a conduit l'Arctique à exporter son air froid *chez nous.*

La même chose se produit à l'autre bout de la planète, et ce pourrait être pire encore. L'Antarctique contient bien plus de glace que l'Arctique. On pensait que l'Antarctique fondait plus lentement que l'Arctique. Il s'est avéré qu'il fondait plus vite, mais en des lieux dissimulés aux regards, à la base des inlandsis côtiers, dans les profondeurs de la mer. C'est une très mauvaise nouvelle, car les inlandsis peuvent se déstabiliser et déverser toute leur glace dans les océans. D'énormes blocs de plates-formes glaciaires se détachent déjà.

La fonte des inlandsis est un véritable problème mondial, car le supplément d'eau que reçoivent les océans élève leur niveau. Selon les estimations actuelles, si toute la glace de l'Arctique et de l'Antarctique fondait, le niveau de la mer s'élèverait d'au moins 80 mètres. Cela n'arrivera certes pas avant longtemps, mais une élévation de 2 mètres est déjà considérée comme inévitable, quoi que nous fassions. Ces chiffres seraient plus faibles si le réchauffement se limitait à seulement un degré. Mais ce n'est pas le cas. Et ce ne le serait pas même si le réchauffement *moyen* se maintenait à seulement un degré (ce qui est le cas depuis la révolution industrielle). Pourquoi ? Parce que le réchauffement *n'est pas* uniforme. Aux pôles, où précisément nous aimerions qu'il soit aussi faible que possible, l'élévation de température est bien plus importante qu'aux latitudes plus tempérées. L'Arctique s'est réchauffé en moyenne d'environ 5 °C. On pensait que l'Antarctique était moins une menace, car il semblait moins se réchauffer, mais c'était avant que les scientifiques ne regardent sous l'eau.

Les données précises sur la diminution de la glace associées à celles sur l'accumulation de glace nouvelle en surface sont vitales pour comprendre la contribution de l'Antarctique à l'élévation du niveau de la mer. Le programme international Ice sheet mass balance intercomparison exercise (IMBIE, Exercice d'intercomparaison des bilans de masses des inlandsis), dirigé par Andrew Shepherd et Erik Ivins, fournit des estimations de l'élévation du niveau de la mer due à la fonte des inlandsis. Son rapport de 2018[11], qui combine les résultats de 24 études indépendantes, montre qu'entre 1992 et 2017, l'inlandsis antarctique a perdu 1720 ± 1390 milliards de tonnes de glace, élevant le niveau global moyen de la mer de 7,6 ± 3,9 millimètres (« ± erreurs » correspond à un écart-type). Dans l'Antarctique occidental, le taux de diminution de la glace, essentiellement par fonte des l'inlandsis côtiers, a triplé au cours des 25 dernières années, passant de 53 ± 29 milliards de tonnes à 159 ± 26 milliards de tonnes par an.

Stephen Rintoul et ses collègues[12] ont examiné deux scénarios possibles pour l'Antarctique de 2070. Si les tendances actuelles pour les émissions se maintiennent – et elles se maintiendront si l'on ne prend pas de mesures drastiques à l'échelle mondiale –, les températures moyennes de la surface terrestre seront alors de 3,5 °C supérieures aux valeurs de 1900, soit très au-dessus de la limite de 1,5-2 °C adoptée dans l'Accord de Paris. La fonte de la glace antarctique aura causé une élévation de 27 centimètres du niveau des mers, en plus des élévations dues à d'autres causes. L'océan Austral sera de 1,9 °C plus chaud, et en été, 43 % de la banquise antarctique aura disparu. Le nombre d'invasions d'espèces « étrangères » aura été multiplié par dix ; dans l'écosystème, les espèces actuelles telles que le pingouin et le krill auront laissé place aux crabes et aux salpes, une forme de plancton.

En fondant, la glace crée un cercle vicieux, un feed-back positif, qui aggrave le problème. La glace fraîche est blanche et réfléchit une partie de la chaleur solaire dans l'espace. À mesure que la banquise fond, la blanche glace se transforme en une eau sombre qui absorbe plus – et donc réfléchit moins – de chaleur. Ainsi, le réchauffement local est encore plus rapide. Au Groenland, la fonte de la glace salit les blancs glaciers, qui eux aussi fondent alors plus vite. En Sibérie et dans le Nord canadien, le pergélisol – sol gelé toute l'année – a commencé de fondre. Il renferme d'énormes quantités de méthane dû à la décomposition de la végétation, et vous ne l'ignorez plus, le méthane est un gaz à effet de serre, bien plus puissant que le CO_2.

Et je ne parlerai pas de l'hydrate de méthane, un solide similaire à la glace, dont les molécules de méthane sont piégées au sein d'une structure cristalline aqueuse. Il existe, aux quatre coins du monde, de gigantesques dépôts d'hydrate de méthane dans les régions peu profondes

des plateaux continentaux. On estime qu'ils contiennent l'équivalent de trois mille milliards de tonnes de CO_2, soit environ une centaine d'années de la production humaine actuelle. Si ces dépôts commencent à fondre…

Vous pensez qu'un degré en un siècle, ce n'est pas si grave ? Réfléchissez encore.

Tout n'est pas perdu si nous savons nous ressaisir. Si nous pouvons maintenir les émissions à un bas niveau, la température mondiale s'élèvera de 0,9 °C, ce qui se traduira par une élévation de 6 centimètres du niveau des mers. L'océan Antarctique sera plus chaud de 0,7 °C. En été, 12 % de la banquise antarctique disparaîtra. L'écosystème restera tel qu'il est aujourd'hui. Avec la ratification de l'Accord de Paris par 196 pays, avec également les rapides améliorations actuellement apportées aux rendements et aux coûts des sources d'énergie renouvelables, le scénario d'une réduction est parfaitement réalisable. Il est regrettable que les États-Unis aient décidé de se retirer de l'accord afin de relancer leur industrie charbonnière – la décision deviendra effective en 2020. Une telle relance est toutefois improbable pour des raisons économiques, quelles que soient les illusions qu'entretient l'actuelle administration américaine. Rien n'est joué, mais le monde ne peut se permettre de continuer de recourir à de stupides tactiques politiques dilatoires pendant encore cinquante ans.

La dynamique non linéaire peut nous offrir un point de vue intéressant sur la météo, le climat, leur lien et leur évolution. La météo et le climat étant régis par des équations aux dérivées partielles, le langage adéquat pour les décrire est celui des systèmes dynamiques. Je vais l'utiliser comme métaphore pour aborder leurs mathématiques.

L'espace des états pour l'atmosphère d'un endroit donné se compose de toutes les combinaisons possibles de variables telles que la température, la pression, l'humidité, etc. Chaque point de cet espace représente un ensemble possible d'observations météorologiques. Le temps passant, ce point se déplace en décrivant une trajectoire. On peut connaître la météo en suivant ce point et en regardant les régions qu'il traverse dans l'espace des états. Différentes séries de données météorologiques à court terme donnent des trajectoires différentes, se trouvant toutes sur le même attracteur (chaotique).

La différence entre la météo et le climat est que la météo est une trajectoire traversant un attracteur, tandis que le climat est *l'ensemble* de l'attracteur. Dans un climat stable, les nombreuses trajectoires susceptibles de traverser l'attracteur vérifient toutes à long terme des statistiques similaires. Les mêmes événements se produisent globalement à la même fréquence. La météo change tout le temps parce que la dynamique conduit à de nombreuses trajectoires différentes sur le même attracteur. Le *climat*, lui, ne change pas, sauf si un événement tout à fait extraordinaire se produit. Le changement climatique survient seulement lorsque l'attracteur change. Plus cet attracteur change, plus le changement climatique a des chances d'être spectaculaire.

Une situation similaire vaut pour le système météo global tout entier. L'espace des états devient un espace fonctionnel de dimension infinie, car les variables dépendent de la position sur le globe, mais la même distinction persiste : un régime météo est une trajectoire sur un attracteur, tandis que le climat est l'ensemble de l'attracteur. Cette description est une façon de parler dans la mesure où il n'y a aucun moyen d'observer l'ensemble de l'attracteur ; il nous faudrait pour cela des milliers de milliards d'enregistrements de régimes météo globaux. Nous pouvons toutefois détecter quelque chose de moins précis : la probabilité pour que la météo soit dans un état donné. Cette probabilité est liée à la mesure invariante sur l'attracteur, de sorte que si elle varie, l'attracteur doit lui aussi varier. C'est pour cela que les moyennes statistiques sur 30 ans définissent le climat, pour cela que nous pouvons les utiliser pour voir s'il est en train de changer, et pour cela que nous pouvons être sûrs que c'est bien le cas.

Même lorsque le climat change, la météo peut ne pratiquement pas bouger. C'est une des raisons pour lesquelles nous pouvons ne pas avoir remarqué que le climat a changé. Nous sommes comme la grenouille de la fable qui, ne remarquant pas que l'eau de la marmite dans laquelle elle est plongée s'échauffe peu à peu, finit par mourir ébouillantée. Toutefois, ce que les climatologues ont remarqué il y a plus de soixante ans, et qu'ils ont compris, documenté, testé et tout fait pour *réfuter*, en vain, est que les événements météorologiques extrêmes deviennent plus fréquents dans le monde entier. Le fait est là : ils *sont* plus fréquents. Exactement comme le prédit le réchauffement climatique.

C'est là la principale raison pour laquelle les scientifiques d'aujourd'hui parlent de changement climatique plutôt que de réchauffement climatique. L'expression décrit les *effets* avec plus de précision. La cause reste inchangée : la planète se réchauffe parce que les êtres humains produisent trop de gaz à effet de serre.

Les changements de l'attracteur climatique sont inquiétants, car même un petit changement peut avoir de grands effets négatifs. L'argument général que je vais présenter maintenant vaut pour tous les événements météorologiques extrêmes, mais par commodité, je m'en tiendrai aux inondations. Les ingénieurs qui conçoivent des moyens de défense contre les inondations ont notamment pour repères les inondations décennales, cinquantenaires ou centenaires, à savoir les inondations dont les niveaux sont atteints une fois tous les dix, cinquante ou cent ans. Les niveaux d'inondation élevés sont rares, et cela coûte cher pour s'en protéger. À un certain point, le coût dépasse celui des dégâts potentiels. Supposons que le niveau atteint soit celui d'une inondation centenaire.

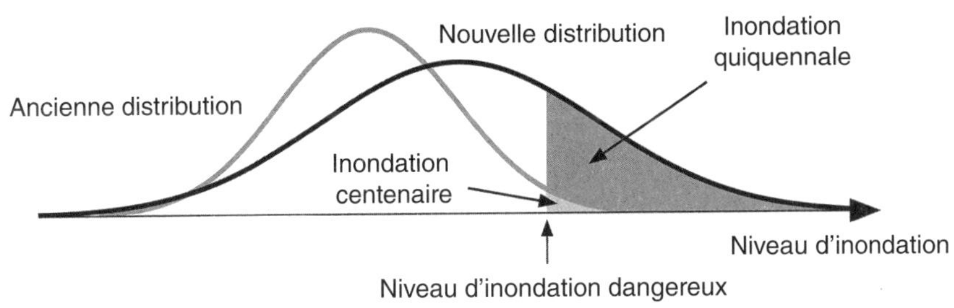

Figure 21. Comment une inondation centenaire peut devenir une inondation quinquennale quand la moyenne et l'écart-type augmentent.

Tout va très bien tant que les statistiques des niveaux d'inondation ne bougent pas. Mais que se passe-t-il si ces statistiques changent ? Si le niveau moyen des inondations augmente, les niveaux supérieurs deviennent plus probables. Il en va de même si les fluctuations autour de la moyenne s'amplifient : l'écart-type augmente. Combinez ces deux effets, ce que tout supplément d'énergie dû au réchauffement climatique a des chances de faire, et ils se renforceront mutuellement. L'illustration de la page 185 montre comment ces effets se combinent – dans le cas d'une distribution normale pour simplifier, mais le même raisonnement vaut pour des distributions plus réalistes.

Avec l'ancienne distribution de probabilité, l'aire sous la courbe qui correspond aux niveaux d'inondation dangereux est la région gris clair, qui est petite. Mais lorsque la distribution change, l'aire sous la courbe qui correspond aux niveaux d'inondation dangereux comprend également la région gris sombre, qui est bien plus grande. Il se peut que cette nouvelle aire représente une probabilité pour qu'une telle inondation survienne tous les cinq ans. Si c'est le cas, ce qui était une inondation centenaire est maintenant une inondation quinquennale. Les inondations dangereuses peuvent se produire vingt fois plus souvent, et les calculs économiques qui justifiaient la non-protection contre les niveaux d'inondation critiques ne sont plus pertinents.

Dans les régions côtières, les ondes de tempête[13] et l'élévation du niveau des mers s'ajoutent aux dangers posés par les fortes pluies persistantes. Le réchauffement climatique renforce considérablement toutes ces causes d'inondations. Des modèles mathématiques réalistes indiquent que si l'on ne réduit pas drastiquement les émissions mondiales de CO_2, alors la ville d'Atlantic City, dans le New Jersey, sera bientôt victime d'inondations chroniques[14]. D'ici trente ans, les niveaux d'eau que l'on n'atteint actuellement qu'une fois par siècle seront atteints deux fois par an. L'inondation centenaire y deviendra semestrielle ; elle mettra en danger l'équivalent de 108 milliards de dollars de foyers. Et je ne parle ici que d'une seule ville côtière. Actuellement, 39 % de la population américaine vit dans un comté situé sur la côte.

12

Mesures curatives

> « Une mort naturelle est une mort qui vous fait mourir sans l'aide d'un médecin. »
>
> Élève inconnu, copie d'examen

En 1957, un nouveau médicament miracle fut disponible en Allemagne. On pouvait l'obtenir sans ordonnance. Initialement vendu comme remède contre l'anxiété, il fut par la suite recommandé comme anti-nauséeux pour les femmes enceintes. Il fut commercialisé sous le nom de Contergan, mais le terme générique est thalidomide. Au bout d'un certain temps, les médecins notèrent une nette augmentation du nombre de nouveau-nés phocomèles – la phocomélie est malformation des membres, mortelle dans certains cas – et l'attribuèrent à ce médicament. Environ 10 000 enfants furent affectés, et 2 000 d'entre eux moururent. On recommanda aux femmes enceintes de ne pas l'utiliser, et il fut retiré du marché en 1959 après qu'on eut découvert que son utilisation prolongée pouvait entraîner des lésions nerveuses. Néanmoins, il fut par la suite approuvé pour certaines maladies – pour une forme de lèpre et pour le myélome multiple (un cancer hématologique).

La tragédie de la thalidomide remet en mémoire l'incertitude associée aux traitements médicaux. Ce médicament avait été abondamment testé. Selon l'opinion communément admise, la thalidomide ne pouvait traverser la barrière placentaire entre la mère et l'enfant, de sorte qu'elle ne pouvait avoir un effet sur le fœtus. Les chercheurs n'en effectuèrent pas moins les tests standard sur de petits animaux de laboratoire afin de détecter des effets tératogènes – des malformations du fœtus. Ces tests ne révélèrent rien de nocif. Il apparut plus tard que l'être humain est à cet égard un être à part. Le corps médical, les compagnies pharmaceutiques qui fabriquent les médicaments, les fabricants de prothèses articulaires de la hanche, ou simplement les médecins testant des versions différentes d'une procédure (telle que la meilleure façon d'administrer une radiothérapie à un patient cancéreux) avaient développé des méthodes pour tester l'efficacité de traitements et réduire les risques pour les patients. Comme le montre la thalidomide, ces méthodes ne sont pas infaillibles, mais elles permettent quand même de diminuer les incertitudes de façon rationnelle. Le principal outil est la statistique, et l'on peut en comprendre plusieurs concepts et techniques fondamentaux en regardant comment ils sont utilisés en médecine. Ces méthodes sont continuellement améliorées grâce aux idées nouvelles fournies par les statisticiens.

Toutes ces recherches ont une dimension éthique, car il arrive un moment où un nouveau médicament, un nouveau traitement ou protocole de traitement doit être testé sur des sujets humains. Dans le passé, des expériences médicales furent effectuées sur des criminels, des soldats non volontaires, des pauvres et des indigents, ou des esclaves, souvent sans qu'ils le sachent ou qu'ils soient consentants. Aujourd'hui, les normes éthiques sont plus strictes. On fait encore des expériences contraires à la déontologie, mais dans la plupart des pays, ce sont des exceptions qui font l'objet de poursuites judiciaires lorsqu'on les découvre.

En médecine, les trois principales sources d'incertitude concernent les médicaments, l'équipement et les protocoles de traitement, qui sont tous mis au point en laboratoire et testés avant d'être essayés sur l'être humain. Les tests sont parfois effectués sur des animaux, ce qui ouvre la voie à de nouvelles considérations éthiques. Ainsi, on ne doit pas utiliser d'animal s'il existe un autre moyen d'obtenir l'information désirée, et seulement selon des règles strictes. Certaines personnes veulent interdire totalement l'expérimentation animale.

Les phases ultérieures de ces tests, qui sont nécessaires pour mettre le médicament, l'appareil, ou le programme de traitement à la disposition des médecins, impliquent habituellement des essais cliniques – des expériences réalisées sur des êtres humains. Des organismes de contrôle gouvernementaux autorisent ces tests en se basant sur une évaluation de leurs risques et de leurs bénéfices potentiels. Le feu vert donné à un essai ne signifiant pas nécessairement qu'il est jugé inoffensif, le concept statistique de risque est omniprésent à toutes les étapes du processus.

Le type d'essai choisi dépend des cas – la palette est extraordinairement complexe –, mais on commence généralement par des essais pilotes sur un petit nombre de personnes, qui peuvent être des volontaires ou des patients. Statistiquement parlant, les conclusions déduites de petits échantillons sont moins fiables que celles qui reposent sur un plus grand nombre d'individus, mais les essais pilotes donnent des informations utiles sur les risques et permettent d'améliorer la conception des essais ultérieurs. Par exemple, si le traitement produit de graves effets secondaires, on arrête l'essai. Si rien de particulièrement problématique ne survient, l'essai peut être élargi à un plus grand nombre de personnes, et les méthodes statistiques fournissent alors une évaluation plus précise de l'efficacité du traitement.

S'il passe suffisamment d'essais de ce type, le traitement devient disponible pour les médecins, mais il est très souvent assorti de restrictions concernant le type de patient auquel il peut être prescrit. Les chercheurs continuent de collecter des données sur les résultats du traitement, et ces données soit accroissent la confiance à l'égard du traitement, soit révèlent de nouveaux problèmes qui n'étaient pas apparus lors des essais antérieurs.

Hormis des problèmes pratiques et éthiques, le montage d'un essai clinique s'articule autour de deux questions mutuellement connexes. L'une est l'analyse statistique des données générées par l'essai. L'autre est la conception expérimentale de l'essai : comment le structurer afin que ces données soient utiles, instructives, et aussi fiables que possible. Les techniques choisies pour l'analyse des données influent sur la nature des données collectées et sur le mode de collecte. La conception expérimentale influe sur l'éventail des données susceptibles d'être collectées et sur la fiabilité de leurs valeurs numériques.

Des considérations similaires valent pour toute expérience scientifique, de sorte que les cliniciens peuvent emprunter des techniques aux sciences expérimentales, et leurs travaux font également progresser l'ensemble de nos connaissances scientifiques.

Les essais cliniques ont deux principaux objectifs : l'efficacité et la sûreté du traitement. En pratique, aucun d'eux n'est atteignable dans l'absolu. Boire une gorgée d'eau est un geste sûr à pratiquement 100 % (pas exactement 100 % : vous pouvez vous étrangler), mais il ne va pas vous guérir de la rougeole. La vaccination des enfants contre la rougeole est efficace à pratiquement 100 %, mais n'est pas totalement sûre. Il arrive, rarement, qu'un enfant fasse une réaction violente au vaccin. C'est un cas extrême, et de nombreux traitements sont plus risqués qu'une gorgée d'eau et moins efficaces qu'une vaccination. Il est donc parfois nécessaire de faire des compromis. C'est ici que le risque entre en jeu. Le risque associé à un événement négatif est la probabilité pour qu'il se produise multiplié par le dommage qu'il causerait.

Même au stade de la conception, les expérimentateurs s'efforcent de tenir compte de ces objectifs. Si l'on apprend que des gens ont pris un médicament inadapté à leur maladie sans pour autant avoir subi de violents effets secondaires, cela règle dans une certaine mesure la question de la sûreté. Dans le cas contraire, la taille de l'essai doit rester modeste, du moins jusqu'à l'obtention des premiers résultats. L'une des caractéristiques importantes de la conception expérimentale est l'utilisation d'un groupe de contrôle – de personnes qui ne reçoivent *ni* le médicament, *ni* le traitement. La comparaison des deux groupes nous en apprend plus que la seule observation du groupe soumis à l'essai. Une autre caractéristique importante est l'ensemble des conditions dans lesquelles l'essai est mené. Est-il conçu de façon à obtenir un résultat fiable ? L'essai de la thalidomide sous-estima les risques potentiels pour le fœtus ; il aurait fallu accorder plus de poids aux essais sur les femmes enceintes. Dans la pratique, la structure des essais cliniques évolue avec l'expérience acquise.

L'influence de l'expérimentateur sur les données collectées est un problème plus subtil. Des préjugés inconscients peuvent interférer – qui deviennent conscients lorsqu'un chercheur entreprend de « prouver » une hypothèse privilégiée en ne retenant que les données qui la confortent. Aujourd'hui, la plupart des essais cliniques ont trois grandes caractéristiques en commun. Pour fixer les idées, supposons que nous testions un nouveau médicament. Certains sujets reçoivent ce médicament ; un groupe de contrôle reçoit un placébo, une pilule d'apparence on ne peut plus identique à celle du médicament mais dépourvue d'effet significatif.

La première caractéristique est la randomisation, le processus aléatoire qui décide qui reçoit le médicament et qui reçoit le placébo.

La deuxième est l'aveuglement. Les sujets ne doivent pas savoir s'ils ont reçu le médicament ou le placébo. S'ils le savaient, ils pourraient rapporter leurs symptômes différemment. Dans un essai en double aveugle, les chercheurs ignorent eux aussi qui a reçu le médicament et qui a reçu le placébo. Cela empêche l'apparition de préjugés inconscients dans l'interprétation des données, ou dans leur collecte, ou dans la suppression des aberrations statistiques. L'essai à double insu et double placébo va encore plus loin : chaque sujet reçoit, en alternance, le médicament et le placébo.

La troisième, l'utilisation d'un placébo comme contrôle, permet aux chercheurs de rendre compte de l'effet placébo, aujourd'hui bien connu, qui amène les patients à se sentir mieux simplement parce que le médecin leur a donné une pilule. Cet effet peut se manifester même lorsqu'ils *savent* que la pilule est un placébo.

La nature de l'essai – la maladie qu'il vise à guérir, ou à atténuer, et l'état du sujet – peut exclure certaines de ces techniques. Donner un placébo à un patient au lieu du médicament peut être contraire à l'éthique si cela est fait sans son consentement. Mais en cas de consentement, l'essai ne peut être mené en aveugle. Une façon de contourner cette difficulté, lorsque l'essai concerne un nouveau traitement qu'il vise à comparer à un traitement existant connu pour être relativement efficace, consiste à utiliser un « contrôle actif » : certains patients reçoivent le vieux traitement et d'autres le nouveau. Vous pouvez même leur dire ce qui se passe, et obtenir leur consentement pour une utilisation aléatoire des deux traitements. Dans de telles circonstances, l'essai peut encore être conduit en aveugle. Ce n'est peut-être pas tout à fait aussi satisfaisant du point de vue scientifique, mais les considérations éthiques l'emportent sur la plupart des autres.

Les méthodes statistiques traditionnelles employées lors des essais cliniques furent développées dans les années 1920 à la Station expérimentale de Rothamsted, un centre de recherche agricole. Cela peut sembler bien loin de la médecine, mais on y traitait des problèmes similaires au niveau de la conception expérimentale et de l'analyse de données. La personne la plus influente y était Ronald Fisher. Son livre, *The Design of Experiments* (La conception des expériences), exposait nombre d'idées centrales et présentait nombre d'outils statistiques fondamentaux dont certains sont encore en usage aujourd'hui. D'autres pionniers de cette époque ont enrichi la trousse à outils, notamment Karl Pearson et William Gosset (qui utilisait le pseudonyme de « Student »). Ils nommèrent généralement les tests statistiques et les distributions de probabilité d'après les symboles qui les représentaient, d'où l'existence aujourd'hui d'expressions telles que test *t*, test du khi carré (χ^2) et loi Gamma (Γ).

Il existe essentiellement deux façons d'analyser des données statistiques. La statistique paramétrique modélise les données en utilisant des familles particulières de distributions de probabilité (binomiale, normale, etc.) impliquant des paramètres numériques (la moyenne, la variance, etc.). Leur but est de trouver les valeurs des paramètres pour lesquelles le modèle concorde le mieux avec les données et d'estimer l'éventail probable des erreurs et la significativité de la concordance. L'autre façon, la statistique non paramétrique, évite les modèles explicites et repose uniquement sur les données. Un histogramme, qui présente les données sans autre commentaire, en est un simple exemple. Les méthodes paramétriques sont meilleures si la concordance est excellente. Les méthodes non paramétriques sont plus flexibles et ne font pas d'hypothèses susceptibles de s'avérer injustifiées. Ces deux méthodes sont abondamment utilisées.

La plus répandue de ces méthodes est peut-être celle conçue par Fisher pour tester la significativité des données favorables (ou défavorables) à une hypothèse scientifique. C'est une méthode paramétrique, qui repose habituellement sur la distribution normale. Dans les années 1770, Laplace analysa la répartition par sexe de près d'un demi-million de naissances. Les données indiquant un excès de garçons, il voulut savoir si cet excès était ou non significatif. Il prit comme modèle l'égalité des probabilités garçons-filles, donnée par une distribution binomiale. Puis il calcula la probabilité des valeurs observées dans le cadre de ce modèle. La probabilité qu'il trouva étant très faible, il conclut qu'il était hautement improbable de faire de telles observations si les naissances des garçons et des filles étaient effectivement équiprobables.

Ce type de probabilité est aujourd'hui appelé valeur-*p*, et c'est Fisher qui en formalisa la procédure d'obtention. Sa méthode compare deux hypothèses contraires. L'une, l'hypothèse nulle, dit que les observations sont strictement dues au hasard. L'autre, l'hypothèse alternative, dit le contraire, et c'est cette hypothèse qui nous intéresse réellement. Une fois adoptée l'hypothèse nulle, on calcule la probabilité d'obtenir les données recueillies (ou les données situées dans un intervalle approprié, puisque la probabilité des nombres spécifiques obtenus est égale à zéro). Cette probabilité est habituellement désignée par *p*, d'où l'expression valeur-*p*.

Supposez qu'un échantillon de 1 000 nouveau-nés contienne 526 garçons et 474 filles. Supposez aussi que nous voulions savoir si cet excès de garçons est significatif. Nous formulons alors l'hypothèse nulle qui dit que ces deux valeurs sont dues au hasard. L'hypothèse alternative dit qu'elles ne sont pas dues au hasard. Nous ne nous intéressons pas vraiment à la probabilité pour que ces deux valeurs *précises* soient dues au hasard. Nous voulons savoir jusqu'à quel point les données – l'existence de *plus* de garçons que de filles – sont extrêmes. Si le nombre de garçons avait été de 527 ou 528 ou tout autre nombre supérieur, nous aurions aussi eu la preuve que cela pouvait indiquer un excès inhabituel. Ce qui importe, donc, c'est la probabilité d'obtenir 526 garçons, ou plus, par hasard. L'hypothèse nulle appropriée est : ce nombre, *ou un excès encore plus grand de garçons*, est dû au hasard.

Calculons maintenant la probabilité pour que l'hypothèse nulle se produise. Pour l'instant, il est clair que je n'ai pas tenu compte d'un élément crucial figurant dans ma formulation de l'hypothèse nulle : la distribution de probabilité théorique qui y est supposée. Il semble raisonnable ici de suivre Laplace et de choisir une distribution binomiale avec égalité des probabilités garçons-filles, mais quelle que soit la distribution de l'on choisit, elle est implicite dans l'hypothèse nulle. Comme nous travaillons sur un grand nombre de naissances, nous pouvons approximer la distribution binomiale choisie par Laplace par la distribution normale adéquate. On aboutit finalement à $p = 0{,}05$, soit une probabilité de seulement 5 % pour que ces valeurs extrêmes surviennent par hasard. Ainsi, pour parler comme Fisher, nous *rejetons l'hypothèse nulle* au niveau 95 %. Cela signifie que nous sommes sûrs à 95 % que l'hypothèse nulle est fausse, et donc que nous acceptons l'hypothèse alternative.

Cela signifie-t-il que nous sommes sûrs à 95 % que les valeurs observées sont statistiquement significatives – qu'elles ne sont pas dues au hasard ? Non. Ce que cela signifie baigne dans l'ambiguïté : nous sommes sûrs à 95 % que les valeurs observées ne sont pas dues au hasard, comme dans le cas d'une distribution binomiale aux chances équiprobables (ou de l'approximation normale correspondante). Autrement dit, nous sommes sûrs à 95 % que soit les valeurs observées ne sont pas dues au hasard, soit que la distribution supposée n'est pas la bonne.

Une conséquence de la formulation alambiquée de Fisher est que l'on peut avantageusement oublier cette dernière phrase. Si on le fait, l'hypothèse que nous pensons tester n'est pas tout à fait l'« hypothèse alternative ». Celle-ci contient une information supplémentaire, la possibilité que nous ayons choisi au départ le mauvais modèle statistique. Dans notre exemple, ce n'est pas trop problématique, parce qu'une distribution binomiale ou normale est très plausible, mais les choix ont tendance à se porter par défaut sur une distribution normale, même si cela ne convient pas toujours. Les étudiants sont généralement mis en garde contre cela lorsqu'on leur enseigne la méthode, mais au bout d'un certain temps, ils l'oublient. Même les publications scientifiques commettent parfois l'erreur.

Ces dernières années, un second problème lié aux valeurs-*p* a suscité une grande attention : la différence entre la significativité scientifique et la significativité clinique. Par exemple, un test génétique mesurant le risque de développer un cancer peut avoir 99 % de chances d'être statistiquement significatif, ce qui semble plutôt bien. Mais en pratique, il peut ne détecter qu'un seul cas de cancer supplémentaire pour 100 000 personnes, tout en donnant un « faux positif » – une détection de cancer mais qui n'est en fait qu'un faux-semblant – 1 000 fois pour 100 000 personnes. Cela le rendrait cliniquement inutile, malgré son extrême significativité statistique.

Le théorème de Bayes permet de résoudre quelques problèmes de probabilités en médecine. En voici un exemple typique[1]. Une méthode standard pour détecter des cancers du sein potentiels chez la femme consiste à faire une mammographie, une image du sein aux rayons X de faible intensité. La fréquence des cancers du sein chez les femmes de 40 ans est d'environ 1 %. (Si l'on considère leur vie entière, elle est supérieure à 10 % et ne cesse d'augmenter.) Supposons que des femmes de cet âge passent une mammographie. Environ 80 % des femmes atteintes d'un cancer du sein sont déclarées positives et 10 % des femmes sans cancer du sein sont elles aussi déclarées positives (un « faux positif »). Supposons qu'une femme soit déclarée positive. Quelle est la probabilité pour qu'elle développe un cancer du sein ?

En 1995, Gerd Gigerenzer et Ulrich Hoffrage ont découvert que lorsqu'on pose cette question aux médecins, seuls 15 % d'entre eux donnent la bonne réponse[2]. La plupart d'entre eux répondent 70-80 %.

On peut calculer cette probabilité en utilisant le théorème de Bayes. On peut aussi utiliser le même raisonnement qu'au chapitre 8, ce que nous allons faire. Pour fixer les idées, considérons un échantillon de 1 000 femmes appartenant à ce groupe d'âge. La taille de l'échantillon importe peu parce que nous examinons des proportions. Nous supposerons que les nombres concernés sont exactement tels que les spécifient les probabilités – cela ne serait pas le cas dans un échantillon réel, mais comme nous utilisons un échantillon hypothétique pour calculer les probabilités, cette hypothèse est raisonnable. Sur ces 1 000 femmes,

10 ont un cancer, et 8 de ces dernières sont détectées par le test. Sur les 990 femmes restantes, 99 sont testées positives. Le nombre total de femmes positives est donc 107. Et 8 de ces 107 femmes ont un cancer, ce qui donne une probabilité de 8/107, soit environ 7,5 %.

C'est environ un dixième de ce que pensent la plupart des médecins lorsqu'on les interroge sur ce point. Face à un patient réel, ils peuvent être plus attentifs que lorsqu'on leur demande une estimation au pied levé. Espérons-le, ou mieux, équipons-les d'un logiciel qui leur permette d'alléger leurs soucis. La principale erreur de leur raisonnement est qu'ils ignorent les faux positifs – d'où leur 80 % d'estimation – ou qu'ils supposent qu'ils ont un petit effet – ce qui ramène leur estimation à environ 70 %. Ce raisonnement échoue ici parce que le nombre de femmes qui n'ont pas de cancer est bien plus important que le nombre de femmes qui en ont. Même si un faux positif est moins probable qu'un véritable positif, le simple nombre de femmes sans cancer l'emporte nettement sur le nombre de femmes qui en sont atteintes.

C'est là encore un autre exemple de raisonnement fallacieux sur les probabilités conditionnelles. En réalité, les médecins pensent à

- la probabilité pour qu'une femme atteinte d'un cancer du sein ait une mammographie positive ;

alors qu'ils devraient penser à

- la probabilité pour qu'une femme ayant une mammographie positive ait un cancer du sein.

Point intéressant, Gigerenzer et Hoffrage ont montré que les médecins ont une estimation plus précise de cette probabilité si on leur présente les chiffres de manière littéraire. Si « probabilité de 1 % » est remplacé par « une femme sur cent », etc., ils visualisent mentalement une chose plus proche du calcul que nous venons de faire. Les études psychologiques montrent que les gens ont souvent plus de facilité à résoudre un problème de mathématiques ou de logique si on le leur présente sous la forme d'une histoire, en particulier d'une histoire située dans un contexte social familier. Historiquement parlant, les joueurs ont eu l'intuition de nombreuses propriétés des probabilités bien avant les mathématiciens.

Je vais examiner dans un instant un essai médical moderne reposant sur des méthodes statistiques plus sophistiquées. En guise de préparation, je vais commencer par les méthodes elles-mêmes. Deux d'entre elles reprennent la philosophie traditionnelle des moindres carrés et de l'approche fishérienne des tests d'hypothèses, mais dans des contextes moins traditionnels. La troisième est plus moderne.

Parfois, les seules données disponibles sont un choix binaire oui/non tel que réussir/échouer à un examen de permis de conduire. Vous voulez alors savoir si un élément influe sur les résultats, par exemple, si le nombre de leçons de conduite prises affecte les chances de réussite. Vous pouvez tracer le graphe des résultats (disons 0 pour échec et 1 pour réussite) en fonction du nombre de leçons. Si les résultats étaient plus proches d'un éventail continu, vous pourriez faire une régression, trouver la meilleure ligne droite d'ajustement, calculer le coefficient de corrélation, et tester sa significativité. Mais avec seulement des valeurs à deux données, un modèle en ligne droite n'a pas beaucoup de sens.

En 1958, David Cox proposa d'utiliser une régression logistique. Une courbe logistique est une courbe lisse qui monte lentement depuis 0, accélère, puis ralentit en s'approchant de 1. La pente de la montée, au milieu, et sa position sont deux paramètres qui caractérisent une famille de telles courbes. Vous pouvez considérer ce type de courbe comme une évaluation de *l'opinion* de l'examinateur à l'égard du conducteur sur une échelle allant de médiocre à excellent, ou une évaluation des notes réellement attribuées par l'examinateur si c'est ainsi que le test a fonctionné. La régression logistique tente d'ajuster cette distribution présumée des opinions ou des notes en utilisant uniquement les données échec/réussite. Pour cela, elle évalue les paramètres pour lesquels la courbe s'ajuste le mieux aux données, en fonction de la définition, quelle qu'elle soit, choisie comme « meilleur ajustement ». Au lieu de tenter de trouver la meilleure droite d'ajustement, on cherche la meilleure courbe logistique d'ajustement. Le principal paramètre s'exprime habituellement par le rapport des chances, qui donne les probabilités relatives des deux résultats possibles.

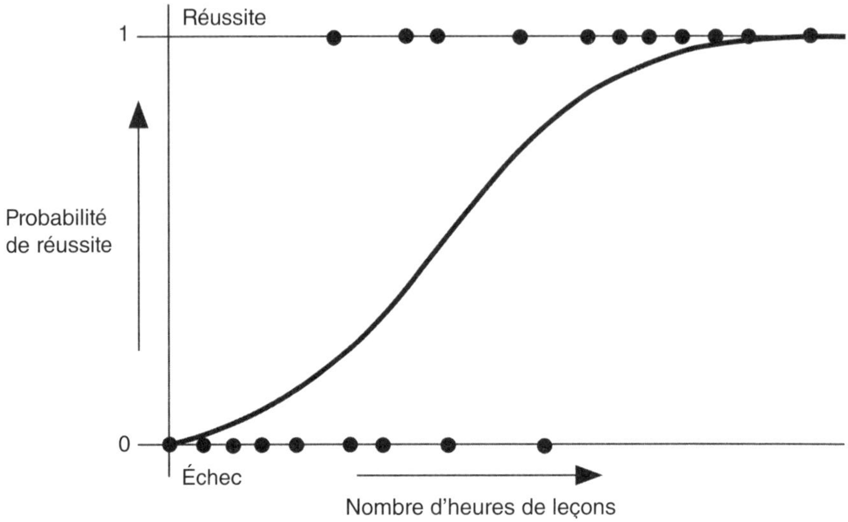

Figure 22. Hypothétiques données d'examen de permis de conduire (points) et courbe logistique d'ajustement.

La deuxième méthode, également développée par Cox, date de 1972. Elle est un modèle « à risque proportionnel », capable de traiter des événements variables avec le temps[3]. Par exemple, la consommation de drogue rend-elle plus probable l'occurrence d'une attaque, et si oui, dans quelles proportions ? Le taux de risque est un nombre qui donne la probabilité d'une attaque sur une période de temps donnée ; le doublement du taux de risque divise par deux le temps qui sépare d'une attaque. Le modèle statistique sous-jacent attribue une forme spécifique à la fonction de risque – qui exprime la dépendance du risque en fonction du temps[4]. Il contient des paramètres numériques, qui modélisent la dépendance de la fonction de risque par rapport à d'autres facteurs, tel le traitement médical. Le but est d'estimer ces paramètres et d'utiliser leurs valeurs pour décider de la significativité de leur influence sur la probabilité d'une attaque ou de tout autre événement étudié.

La troisième méthode est utilisée pour estimer la fiabilité d'une grandeur statistique extraite d'un échantillon, par exemple la moyenne de cet échantillon. Ce problème remonte à Laplace, et en astronomie, il peut se résoudre en mesurant les mêmes choses de nombreuses fois puis en appliquant le théorème central limite. Lors d'essais médicaux et dans de nombreux autres domaines scientifiques, cela n'est pas toujours possible. En 1979, dans un article intitulé « Bootstrap methods : another look at the jackknife » (Les méthodes du tirant de botte : un autre regard sur le canif), Bradley Efron suggéra une manière de procéder sans collecter plus de données[5]. Le premier terme de son titre faisait allusion au baron de Münchhausen qui pouvait se soulever en tirant sur ses ganses de bottes ; le jackknife était une ancienne tentative du même genre. À la différence du jackknife, le bootstrap repose sur le « rééchantillonnage » des mêmes données : on part d'une série d'échantillons aléatoires extraits de données existantes, on calcule leurs moyennes (ou toute autre grandeur statistique intéressante) et on aboutit à la distribution de valeurs résultante. Si la variance de cette distribution rééchantillonnée est faible, la moyenne originelle a des chances d'être proche de la vraie moyenne de la population originelle.

Par exemple, supposez que vous ayez des données sur les tailles d'un échantillon de 20 personnes et que vous vouliez en déduire la taille moyenne de l'ensemble des habitants du globe. Votre échantillon étant plutôt petit, sa moyenne n'est pas très fiable. La version la plus simple du bootstrap sélectionne au hasard 20 de ces personnes et calcule la moyenne pour cet échantillon. (La même personne peut être sélectionnée plus d'une fois quand vous rééchantillonnez ; les statisticiens appellent cela le « rééchantillonnage avec remise ». De cette façon, vous n'obtenez pas chaque fois la même moyenne.) Vous rééchantillonnez les données un grand nombre de fois, disons 10 000. Puis vous calculez des grandeurs statistiques, telles que la variance de ces 10 000 données rééchantillonnées. Ou vous dessinez leurs histogrammes. C'est facile avec les ordinateurs, mais ce n'était pas commode avant l'époque moderne, de sorte que personne ne suggérait de le faire. Aussi étrange que cela puisse paraître, le bootstrap donne de meilleurs résultats que l'hypothèse traditionnelle d'une distribution normale ou le calcul de la variance de l'échantillon originel.

Nous sommes maintenant prêts pour regarder un essai médical moderne bien conçu. J'ai choisi un article de recherche médicale publié en 2018 par Alexander Viktorin et ses collègues[6]. Ils recherchaient des effets imprévus de médicaments existants et déjà largement utilisés. Plus précisément, leur objectif était d'examiner ce qui se passe lorsqu'un père prend des antidépresseurs durant la période de conception d'un enfant. Des effets nocifs se manifestaient-ils chez l'enfant ? Ils examinèrent quatre possibilités : la naissance prématurée, les malformations, l'autisme et la déficience intellectuelle.

L'étude portait sur un très grand échantillon de 170 508 enfants – tous conçus en Suède entre le 29 juillet 2005 et le 31 décembre 2007, d'après les données du Registre suédois des naissances médicales, qui consigne environ 99 % des naissances de ce pays. Cette base de données contient des informations permettant de calculer la date de conception à une semaine près. Les pères étaient identifiés à l'aide du Registre multigénérationnel fourni par l'Office suédois de la statistique, qui fait la distinction entre parents biologiques et parents adoptifs ; seuls les pères biologiques furent pris en compte. Si les données requises étaient indisponibles, l'enfant était exclu. Le comité d'éthique régional, à Stockholm, approuva cette étude, que sa nature dispensait légalement du consentement des personnes étudiées. Précaution supplémentaire pour garantir la confidentialité, toutes les données restèrent anonymes : aucun nom de famille ne leur fut associé. Elles furent collectées jusqu'en 2014, lorsque les enfants atteignaient 8 ou 9 ans.

Il s'avéra que dans 3 983 cas, le père avait utilisé des antidépresseurs durant la conception. Dans un groupe de contrôle de 164 492 enfants, les pères n'en avaient pas utilisé. Dans un troisième « groupe de contrôle négatif » de 2 033 enfants, les pères n'avaient pas utilisé d'antidépresseur à l'époque de la conception, mais après, pendant que la mère était enceinte. (Si le médicament était nocif, cela devait apparaître dans le premier groupe mais pas dans le deuxième. En outre, nous ne nous *attendions* pas non plus à que cela apparaisse dans le troisième groupe, car la transmission d'un médicament ou de ses effets du père à l'enfant s'opère essentiellement lors de la conception. Il est intéressant de tester cette attente.)

L'étude rapporta qu'aucun des quatre cas examinés n'est dû à la prise d'antidépresseurs par le père durant la période centrée sur la conception. Voyons comment les chercheurs sont arrivés à cette conclusion.

Pour avoir des données objectives, ils ont utilisé des classifications cliniques standard qui détectent et quantifient ces quatre cas. Leur analyse statistique utilisa diverses techniques, chacune adaptée au cas et aux données considérés. Pour tester leur hypothèse, ils ont placé le niveau de significativité à 95 %. Pour deux cas, la prématurité et les malformations, les données disponibles étaient binaires : soit l'enfant était concerné, soit il ne l'était pas. La technique appropriée était alors la régression logistique : elle a fourni une évaluation des rapports des probabilités liées à la naissance prématurée et aux malformations, quantifiés en utilisant des intervalles de confiance à 95 %. Ces intervalles définissent une fourchette de valeurs qui nous certifie à 95 % que la grandeur statistique recherchée se situe dans cette fourchette[7].

Les deux autres cas, le trouble du spectre de l'autisme et la déficience intellectuelle, sont des troubles psychiatriques. Chez l'enfant, ils se manifestent davantage à mesure que l'enfant grandit, de sorte que les données dépendent du temps. Des modèles de régression de Cox, qui fournissent des estimations des rapports de risques, ont permis de corriger cet effet. Les données pour les enfants de mêmes parents pouvant générer des corrélations trompeuses, les chercheurs ont également recouru au bootstrap pour effectuer des analyses de sensibilité et évaluer ainsi la fiabilité des résultats statistiques.

Leurs conclusions ont fourni des témoignages statistiques permettant de quantifier d'éventuelles associations des antidépresseurs avec les quatre handicaps considérés. Pour trois de ces handicaps, il n'y eut pas le moindre signe d'association. Une deuxième recherche a comparé le premier groupe (le père qui prit le médicament durant la conception) avec le troisième groupe (le père qui le prit, non durant la conception, mais durant la grossesse de la mère). Pour les trois premiers handicaps, il n'y eut là encore aucune différence significative. Pour le quatrième, la déficience intellectuelle, il y eut une légère différence. Si on avait fait état d'un plus grand risque de déficience intellectuelle pour le premier groupe, cela aurait pu suggérer que le médicament avait un effet à la conception – le seul moment où il avait des chances d'affecter l'éventuel fœtus. Mais en fait, le risque de déficience intellectuelle du premier groupe fut légèrement *inférieur* à celui du troisième groupe.

Cette étude est impressionnante. Non seulement elle fait montre d'une minutieuse conception des expériences et de procédures éthiquement correctes, mais elle utilise en outre une panoplie de techniques statistiques bien plus efficaces que les tests d'hypothèses fishériens. Elle a recouru à des notions traditionnelles telles que les intervalles de confiance pour indiquer le niveau de confiance dans les résultats, mais en les adaptant aux méthodes utilisées et au type de données.

13

Divination financière

« Les spéculateurs peuvent être aussi inoffensifs que des bulles d'air dans un courant régulier d'entreprise. Mais la situation devient sérieuse lorsque l'entreprise n'est plus qu'une bulle d'air dans le tourbillon spéculatif. Lorsque dans un pays le développement du capital devient le sous-produit de l'activité d'un casino, il risque de s'accomplir en des conditions défectueuses. »

John Maynard Keynes, *Théorie générale de l'emploi, de l'intérêt et de la monnaie*[1]

Le 15 septembre 2008, la grande banque d'investissement Lehman Brothers fit faillite. L'impensable devint réalité et le boom économique à long terme s'arrêta brutalement. L'inquiétude qui couvait à propos d'un secteur spécialisé du marché hypothécaire américain se mua en une véritable panique qui affecta chaque composante du secteur financier. La crise financière de 2008 menaça d'écroulement la totalité du système bancaire mondial et la catastrophe ne fut évitée que grâce aux énormes transferts de l'argent des contribuables effectués par les gouvernements au profit des banques mêmes qui étaient à l'origine de la crise. Sa conséquence fut la Grande Récession, une baisse mondiale de l'activité économique sous toutes ses formes. Ses effets pernicieux se font encore largement sentir une décennie plus tard.

Je ne veux pas m'empêtrer dans les causes de cette crise financière, qui sont complexes, diverses et controversées. De l'avis général, une combinaison d'orgueil démesuré et de cupidité a conduit à des évaluations trop optimistes de la valeur et du risque d'instruments financiers complexes, les « produits dérivés », que personne ne comprend réellement. Quelle qu'en soit la cause, cette crise financière montre crûment que les affaires financières comportent de profondes incertitudes. Avant, la plupart d'entre nous supposaient que le monde financier était solide et stable, et que les personnes en charge de notre argent étaient des experts hautement qualifiés que leur grande expérience incitait à la prudence et à une approche conventionnelle du risque. Après, nous avons mieux compris. De multiples crises nous avaient en fait mis en garde contre notre optimisme excessif, mais elles passaient pratiquement inaperçues, et quand on les remarquait, on les considérait comme des erreurs que l'on ne répèterait plus.

Il existe de nombreux types d'institutions financières. Il y a la banque ordinaire, dans laquelle vous entrez déposer un chèque, le guichet automatique, à l'extérieur, dont vous utilisez les applications bancaires, ou encore les sites en ligne pour transférer de l'argent ou vérifier si les paiements sont arrivés. La banque d'investissement, qui prête de l'argent pour la réalisation de projets, la création d'entreprises et les aventures spéculatives, est très différente. La première devrait être sans risque ; la seconde ne peut éviter une certaine dose d'incertitude. En Grande-Bretagne, ces deux types de banques étaient habituellement mutuellement étanches. Les prêts hypothécaires étaient habituellement octroyés par des sociétés de crédit immobilier qui étaient mutualisées, c'est-à-dire des organisations sans but lucratif. Les compagnies d'assurance s'en tenaient à la vente d'assurances, et les supermarchés à la vente de viande et de légumes. La déréglementation financière des années 1980 changea tout cela. Les banques se ruèrent sur les prêts hypothécaires, les sociétés de crédit immobilier abandonnèrent leur rôle social et se transformèrent en banques, et les supermarchés vendirent des assurances. En abrogeant les soi-disant pesantes réglementations, les gouvernements de l'époque abrogèrent également le cloisonnement entre les différents types d'institutions financières. De sorte que lorsque quelques grandes banques connurent des difficultés avec les « subprimes »[2], il s'avéra que toutes les autres avaient fait la même erreur, et la crise se propagea comme une traînée de poudre.

Cela dit, les affaires financières sont très difficiles à prédire. La bourse est quasiment une maison de jeu – extrêmement organisée, utile comme source de financement des affaires, contributrice à la création d'emplois, mais son activité est en définitive très proche d'un pari sur Bucéphale dans la quatrième à Auteuil. Les marchés des devises, dans lesquels des traders échangent des dollars contre des euros, ou des yens, des roubles ou des livres sterling, existent principalement pour faire un très petit bénéfice sur une très grosse transaction. De même que les joueurs professionnels expérimentés connaissent les cotes et tentent d'optimiser leurs paris, les opérateurs et traders professionnels utilisent leur expérience pour tenter de minimiser leurs risques et maximiser leurs profits. La bourse est toutefois bien plus complexe qu'une course hippique et les traders d'aujourd'hui recourent à des algorithmes complexes – à des modèles mathématiques fonctionnant sur ordinateur. Nombre d'opérations sont automatisées : des algorithmes prennent des décisions en une fraction de seconde et négocient entre eux sans la moindre intervention humaine.

Tous ces développements ont été motivés par le désir de rendre les affaires financières plus prévisibles ; de réduire l'incertitude, et donc de réduire le risque. La crise financière est arrivée parce que trop de banquiers pensaient avoir fait cela. Il s'avéra qu'ils auraient aussi bien pu regarder dans une boule de cristal.

Le problème n'est pas nouveau.

Entre 1397 et 1494, la puissante famille des Médicis, dans l'Italie de la Renaissance, dirigeait une banque, la plus grande et la plus respectable de toute l'Europe. Pendant un temps, cette banque fit des Médicis la famille la plus riche d'Europe. En 1397, Jean de Médicis sépara sa banque de celle de son neveu et la transféra à Florence. Elle se développa, créa des succursales à Rome, Venise et Naples, puis étendit des tentacules jusqu'à Genève, Bruges, Londres, Pise, Avignon, Milan et Lyon. Tout sembla aller à merveille sous le contrôle de Cosme de Médicis, jusqu'à sa mort en 1464 et son remplacement par son fils Pierre de Médicis. En coulisse, cependant, les Médicis dépensaient sans compter : quelque 17 000 florins or par an de 1434 à 1471 – l'équivalent de 20 à 30 millions de dollars actuels.

L'orgueil engendre la chute, et l'inévitable effondrement débuta dans la succursale lyonnaise, dont le gérant était véreux. La succursale londonienne prêtait, elle, des sommes énormes aux dirigeants de l'époque, ce qui était une décision risquée dans la mesure où les rois et les reines avaient une durée de vie éphémère et étaient bien connus pour ne pas payer leurs dettes. En 1478, la succursale londonienne fit faillite, perdant la somme colossale de 51 533 florins or. La succursale de Bruges fit la même erreur. Selon Machiavel, Pierre tenta de consolider les finances en exigeant le remboursement des prêts, ce qui mit en faillite plusieurs entreprises locales et contraria nombre d'influentes personnalités. Les succursales continuèrent de fermer les unes après les autres, et lorsqu'en 1494, les Médicis tombèrent en disgrâce et perdirent leur influence politique, la fin était proche. Même à ce moment, la banque Médicis était la plus grosse d'Europe, mais une foule réduisit en cendres la banque centrale, à Florence, et la succursale lyonnaise fut soumise à un rachat hostile. Son gérant avait accepté trop de prêts toxiques et couvert le désastre en empruntant d'importantes sommes auprès d'autres banques.

Tout cela semble horriblement familier.

Durant la bulle Internet des années 1990, lorsque des investisseurs bradèrent leurs participations dans d'énormes et lucratives industries qui fabriquaient en fait des marchandises pour ensuite miser sur ce qui était souvent une demi-douzaine de gamins dans un grenier avec un ordinateur et un modem, Alan Greenspan, président de la Réserve fédérale américaine, prononça en 1996 un discours fustigeant le marché pour son « exubérance irrationnelle ». Personne n'y fit attention, mais en 2000, les actions Internet s'effondrèrent. En 2002, elles avaient perdu 5 milliers de milliards de dollars en capitalisation boursière.

Cela aussi était déjà arrivé. De nombreuses fois.

La Hollande du XVIIe siècle était prospère et confiante, et tirait d'énormes profits de son commerce avec l'Extrême-Orient. La tulipe, une rareté originaire de Turquie, devint un signe extérieur de richesse et sa valeur monta en flèche. La « tulipomanie » explosa, ce qui conduisit à la création de bourses spécialisées dans la tulipe. Des spéculateurs en achetaient des stocks énormes qu'ils cachaient ensuite pour créer une pénurie artificielle et faire grimper les prix. Un marché à terme, fixant à l'avance la date d'exécution des contrats d'achat ou de vente de bulbes, vit le jour. En 1623, le prix d'une tulipe suffisamment rare était supérieur à celui d'une maison de marchand à Amsterdam. Lorsque la bulle explosa, l'économie hollandaise régressa de quarante ans.

En 1711, des entrepreneurs britanniques fondèrent la « Governor and Company of the Merchants of Great Britain, trading to the South Seas and other parts of America, and for the Encouragement of Fishing » – la Compagnie de la mer du Sud. La couronne lui accorda le monopole du commerce avec l'Amérique du Sud. Les spéculateurs décuplèrent les prix et l'enthousiasme des gens était tel que l'on créa d'étranges compagnies dérivées. L'une d'elles fut célèbre pour sa publicité la disant « mener une entreprise grandement profitable, sans que personne ne sache de quoi il s'agit. » Une autre fabriquait des boulets de canon carrés. Lorsque la raison reprit le dessus, le marché s'effondra ; les investisseurs ordinaires perdirent leurs économies de toute une vie, mais les gros actionnaires et les directeurs avaient depuis longtemps quitté le navire. Finalement, Robert Walpole, premier lord du Trésor, qui avait vendu toutes ses actions quand le marché était à son apogée, ramena l'ordre en répartissant la dette entre le gouvernement et la Compagnie britannique des Indes orientales. Les directeurs furent obligés d'indemniser les investisseurs, mais nombre de pires escrocs s'en sont bien tirés.

Lorsque la bulle de la mer du sud explosa, Isaac Newton, alors directeur de la Monnaie et donc censé comprendre la haute finance, fit cette remarque : « Je peux calculer le mouvement des étoiles, mais non la folie des hommes. » Il fallut attendre un certain temps pour que des savants mathématiciens s'attaquent aux mécanismes du marché, et même alors ils se concentrèrent sur les prises de décisions rationnelles, ou du moins sur ce qu'ils pensaient être les comportements rationnels. C'est seulement au XIXe siècle que l'économie commença à acquérir les signes extérieurs d'une science mathématique. L'idée germait depuis un certain temps, dans les contributions de gens tels que l'Allemand Gottfried Achenwall, souvent crédité de l'invention du mot « statistique », et de l'Anglais William Petty, qui travailla sur la fiscalité au milieu du XVIIe siècle et proposa des impôts équitables, proportionnels, réguliers et fondés sur des données statistiques précises. En 1826, Johann von Thünen construisait des modèles mathématiques de systèmes économiques, tels que l'utilisation de la surface agricole utile pour l'agriculture, et développait des techniques pour les analyser.

Au début, les méthodes reposaient sur l'algèbre et l'arithmétique, mais une nouvelle génération de savants formés à la physique mathématique entra dans la danse. Dans *The Principles of Political Economy* (Les principes de l'économie politique), William Jevons affirma que l'économie « se doit d'être mathématique pour la simple raison qu'elle traite de quantités. » Collectez suffisamment de données sur les marchandises vendues et sur leurs prix de vente, et vous verrez certainement se révéler les lois mathématiques sous-jacentes aux transactions économiques. Jevons fut l'un des premiers à utiliser l'utilité marginale : « À mesure que la quantité de tout produit, par exemple, un aliment de base que l'homme consomme nécessairement, augmente, l'utilité ou le bénéfice retiré de la dernière portion utilisée décroît en degré. » Autrement dit, une fois que vous en avez assez, tout ce qu'il y a en plus devient moins utile.

L'économie mathématique, dans sa forme « classique », est clairement perceptible dans les travaux de Léon Walras et Augustin Cournot, qui mirent en avant le concept d'utilité : quelle est la valeur d'un bien pour la personne qui l'achète ? Si vous achetez une vache, vous comparez son coût, nourriture comprise, avec le revenu que vous pouvez tirer de son lait et de sa viande. La théorie disait que l'acheteur décide entre divers choix possibles en sélectionnant celui qui maximise l'utilité. Si vous écrivez des formules plausibles pour la fonction d'utilité, qui exprime la dépendance de l'utilité par rapport au choix, vous pouvez, grâce au calcul intégral, trouver ce maximum. Cournot était mathématicien ; en 1838, il développa un modèle dans lequel deux compagnies rivalisent pour la conquête du même marché – une situation que l'on appelle un duopole. Chaque compagnie ajuste ses prix en fonction du niveau de production de sa rivale, et toutes deux s'installent dans un équilibre (ou état stationnaire) correspondant à leur fonctionnement optimal. Le mot « équilibre » vient des mots latins « égal » et « balance », et indique qu'une fois atteint un tel état, il ne change pas. La raison en est, dans notre contexte, que la moindre modification place l'une ou l'autre compagnie dans une position désavantageuse.

La dynamique d'équilibre et l'utilité en sont arrivées à dominer la pensée de l'économie mathématique, et l'une des influences majeures en ce domaine fut la tentative menée par Walras pour étendre ces modèles à toute l'économie d'une nation, voire à l'économie mondiale, à travers sa théorie de l'équilibre général concurrentiel. Vous posiez les équations décrivant les choix de l'acheteur et du vendeur lors d'une transaction, vous réunissiez ces équations pour *chaque* transaction de la planète, vous résolviez le système pour obtenir un état d'équilibre, et vous trouviez les meilleurs choix possibles pour chacun. Ces équations générales étaient trop complexes pour être résolues par les méthodes alors disponibles, mais elles conduisirent à deux principes fondamentaux : premièrement, la loi de Walras, qui dit que si tous les marchés sauf un sont en équilibre, il en est de même pour ce dernier, pour la simple raison que s'il peut varier, il fera également varier les autres ; deuxièmement, le tâtonnement, qui selon Walras correspond au mode de progression des marchés vers l'équilibre. Le marché est considéré comme une vente aux enchères, dans laquelle le commissaire-priseur propose des prix et les acheteurs enchérissent pour acquérir un ensemble de marchandises lorsque le prix est en accord avec leurs préférences. Ils sont censés avoir de telles préférences (prix de réserve) pour chaque marchandise. L'une des faiblesses de cette théorie est que personne en fait n'achète quoi que ce soit tant que toutes les marchandises n'ont pas été vendues, et personne ne revient sur son prix de réserve durant le déroulement des enchères. Les marchés réels ne fonctionnent pas ainsi ; en fait, il n'est absolument pas évident que l'état d'« équilibre » ait un sens dans les marchés réels. Walras construisait simplement un modèle déterministe d'un système fourmillant d'incertitudes. Son approche survécut parce que personne ne pouvait en proposer de meilleure.

En 1881, alors qu'il mettait activement de l'ordre dans le formalisme mathématique des statistiques, Edgeworth appliqua une approche similaire en économie dans son ouvrage *Mathematical Psychics : An Essay on the Application of Mathematics to the Moral Sciences* (Psyché mathématique : un essai sur l'application des mathématiques aux sciences morales). De nouvelles méthodes mathématiques commencèrent à apparaître au début du XXe siècle. Vilfredo Pareto développa des modèles dans lesquels des agents économiques négocient des marchandises dans le but d'améliorer leur choix. Le système est en équilibre s'il atteint un état dans lequel aucun agent ne peut améliorer son choix sans dégrader la situation d'un autre agent. Un tel état s'appelle aujourd'hui un optimum de Pareto. En 1937, utilisant un puissant théorème de topologie – le théorème du point fixe de Brouwer –, John von Neumann démontra que les états d'équilibre appartiennent toujours à une classe appropriée de modèles mathématiques. Dans son système, les économies peuvent prendre de la valeur, et il démontra qu'à l'équilibre, le taux de croissance est égal au taux d'intérêt. Von Neumann améliora également la théorie des jeux – un modèle mathématique simplifié d'agents concurrents utilisant un ensemble fini de stratégies pour maximiser leurs profits. En 1994, John Nash reçut le prix Nobel d'économie[3] pour ses travaux sur les équilibres en théorie des jeux, étroitement liés aux optimums de Pareto.

Au milieu du XXe siècle, la plupart des grands thèmes de l'économie mathématique classique, aujourd'hui encore largement enseignée dans les universités et, durant de nombreuses décennies, seule approche mathématique de l'économie dispensée en tout point du globe, étaient solidement établis. Une bonne part de la terminologie archaïque (marché, panier de biens) est encore en usage aujourd'hui et l'accent mis sur la croissance en tant que mesure de la santé d'une économie date de cette époque. Cette théorie fournit un outil systématique pour prendre des décisions dans un environnement économique incertain et marche suffisamment bien, souvent suffisamment, pour être utile. Toutefois, il devient de plus en plus évident que ce type de modèle mathématique est sérieusement limité. En particulier, l'idée que les agents économiques sont des êtres parfaitement rationnels, qui savent exactement ce qu'est leur courbe d'utilité et cherchent à la maximiser, ne cadre pas avec la réalité. Malgré son acceptation générale, l'économie mathématique classique a ceci de remarquable qu'elle n'a jamais été testée sur des données réelles. Elle est une « science » sans base expérimentale. Le grand économiste John Maynard Keynes écrivit : « Trop de récentes économies “mathématiques” ne sont que pures spéculations ;

aussi imprécises que leurs hypothèses initiales, elles permettent aux auteurs d'oublier dans le dédale des symboles vains et prétentieux les complexités et les interdépendances du monde réel. »[4] Vers la fin de ce chapitre, j'examinerai brièvement quelques propositions modernes visant à améliorer cette théorie.

La thèse de doctorat de Louis Bachelier, soutenue à Paris en 1900, présente une approche très différente des mathématiques financières. Bachelier fut étudiant d'Henri Poincaré – probablement le plus grand mathématicien français de cette période et l'un des plus brillants au monde. Sa thèse eut pour titre *Théorie de la spéculation*. Cela aurait pu être le nom d'un domaine technique des mathématiques, mais Bachelier faisait référence à la spéculation sur les valeurs boursières. Ce n'était pas des mathématiques appliquées conventionnelles, et cela desservit Bachelier. Ses travaux, en soi spectaculaires, fournirent une contribution majeure à la physique mathématique – discipline dans laquelle les mêmes idées s'exprimaient différemment – mais tombèrent dans l'oubli jusqu'à ce qu'on les redécouvre des décennies plus tard. Bachelier fut l'un des pionniers de l'approche « stochastique » – terme technique désignant les modèles intégrant un élément aléatoire – de l'incertitude financière.

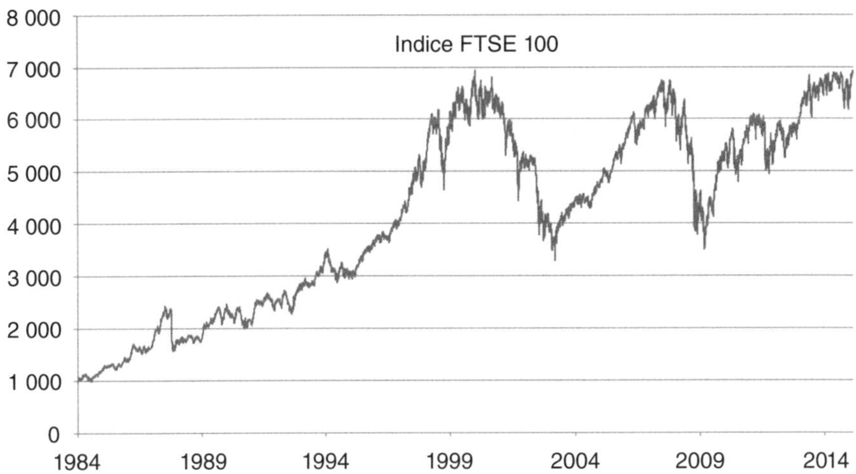

Figure 23. L'indice FTSE 100, de 1984 à 2014.

Quiconque lit les pages financières d'un journal ou suit la bourse sur l'Internet découvre rapidement que les valeurs boursières varient de manière irrégulière, imprévisible. L'illustration page 211 montre les variations de l'indice FTSE 100 (qui regroupe les valeurs des 100 entreprises britanniques les mieux cotées à la bourse de Londres) entre 1984 et 2014. Cela ressemble davantage à une marche aléatoire qu'à une courbe lisse. Bachelier prit cette similitude au sérieux et modélisa l'évolution des valeurs boursières par un processus physique appelé « mouvement brownien ». En 1827, utilisant un microscope pour observer de minuscules particules enfermées dans des grains de pollen en suspension dans l'eau, le botaniste Robert Brown avait remarqué que les particules remuaient de façon aléatoire, mais il ne put expliquer pourquoi. En 1905, Einstein suggéra que ce mouvement résultait de la collision de ces particules avec les molécules d'eau. Son analyse mathématique du phénomène convainquit de nombreux scientifiques que la matière était faite d'atomes. (Curieusement, cette idée était encore extrêmement controversée en 1900.) Jean Perrin confirma l'explication d'Einstein en 1908.

Bachelier utilisa le modèle du mouvement brownien pour répondre à cette question de statistique concernant le marché boursier : comment le prix escompté – la moyenne statistique – change-t-il avec le temps ? Plus précisément, à quoi ressemble la densité de probabilité des prix, et comment évolue-t-elle ? La réponse à cette question fournit une estimation du prix le plus probable et nous donne l'ampleur de l'éventuelle fluctuation du prix escompté par rapport au prix estimé. Bachelier écrivit une équation pour la densité de probabilité, aujourd'hui appelée équation de Chapman-Kolmogorov ; en la résolvant, il obtint une distribution normale dont la variance (l'étalement) croît linéairement avec le temps. On identifie aujourd'hui cette distribution à la densité de probabilité pour l'équation de la diffusion également appelée équation de la chaleur parce que c'est ici que la chaleur fit sa première apparition. Si vous chauffez une casserole métallique sur une cuisinière, la poignée devient chaude, même si elle n'est pas directement en contact avec l'élément chauffant. La raison en est que la chaleur diffuse à travers le métal. En 1807, Fourier écrivit une « équation de la chaleur » gouvernant ce processus. La même équation vaut pour d'autres types de diffusion, telle celle d'une goutte d'encre dans un verre d'eau. Bachelier démontra que dans un modèle de mouvement brownien, le prix d'une option se diffuse comme la chaleur.

Bachelier développa également une deuxième approche, fondée sur la marche aléatoire. Une marche aléatoire dont les pas deviennent de plus en plus petits, sans cesse plus rapides, ressemble de plus en plus à un mouvement brownien. Il démontra que cette façon de penser donnait le même résultat. Il détermina ensuite l'évolution du prix d'une « stock option » en fonction du temps. (Une stock option est un contrat d'achat ou de vente à prix fixe d'un produit à une date fixée à l'avance. Ces contrats peuvent être à tout moment achetés ou vendus ; le moment idéal dépend de l'évolution du prix réel du produit en question.) La meilleure estimation du futur prix réel s'obtient en analysant la diffusion du prix courant.

La thèse de Bachelier reçut un accueil mitigé, en raison probablement du caractère inhabituel de son domaine d'application, mais elle fut acceptée et publiée dans une prestigieuse revue scientifique. Bachelier poursuivit ses recherches sur la diffusion et sur des sujets probabilistes connexes, devint professeur à la Sorbonne, et fut mobilisé lors de la Première Guerre mondiale. Après la guerre et quelques emplois universitaires temporaires, il postula un poste permanent à Dijon. Maurice Gevrey, membre du comité d'évaluation des candidats, pensait avoir trouvé une erreur majeure dans un article de Bachelier, et Paul Lévy, le grand spécialiste des probabilités, était d'accord avec lui. Cela porta un coup fatal à sa carrière. En fait, Gevrey et Lévy avaient mal compris ses notations, et il n'y avait pas d'erreur. Scandalisé, Bachelier écrivit une lettre insistant sur ce point, en vain. Finalement, Lévy se rendit compte que Bachelier n'avait pas commis d'erreur, s'excusa, et ils se réconcilièrent. Lévy ne fut toutefois jamais grandement séduit par l'idée d'appliquer les probabilités à l'activité boursière. Il écrivit dans son carnet à propos de la thèse de Bachelier : « Trop de choses sur la finance ! »

L'évolution d'une stock option au cours du temps décrite par Bachelier – via des fluctuations aléatoires – fut finalement adoptée par les économistes mathématiciens et les analystes de marché. Il s'agissait de comprendre le comportement d'un marché dans lequel les négociations portaient sur les options, et non sur les marchandises sous-jacentes. L'un des problèmes fondamentaux consistait à trouver une façon rationnelle d'attribuer une valeur à une option, c'est-à-dire une valeur que toute personne concernée pourrait calculer indépendamment en utilisant les mêmes règles. Cela aurait permis d'évaluer le risque associé à toute transaction et de favoriser ainsi l'activité du marché.

En 1973, Fischer Black et Myron Scholes publièrent dans le *Journal of Political Economy* un article intitulé « The pricing of options and corporate liabilities » (La tarification des options et les passifs d'entreprise). Lors de la décennie précédente, ils avaient développé une formule mathématique permettant de déterminer un prix raisonnable pour une option. Les opérations qu'ils effectuèrent en utilisant cette formule n'ayant pas véritablement été une réussite, ils décidèrent de rendre le raisonnement public. Robert Merton donna une explication mathématique de leur formule, qui prit alors le nom de modèle Black-Scholes pour l'évaluation d'une option. Cette formule distingue entre les fluctuations de la valeur de l'option et le risque associé à la marchandise sous-jacente, ce qui aboutit à une stratégie de transaction appelée *delta-hedging* : on achète et vend à plusieurs reprises la marchandise sous-jacente d'une manière qui élimine le risque associé à l'option.

Ce modèle est une équation aux dérivées partielles, étroitement liée à l'équation de la diffusion déduite du mouvement brownien par Bachelier. C'est l'équation de Black-Scholes. Quel que soit le contexte, sa solution, obtenue par des méthodes numériques, donne le prix optimal de l'option. L'existence d'un unique prix « raisonnable » (même s'il reposait sur un modèle particulier, ce qui peut fort bien ne pas arriver dans la réalité) fut suffisante pour persuader les institutions financières d'utiliser l'équation et faire ainsi apparaître un énorme marché d'options.

Les hypothèses mathématiques contenues dans l'équation de Black-Scholes ne sont pas entièrement réalistes. L'une d'elles, particulièrement importante, dit que la distribution de probabilité du processus de diffusion sous-jacent est une distribution normale, de sorte que les

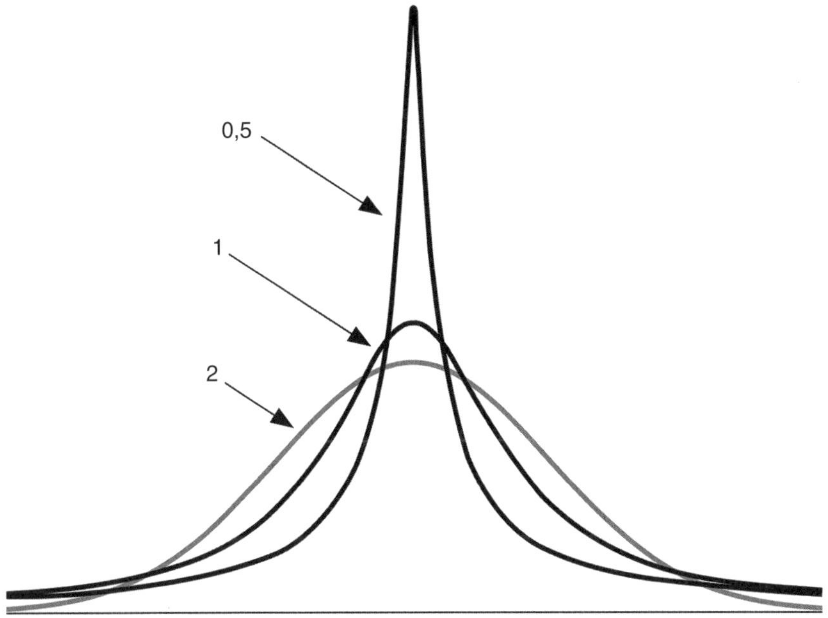

Figure 24. Deux distributions à queues grasses (en noir) et, à titre de comparaison, une distribution normale (en gris). Toutes trois sont des « distributions stables », impliquant un paramètre qui a ici pour valeurs 0,5, 1 et 2.

événements extrêmes sont très peu probables. Dans la pratique, ils sont bien plus communs – leurs distributions sont dites « à queues grasses »[5]. L'illustration ci-dessus montre, pour des valeurs spécifiques d'un paramètre clé, trois membres d'une famille de distributions de probabilité à quatre paramètres appelées « distributions stables ». Pour la valeur 2 de ce paramètre, on obtient la distribution normale (courbe grise), dépourvue de queues grasses. Les deux autres distributions (courbes noires) ont des queues grasses : près des bords de l'illustration, elles se situent au-dessus de la distribution normale.

L'utilisation d'une distribution normale pour modéliser des données financières qui ont en fait des queues grasses sous-estime considérablement les risques d'événements extrêmes. Ces événements sont rares par rapport à la norme, avec ou sans queues grasses, mais les queues grasses les rendent suffisamment fréquents pour poser un sérieux problème. Et bien sûr, ce sont les événements extrêmes qui peuvent vous faire perdre de grandes sommes d'argent. Des chocs imprévus, telle une soudaine crise politique ou la faillite d'une grande entreprise, peuvent rendre les événements extrêmes encore plus probables que ne l'indiquent les distributions à queues grasses. La bulle Internet et la crise financière de 2008 ont présenté ce type de risques.

Malgré ces inquiétudes, l'équation de Black-Scholes était largement utilisée, pour des raisons pragmatiques : il était facile de faire les calculs et, la plupart du temps, elle donnait une bonne approximation de l'état du marché réel. L'investisseur milliardaire Warren Buffett lança cet avertissement : « Dans le domaine de la finance, la formule de Black-Scholes a presque acquis le statut de sainte écriture [...] Toutefois, si on l'applique sur de longues périodes de temps, elle peut produire des résultats absurdes. Black et Scholes, il faut leur rendre cette justice, ont très probablement bien compris ce point. Mais leurs dévoués disciples ignorent parfois les avertissements que les deux hommes ont joints à leur formule lorsqu'ils l'ont dévoilée. »[6]

Des modèles plus sophistiqués et plus réalistes ont vu le jour, développés pour des instruments financiers plus complexes – les « produits dérivés ». L'une des causes de la crise de 2008 fut la méconnaissance des risques réels que présentaient certains des plus populaires des produits dérivés, tels que les couvertures de défaillance et les titres de créance collatéralisés. Certains investissements que les modèles affirmaient être sans risques ne l'étaient pas.

Il devient aujourd'hui évident que l'économie mathématique traditionnelle, et les modèles financiers reposant sur les hypothèses statistiques traditionnelles, ne sont plus adaptés. Ce que nous devons faire pour remédier à cela est moins évident. Je vais jeter un rapide regard sur deux approches différentes : une analyse ascendante qui modélise les actions des opérateurs et traders individuels, et une approche descendante de l'état général du marché et de son contrôle afin d'éviter les krachs. Ces deux approches ne représentent qu'un infime échantillon d'une vaste littérature.

Dans les années 1980, des mathématiciens et des scientifiques s'intéressèrent énormément aux « systèmes complexes », dans lesquels un grand nombre d'entités individuelles interagissent selon des règles relativement simples pour produire des comportements « émergents » inattendus au niveau du système global. Avec ses 10 milliards de neurones, le cerveau est un exemple réel d'un tel système. Chaque neurone est (relativement) simple, tout comme les signaux qu'il émet et reçoit, mais si vous en connectez suffisamment de manière correcte, vous obtenez un Beethoven, une Austen ou un Einstein. Modélisez un stade de football plein à craquer par un système de 100 000 individus, chacun doté en propre d'intentions et d'aptitudes, se coupant mutuellement la route ou faisant tranquillement la queue aux guichets, et vous pourrez déduire des prédictions très réalistes sur la circulation de cette foule. Par exemple, des foules denses se déplaçant en sens contraire dans un couloir peuvent « s'interdigiter » et former de longs écoulements parallèles de sens alternés. Les modèles descendants traditionnels représentant une foule par un fluide ne peuvent reproduire ce comportement.

L'état du marché financier a une structure similaire : un grand nombre de traders rivalisent entre eux pour maximiser leurs profits. Des économistes, tel W. Brian Arthur, ont commencé à étudier des modèles de complexité pour les systèmes économiques et financiers. Cela a entraîné l'apparition d'un style de modélisation aujourd'hui appelé *agent-based computational economics* (ACE, économie computationnelle à base d'agents). Sa structure globale est tout à fait générale. Créez un modèle dans lequel de nombreux agents sont en interactions mutuelles, fixez des règles plausibles pour ces interactions, faites tourner le tout sur un ordinateur et regardez ce qui se passe. L'hypothèse économique classique de la parfaite rationalité – chacun s'efforce d'optimiser sa propre utilité – peut être remplacée par des agents dotés d'une « rationalité limitée », s'adaptant à l'état du marché. Ils font ce qui leur semble raisonnable de faire, à chaque instant, en fonction de l'information *limitée* dont ils disposent sur l'activité du marché et de ce qu'ils pensent être son orientation. Ce ne sont pas des alpinistes grimpant vers un sommet lointain en suivant une voie visible de tous ; ils avancent à tâtons sur les pentes, dans le brouillard, en se dirigeant globalement vers le haut, sans même être certains qu'il y ait une montagne, mais inquiets de tomber dans le vide à la moindre faute d'inattention.

Au milieu des années 1990, Blake LeBaron examina des modèles ACE de marché boursier et constata qu'au lieu que tout s'installe dans un équilibre, comme le suppose l'économie classique, les prix fluctuent à mesure que les agents, observant ce qui se passe, changent de stratégie en conséquence. Exactement comme dans les marchés réels. Certains de ces modèles reproduisent non seulement ce comportement qualitatif, mais aussi la statistique globale des fluctuations du marché. À la fin des années 1990, le NASDAQ de New York cessa d'écrire les prix sous forme de fractions (comme $23\frac{3}{4}$) pour les écrire sous forme décimale (comme 23,7 ou même 23,75). Cela permit de fixer les prix de manière plus précise, mais comme ils pouvaient varier de quantités plus petites, cela pouvait également affecter les stratégies suivies par les traders. Cette bourse demanda à des chercheurs de BiosGroup spécialistes de la complexité de développer un modèle ACE susceptible de fournir les statistiques correctes. Il apparut que si l'on acceptait des mouvements de prix *trop* faibles, les traders pouvaient se comporter d'une manière qui leur rapportait des bénéfices immédiats mais qui réduisait l'efficacité du marché. Ce n'était pas une grande idée, et le NASDAQ en prit bonne note.

Prenant le contre-pied de cette philosophie ascendante, Andrew Haldane, de la Banque d'Angleterre, et l'écologiste Robert May se sont associés en 2011 pour suggérer que la banque peut apprendre de l'écologie[7]. Ils ont observé qu'un accent mis sur les risques supposés (ou sur l'absence de risques) associés aux produits dérivés complexes ignore les effets collectifs que ces instruments peuvent avoir sur la stabilité globale de la totalité du système bancaire. D'une manière analogue, les éléphants peuvent prospérer, mais s'ils sont trop nombreux, ils abattent tellement d'arbres qu'ils mettent en péril d'autres espèces. Les économistes avaient déjà montré que la croissance massive des fonds spéculatifs – les éléphants économiques – peut déstabiliser les marchés[8]. Haldane et May ont illustré leur proposition en utilisant des modèles délibérément choisis pour leur simplicité et en adaptant les méthodes utilisées par les écologistes pour étudier les interactions entre espèces et la stabilité des écosystèmes. L'un de ces modèles est constitué par les réseaux trophiques des liens entre prédateurs et proies. Les nœuds de ces réseaux sont des espèces individuelles ; les liens entre ces espèces représentent le prédateur, la proie et le mode de prédation. Dans l'application d'idées similaires au système bancaire, chaque grande banque est représentée par un nœud, et ce qui les relie est non pas la nourriture, mais l'argent. L'analogie n'est pas mauvaise. La Banque d'Angleterre et la Banque de la réserve fédérale de New York ont développé cette structure pour explorer les répercussions d'une seule faillite bancaire sur l'ensemble du système bancaire.

Quelques-unes des notions mathématiques clés de ces réseaux peuvent s'exprimer à l'aide d'une « approximation du champ moléculaire », qui suppose que chaque banque se comporte comme la moyenne générale. (Supposez, pour le dire comme Quetelet, que chaque banque est la banque moyenne. Cela n'est pas si déraisonnable dans la mesure où toutes les grandes banques se copient les unes sur les autres.) Haldane et May ont examiné les liens du comportement du système avec deux grands paramètres : la valeur nette de la banque et la proportion d'actifs qu'elle détient dans les prêts interbancaires. Ces derniers sont risqués dans la mesure où un prêt peut ne pas être remboursé. Cela arrive quand une banque fait faillite, et les effets de cette faillite se propagent à travers le réseau.

Ce modèle prédit qu'une banque est le plus fragile lorsqu'elle est très active comme banque de détail (clientèle ordinaire) et comme banque d'investissement (clientèle de casino). Depuis la crise financière, de nombreux gouvernements ont exigé, tardivement, qu'elles séparent ces deux activités afin que la faillite du casino ne contamine pas la banque de détail. Ce modèle inclut également un autre mode de propagation des chocs dans le système bancaire, mode qui fut très apparent durant la crise de 2008 : les banques sont rentrées dans leurs coquilles et ont cessé de se prêter de l'argent. Les spécialistes parlent alors de « chocs sur la liquidité de financement ». Prasanna Gai et Sujit Kapadia[9] ont montré que par un effet domino, ce comportement peut se propager rapidement de banque à banque et tend à se maintenir durablement jusqu'à ce qu'une politique centrale rétablisse de nouveau la circulation des prêts entre banques.

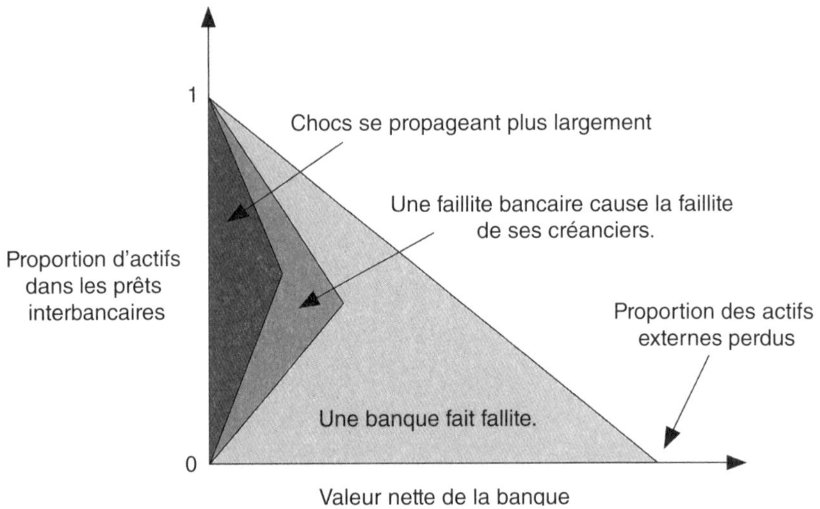

Figure 25. Comment une faillite bancaire due à une perte d'actifs externes peut se propager par contagion aux créanciers ou au système tout entier. Les parties grisées montrent ce qui se passe pour la combinaison correspondante de la valeur nette et de la proportion d'actifs détenus dans les prêts interbancaires AAA.

De simples modèles descendants de ce type fournissent de précieuses informations aux décideurs. Par exemple, on peut obliger les banques à accroître leurs actifs immobilisés et leurs actifs liquides. Traditionnellement, cette réglementation était considérée comme une manière d'empêcher les banques individuelles de prendre trop de risques. Le modèle écologique montre qu'elle a une fonction bien plus importante, à savoir empêcher une faillite bancaire d'entraîner le système tout entier dans sa chute. Il montre également la nécessité d'installer des « pare-feux » qui isolent mutuellement certaines parties du système. (Ces pare-feux furent précisément ce qu'a démoli la déréglementation à motivation politique des années 1980.) Le message global est que les régulateurs financiers devraient davantage ressembler à des écologistes : soucieux de la santé de l'écosystème tout entier, et non des seules espèces individuelles.

14

Notre cerveau bayésien

« J'avais l'habitude d'être indécis,
Mais aujourd'hui je n'en suis pas si sûr. »

Message sur un T-shirt

Au chapitre 2, j'ai demandé pourquoi les êtres humains approuvent si facilement des déclarations à l'emporte-pièce alors qu'aucun témoignage sérieux ne vient les étayer, et pourquoi ils souscrivent si volontiers à des croyances irrationnelles alors même qu'elles sont clairement contredites par les témoignages. Naturellement, chacun de nous a sa propre conception de la rationalité et de l'irrationalité d'une croyance, mais nous pouvons tous nous poser ces questions sur tout le monde.

Une part de la réponse se trouve peut-être dans la manière dont notre cerveau, durant des millions d'années, a évolué pour prendre des décisions rapides sur des situations éventuellement menaçantes pour notre vie. Ces explications évolutionnistes restent des hypothèses – il est difficile de voir comment on pourrait les tester, car les cerveaux ne se fossilisant pas, il n'y a aucun moyen de savoir avec certitude ce qui se passait dans la tête de nos ancêtres – mais elles semblent plausibles. Nous avons plus de certitudes sur le fonctionnement du cerveau de l'être humain moderne, car nous pouvons effectuer des expériences reliant la structure du cerveau à son fonctionnement, et l'une et l'autre à la génétique.

Il serait stupide de sous-estimer les difficultés que pose la compréhension d'un cerveau – même de celui de la mouche du vinaigre, pour ne rien dire de celui, extrêmement complexe, d'un être humain. La mouche du vinaigre (*Drosophila melanogaster*), est le cobaye de base de la recherche génétique ; son cerveau contient environ 135 000 neurones reliés par des synapses par lesquelles ils échangent des signaux électriques. Des scientifiques étudient actuellement la structure de ce réseau, appelé connectome de la drosophile. Actuellement, seules deux régions sur les 76 principales subdivisions du cerveau ont été cartographiées. Ainsi, aujourd'hui, nous ne connaissons même pas la structure du connectome de la drosophile, pour ne rien dire de son fonctionnement. Les mathématiciens savent que même un réseau de huit ou dix neurones peut faire des choses extrêmement curieuses, car les plus simples des modèles réalistes de tels réseaux sont des systèmes dynamiques non linéaires. Les réseaux ont des caractéristiques spéciales qui ne sont pas typiques des systèmes dynamiques généraux ; c'est peut-être pour cela que la nature les utilise autant.

Le cerveau humain contient environ 100 milliards de neurones et plus de 100 000 milliards de synapses. D'autres cellules cérébrales interviennent parfois également dans son fonctionnement, notamment les cellules gliales, qui sont à peu près aussi nombreuses que les neurones, mais dont les fonctions restent mystérieuses[1]. D'autres recherches cartographient actuellement le connectome humain, non parce qu'elles nous permettront de simuler le fonctionnement de notre cerveau, mais parce qu'elles nous fourniront une base de données fiable pour toutes les futures recherches sur le cerveau.

Si les mathématiciens ne peuvent comprendre un « cerveau » à dix neurones, comment espérer comprendre un cerveau à 100 milliards de neurones ? Comme avec le couple météo/climat, tout dépend des questions que vous posez. On sait expliquer de manière très détaillée certains réseaux à dix neurones. On comprend certaines parties du cerveau, même s'il reste dans sa totalité d'une complexité déconcertante. On sait dégager certains principes généraux sur lesquels repose l'organisation du cerveau. Quoi qu'il en soit, cette approche « ascendante » – qui recense les composantes et leurs relations puis, de là, remonte vers une description du système tout entier – n'est pas la seule manière de procéder. L'analyse « descendante » – qui part des caractéristiques globales du cerveau et de son comportement – est l'autre option la plus évidente. En pratique, on amalgame ces deux approches de manière très complexe. De fait, notre compréhension du cerveau humain croît rapidement, grâce aux progrès technologiques qui révèlent les connexions reliant un réseau de neurones et l'action de ce réseau, grâce aussi à de nouvelles idées mathématiques concernant le comportement de ce type de réseau.

Nombre d'aspects du fonctionnement cérébral peuvent être considérés comme des formes de prise de décision. Quand nous regardons le monde extérieur, notre système visuel doit identifier les objets qu'il est en train de voir, deviner comment ils vont se comporter, évaluer leur potentiel de menace ou de gratification, et nous faire agir conformément à ces évaluations. Les psychologues, les spécialistes du comportement et ceux de l'intelligence artificielle en sont arrivés à la conclusion que sur certains points essentiels, le cerveau semble fonctionner comme une machine à décider bayésienne. Il renferme des croyances sur le monde, temporairement ou définitivement intégrées dans sa structure, ce qui le conduit à prendre des décisions étroitement semblables à ce qui émergerait d'un modèle probabiliste bayésien. (J'ai dit au chapitre 6 que notre intuition des probabilités est généralement assez pauvre. Cela ne contredit pas ce que je viens de dire, car les mécanismes internes de ces modèles probabilistes ne sont pas consciemment accessibles.)

La vision bayésienne du cerveau explique de nombreuses autres caractéristiques des attitudes humaines envers l'incertitude. En particulier, elle aide à comprendre pourquoi les superstitions prennent si facilement racine. La principale interprétation de la statistique bayésienne est que les probabilités sont des *degrés de croyance*. Quand nous disons que la probabilité d'un événement est de cinquante-cinquante, nous disons de fait que nous sommes autant disposés à croire qu'à ne pas croire qu'il va arriver. Ainsi, l'évolution a conduit nos cerveaux à matérialiser des croyances sur le monde, et ces croyances sont temporairement ou définitivement câblées dans sa structure.

Les cerveaux humains ne sont pas les seuls à fonctionner ainsi. Notre structure cérébrale remonte, dans un lointain passé, à nos ancêtres évolutionnistes mammifères et même reptiliens. Leurs cerveaux aussi contenaient des « croyances », non pas comme celles que nous formulons oralement aujourd'hui, du genre « miroir brisé, sept ans de malheur » – la plupart de nos croyances cérébrales ne sont d'ailleurs pas comme ça. Je pense aux croyances telles que « si je projette ma langue dans cette direction, j'ai plus de chances d'attraper la mouche », encodées dans le câblage de la région cérébrale qui active les muscles concernés. La parole humaine a ajouté un niveau supplémentaire de croyances, rendant possible leur expression et, point plus important, leur transmission.

Pour fixer le contexte d'un modèle simple mais instructif, imaginez une région cérébrale contenant un certain nombre de neurones. Ils peuvent être liés par des synapses, qui ont une « force de connexion ». Certains neurones envoient des signaux faibles, d'autres envoient des signaux intenses. Certains sont éteints et n'envoient donc aucun signal. Plus le signal est intense, plus la réponse du neurone récepteur est importante. On peut même quantifier la force de connexion, ce qui est utile lorsqu'on précise un modèle mathématique : en unités appropriées, on peut donner la valeur 0,2 à une connexion faible, 3,5 à une connexion forte, et 0 à une connexion éteinte.

Un neurone réagit à un signal incident en produisant une rapide modification de son état électrique : il « décharge ». Cela crée une impulsion électrique susceptible de se transmettre à d'autres neurones. Lesquels ? Cela dépend des connexions au sein du réseau. Les signaux incidents déclenchent la décharge d'un neurone lorsqu'ils placent son état au-dessus d'une valeur seuil. En outre, il existe deux types de signaux : les signaux excitateurs, qui déclenchent généralement la décharge neuronale, et les signaux inhibiteurs, qui bloquent généralement cette décharge. Tout se passe comme si le neurone faisait la somme des intensités des signaux incidents, en comptant positifs les signaux excitateurs et négatifs les signaux inhibiteurs, et déchargeait uniquement si le total est suffisamment élevé.

Chez les nouveau-nés, nombre de neurones sont connectés au hasard, mais le temps passant, certaines synapses voient leurs forces évoluer. Certaines peuvent disparaître totalement, et de nouvelles peuvent apparaître. Donald Hebb a découvert au sein des réseaux neuronaux l'existence d'une forme d'« apprentissage » appellée aujourd'hui apprentissage hebbien : « Les cellules nerveuses qui déchargent ensemble se lient ensemble. » Autrement dit, si deux neurones déchargent de manière à peu près synchrone, la force de connexion entre eux augmente. Dans notre métaphore des croyances bayésiennes, la force d'une connexion représente le degré de croyance du cerveau en ce synchronisme neuronal. L'apprentissage hebbien renforce la structure de croyance du cerveau.

Les psychologues ont observé que lorsque l'on donne une information à une personne, elle ne la range pas simplement dans sa mémoire. Ce serait un désastre en termes d'évolution, car ce n'est pas une bonne idée de croire tout ce que l'on vous dit. Il y a des gens qui mentent dans le but d'induire autrui en erreur et souvent de le placer sous leur domination. La nature ment elle aussi : cette queue de léopard qui se balance peut, à y regarder de plus près, se révéler être une plante grimpante agitée par le vent ou simplement un fruit ; les phasmes font semblant d'être des brindilles. Ainsi, quand nous recevons une nouvelle information, nous la jugeons en fonction des croyances qui nous habitent. Si nous sommes intelligents, nous évaluons également la crédibilité de cette information. Si elle provient d'une source sûre, nous avons plus de chances de la croire ; sinon, moins de chances. Le fait d'accepter ou non cette nouvelle information, et de modifier nos croyances en conséquence, résulte d'un débat interne mettant aux prises ce que nous croyons déjà, le lien de cette nouvelle information avec ce que nous croyons déjà, et le niveau de confiance que nous accordons à la véracité de cette nouvelle information. Ce débat est souvent inconscient, mais il nous arrive aussi de réfléchir consciemment à cette information.

Dans une description ascendante, des ensembles complexes de neurones déchargent tous ensemble et s'envoient mutuellement des signaux. Selon que ces signaux s'annulent ou se renforcent mutuellement, la nouvelle information est ou non stockée, et les forces de connexion se modifient pour intégrer ce fait. Cela explique déjà pourquoi il est très difficile de convaincre de « vrais croyants » qu'ils ont tort, alors même que les témoignages semblent incontestables pour tout monde. Si quelqu'un croit fermement aux OVNI et que le gouvernement américain publie un communiqué de presse expliquant qu'une telle apparition était en fait un ballon scientifique, le cerveau bayésien du croyant rejettera presque certainement cette explication en la qualifiant de propagande. Le communiqué de presse rendra très probablement le croyant encore plus convaincu de ne pas croire le gouvernement sur ce sujet et il se félicitera de ne pas être crédule au point de croire ses mensonges. Les croyances sont à double tranchant : celui qui ne croit pas aux OVNI acceptera l'explication officielle comme un fait, souvent sans la vérifier personnellement, et cette information le rendra encore plus persuadé de ne pas faire confiance aux cinglés des OVNI. Il se félicitera de ne pas être crédule au point de croire aux OVNI.

La culture et le langage humains ont rendu possible le transfert de systèmes de croyances d'un cerveau à un autre. Ce processus n'est ni parfaitement précis ni parfaitement fiable, mais il est efficace. Selon les croyances concernées et la personne qui l'analyse, il porte plusieurs noms : éducation, lavage de cerveau, élever des enfants pour en faire des gens bien, la seule et unique vraie religion. Les cerveaux des jeunes enfants sont malléables, et leur aptitude à juger les témoignages est encore en phase de développement : pensez au père Noël, à la petite souris, aux œufs de Pâques – les enfants ne sont toutefois pas naïfs et nombre d'entre eux voient bien qu'ils doivent jouer le jeu pour être récompensés. La maxime jésuite « Confiez-moi un enfant jusqu'à l'âge de 7 ans, et je vous rendrai un homme » admet deux interprétations. L'une est que ce que vous apprenez jeune dure plus longtemps ; l'autre est que le lavage de cerveau d'innocents enfants pour leur faire accepter un système de croyances se fixe dans leur esprit durant toute leur vie adulte. Toutes deux sont probablement vraies, et d'un certain point de vue, elles sont identiques.

La théorie du cerveau bayésien émergea de plusieurs domaines scientifiques : de la statistique bayésienne, bien sûr, mais aussi de l'intelligence artificielle et de la psychologie. Dans les années 1860, Hermann Helmholtz, l'un des pionniers des recherches en physique et psychologie de la perception humaine, émit l'idée que le cerveau organise ses perceptions en construisant des modèles probabilistes du monde extérieur. En 1983, Geoffrey Hinton, chercheur en intelligence artificielle, assimila le cerveau humain à une machine qui prend des décisions sur les incertitudes qu'elle rencontre lorsqu'elle observe le monde extérieur. Dans les années 1990, cette idée donna naissance à des modèles mathématiques basés sur la théorie des probabilités et incarnés dans la notion de machine de Helmholtz. Cette machine n'est pas un dispositif mécanique, mais une abstraction mathématique, comprenant deux réseaux connexes de « neurones » mathématiquement modélisés. Le premier, un réseau de reconnaissance ascendant, est entraîné sur des données réelles et les représente par un ensemble de variables cachées. Le second, un réseau « génératif » descendant, génère les valeurs de ces variables cachées et donc les données. L'entraînement utilise un algorithme d'apprentissage qui modifie la structure des deux réseaux afin qu'ils classent les données avec précision. Ces deux réseaux sont modifiés en alternance, selon une procédure appelée « algorithme veille-sommeil ».

Des structures similaires comprenant un bien plus grand nombre de couches et appelées « apprentissage profond » obtiennent actuellement des succès considérables en intelligence artificielle, avec notamment la reconnaissance de la parole naturelle par ordinateur et les victoires d'ordinateurs au jeu de go. On avait déjà utilisé des ordinateurs pour démontrer qu'au jeu de dames, il y a toujours match nul dans le cas d'un jeu parfait. En 1996, l'ordinateur d'IBM *Deep Blue* gagna une partie d'échecs contre le grand maître et champion du monde Garry Kasparov, mais perdit par 2 à 4 la série des six parties. Après une amélioration majeure, il remporta la série suivante par 3,5 à 2,5. Toutefois, ces programmes utilisaient des algorithmes de force brute et non les algorithmes d'intelligence artificielle utilisés pour gagner au go.

Le go est un jeu apparemment simple, mais présentant une subtilité d'une profondeur infinie. Inventé en Chine il y a environ 2 500 ans, il se joue sur un tablier de 19 × 19 lignes. L'un des joueurs a les pierres blanches, l'autre les pierres noires ; ils placent leurs pierres à tour de rôle en capturant tout ce qu'elles entourent. Le joueur qui entoure le plus grand territoire gagne la partie. L'analyse mathématique rigoureuse de ce jeu est très limitée. Un algorithme conçu par David Benson détermine les situations dans lesquelles une chaîne de pierres ne peut être capturée quelle que soit l'action de l'autre joueur[2]. Elwyn Berlekamp et David Wolfe ont analysé les complexités mathématiques des fins de parties, lorsque la majeure partie du tablier est capturée et que l'éventail des coups possibles est encore plus déroutant que d'habitude[3]. À ce stade, le jeu se trouve de fait scindé en plusieurs régions interagissant à peine entre elles, et les joueurs doivent décider de la région à jouer au coup suivant. Le traitement mathématique de ces deux chercheurs associe à chaque position un nombre, ou une structure plus ésotérique, et fournit les règles pour gagner en combinant ces valeurs.

En 2015, l'entreprise Google DeepMind testa un algorithme de go baptisé AlphaGo et reposant sur deux réseaux d'apprentissage profond : un réseau de valeur, qui évalue l'opportunité d'une position sur le tablier, et un réseau d'objectifs, qui choisit le prochain coup. Ces réseaux ont été entraînés en utilisant une combinaison de parties jouées entre spécialistes humains et de parties jouées par l'algorithme contre lui-même[4]. AlphaGo a ensuite mesuré son intelligence électronique à celle de Lee Sedol, un grand joueur de go professionnel, et l'a battu par quatre à un. Les programmateurs découvrirent pourquoi il avait perdu une partie et corrigèrent sa stratégie. En 2017, AlphaGo battit Ke Jie, le numéro un mondial, lors d'une rencontre en trois parties. Point intéressant, qui montre que les algorithmes d'apprentissage profond n'ont pas besoin de fonctionner comme un cerveau humain, AlphaGo faisait souvent des choses qu'aucun joueur humain n'aurait envisagées – et gagna. Ke Jie fit cette remarque : « Après que l'humanité a passé des milliers d'années à améliorer nos tactiques, les ordinateurs nous disent que les humains ont complètement tort […] J'irais même jusqu'à dire qu'aucun être humain n'a ne serait-ce qu'effleuré la vérité du Go. »

Il n'y a aucune raison logique pour que l'intelligence artificielle doive fonctionner de la même manière que l'intelligence humaine : d'où l'adjectif « artificiel ». Toutefois, ces structures mathématiques, matérialisées dans des circuits électroniques, entretiennent une certaine similitude avec les modèles cognitifs du cerveau développés par les neuroscientifiques. Il est ainsi apparu un feed-back créatif entre intelligence artificielle et science cognitive, chacune empruntant des idées à l'autre. Et il semble de plus en plus que nos cerveaux et les cerveaux artificiels fonctionnent, parfois et dans une certaine mesure, sur la base de principes structurels similaires. Au niveau des matériaux dont ils sont composés, et du fonctionnement de leurs processus de signalisation, ils sont bien sûr très différents.

Pour illustrer concrètement ces idées – sur une structure mathématique certes plus dynamique –, considérons les illusions d'optique. Lorsqu'on présente une information ambiguë ou incomplète à un œil ou aux deux, la perception visuelle fait apparaître de curieux phénomènes. L'ambiguïté est un type d'incertitude : nous ne sommes pas sûrs exactement de ce que nous voyons. Considérons brièvement deux types distincts d'ambiguïté.

Le premier fut découvert en 1593 par Jean-Baptiste de Porta et inclus dans son *De refractione* (Sur la réfraction), un traité d'optique. De Porta plaça un livre devant l'un de ses yeux et un second devant l'autre. Il expliqua qu'il pouvait lire sur un livre à la fois et qu'il pouvait passer de l'un à l'autre en retirant la « vertu visuelle » d'un œil et en la déplaçant sur l'autre. Cet effet s'appelle aujourd'hui la « rivalité binoculaire ». Il survient lorsque deux images différentes, chacune présentée à un œil, conduisent à une alternance de perceptions – ce que le cerveau croit voir – d'où chaque image individuelle, éventuellement, disparaît.

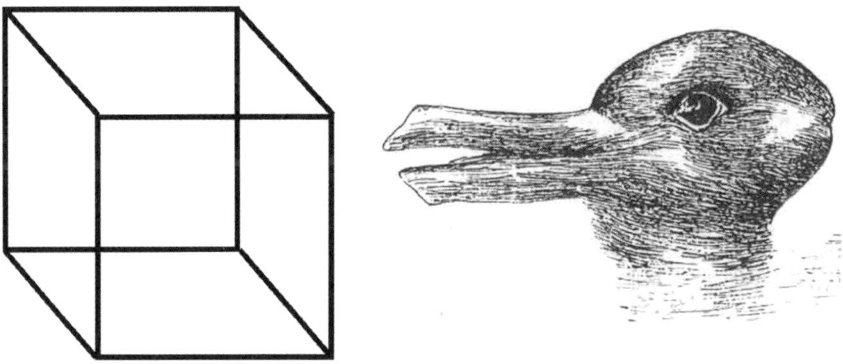

Figure 26. *À gauche* : le cube de Necker. *À droite* : le lapin/canard de Jastrow.

Le deuxième type se compose des illusions, également appelées « perceptions multistables ». Celles-ci apparaissent lorsqu'une image, statique ou mobile, peut être perçue de plusieurs manières. Les exemples standard sont le cube de Necker, introduit en 1832 par le cristallographe Louis Necker – le cube semble osciller entre deux orientations –, et l'illusion du lapin/canard, inventée en 1900 par le psychologue américain Joseph Jastrow – le dessin oscille entre un lapin pas très convaincant et un canard qui l'est à peine plus[5].

Un modèle élémentaire de la perception du cube de Necker se compose d'un réseau comprenant seulement deux nœuds. Ces nœuds représentent des neurones, ou de petits réseaux de neurones, mais ce modèle n'est destiné qu'à des objectifs simplifiés. L'un des deux nœuds correspond à (et est censé avoir été entraîné pour réagir à) une orientation du cube, l'autre à l'orientation contraire. Ces deux nœuds sont liés par des connexions inhibitrices. Cette structure « à un seul gagnant » est importante car les connexions inhibitrices garantissent que si un nœud est actif, l'autre ne l'est pas. Ainsi, la décision prise par le réseau est, à tout instant, dépourvue d'ambiguïté. Une autre hypothèse de modélisation dit que cette décision est déterminée par le nœud le plus actif, quel qu'il soit.

Au début, les deux nœuds sont inactifs. Puis, lorsque les yeux voient l'image du cube de Necker, les nœuds reçoivent des impulsions qui déclenchent l'activité. Toutefois, la structure à un seul gagnant entraîne que les deux nœuds ne peuvent être simultanément actifs. Dans le modèle mathématique, ils procèdent à tour de rôle : l'un est d'abord plus actif, puis c'est ensuite au tour de l'autre. La théorie dit que cette alternance est strictement périodique, ce qui n'est pas tout à fait ce qui est observé. Les sujets font état de changements de perception similaires, mais ils se produisent à intervalles irréguliers. Ces fluctuations s'expliquent habituellement par des influences aléatoires provenant du reste du cerveau, mais ce point n'est pas encore tranché.

Le même réseau modélise également la rivalité binoculaire. Ici, les deux nœuds correspondent aux deux images montrées au sujet : une pour l'œil gauche, l'autre pour l'œil droit. Les gens ne perçoivent pas une superposition des deux images ; au lieu de cela, ils passent alternativement de la vision de l'une à la vision de l'autre. Ici encore, c'est ce qui arrive dans le modèle, mais avec un renversement des percepts temporellement plus régulier.

Si le modèle mathématique prédisait uniquement un échange des deux possibilités connues, il ne serait pas vraiment intéressant. Mais dans des contextes légèrement plus compliqués, ce genre de réseaux se comporte de manière plus surprenante. On en a un exemple classique avec l'expérience singe/texte d'Ilona Kovács et ses collègues[6]. On découpe la photo d'un singe et celle d'un texte bleu sur fond vert en six parties identiques. On échange ensuite trois parties d'une des photos avec les parties correspondantes de l'autre photo pour créer deux montages texte-photo, que l'on présente séparément à l'œil droite et l'œil gauche de divers sujets.

Que voient-ils ? La plupart disent voir les deux montages en alternance. Cela paraît normal ; c'est ce qui s'est passé avec les deux livres de de Porta. C'est comme si un œil gagnait, puis l'autre, et ainsi de suite. Mais certains sujets font état d'une alternance entre une photo complète du singe et une photo complète du texte. Il y a une explication simpliste à cela : leur cerveau « sait » à quoi ressemblent un singe complet et un texte complet et donc replace les parties manquantes. Mais comme il voit les deux montages, il ne peut décider quel est celui qu'il regarde, et donc il passe de l'un à l'autre. Cela n'est toutefois pas très convaincant et n'explique pas réellement pourquoi certains sujets voient une paire d'images et d'autres une paire différente.

Il existe un modèle mathématique plus éclairant. Proposé par le neuroscientifique Hugh Wilson, il repose sur un modèle de réseau cérébral conçu pour la prise de décision à haut niveau. Je donne aux modèles de ce type le nom de réseaux de Wilson. Dans sa forme la plus simple, un réseau (non entraîné) de Wilson est un tableau rectangulaire de nœuds. On peut considérer ces nœuds comme des neurones simplifiés ou des populations de neurones, mais pour ce qui concerne la modélisation, ils n'ont pas besoin d'avoir une interprétation physiologique particulière. Dans le contexte de la rivalité binoculaire, chaque colonne du tableau correspond à un « attribut » de l'image placée devant l'œil, par exemple, sa couleur ou son orientation. Chaque attribut est associé à plusieurs variantes : par exemple, sa couleur peut être rouge, bleue ou verte ; son orientation peut être verticale, horizontale ou diagonale. Ces possibilités discrètes sont les « niveaux » de cet attribut. Chaque niveau correspond à un nœud dans la colonne de cet attribut.

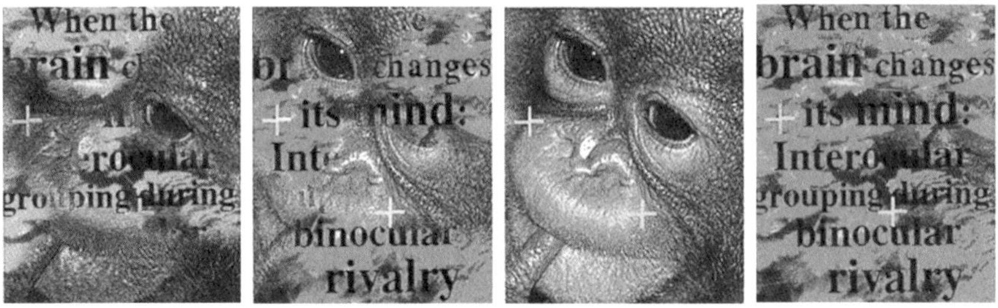

Figure 27. Si l'on place les deux premiers montages (à gauche) séparément devant chaque œil, certains sujets voient une alternance entre les deux photos complètes (à droite).

Chaque image peut être considérée comme une combinaison de choix de niveaux, un pour chaque attribut pertinent. Par exemple, une image rouge horizontale combine le niveau « rouge » de la colonne couleur avec le niveau « horizontal » de la colonne orientation. L'architecture d'un réseau de Wilson est conçue pour détecter des motifs en réagissant plus intensément aux combinaisons de niveaux spécifiques « apprises », une pour chaque attribut. Dans chaque colonne, toutes les paires de nœuds distincts sont mutuellement connectées par des couplages inhibiteurs. En l'absence d'impulsion ou modification supplémentaire, cette structure crée dans la colonne une dynamique à un seul gagnant, de sorte qu'il n'y a habituellement qu'un seul nœud dynamiquement extrêmement actif. La colonne détecte alors le niveau correspondant de son attribut. L'entraînement par présentation d'images devant les yeux est modélisé par l'ajout de connexions excitatrices entre les nœuds correspondant à la combinaison de niveaux adéquate. Dans un modèle de rivalité, de telles connexions sont ajoutées pour les deux images.

Casey Diekman et Martin Golubitsky ont montré que la modélisation de la rivalité par un réseau de Wilson a parfois des conséquences imprévues[7]. Dans le cas de l'expérience singe/texte, la dynamique du réseau prédit qu'il peut osciller de deux manières distinctes. On s'y attendait, il peut alterner entre les deux motifs appris – les montages présentés devant les yeux. Mais il peut aussi alterner entre un singe complet et un texte complet. La paire qui se présente dépend des forces de connexion, ce qui suggère que la différence entre les sujets est liée à l'intensité des connexions des populations neuronales correspondantes

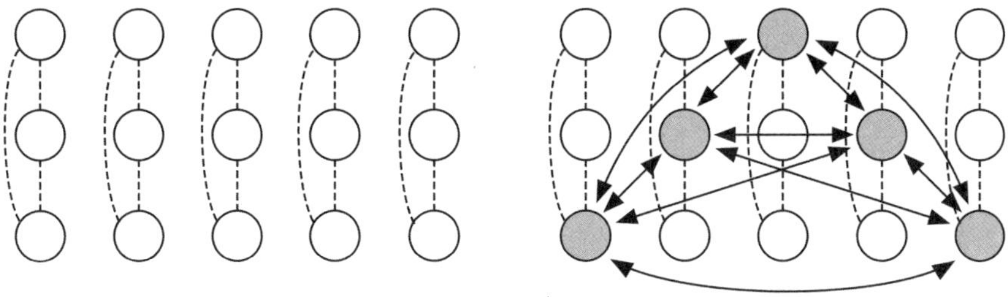

Figure 28. *À gauche* : réseau de Wilson non entraîné, à cinq attributs et trois niveaux par attribut. Les lignes pointillées sont des connexions inhibitrices. *À droite* : un motif (niveau grisé pour chaque attribut) est représenté par des connexions excitatrices (flèches noires) entre les nœuds. L'ajout de ces connexions au réseau original entraîne ce réseau à reconnaître ce motif.

dans le cerveau du sujet. Il est frappant de constater que le plus simple des réseaux de Wilson représentant l'expérience prédit exactement ce qui est observé lors des expériences.

Les réseaux de Wilson sont des modèles mathématiques schématiques destinés à expliquer comment de simples réseaux dynamiques peuvent en principe prendre des décisions fondées sur des informations provenant du monde extérieur. En particulier, certaines régions cérébrales ont une structure très semblable à celle d'un réseau de Wilson et semblent prendre leurs décisions pratiquement de la même façon. Le cortex visuel, qui traite les signaux émis par l'œil pour dire ce que nous regardons, en est un exemple.

La vision humaine ne fonctionne pas comme un appareil photo, quoi qu'en disent les manuels scolaires. En vérité, c'est la façon dont l'*œil* – avec sa lentille qui focalise la lumière incidente sur la rétine, à l'arrière – détecte les images qui ressemble plutôt à un appareil photo. La rétine ressemble davantage au dispositif à transfert de charge d'un appareil photo numérique moderne qu'à un film traditionnel. Elle contient un grand nombre de récepteurs discrets, appelés « cônes » et « bâtonnets » – des neurones photosensibles qui réagissent à la lumière incidente. Il existe trois types de cônes, chacun plus sensible à la lumière associée à un intervalle de longueurs d'onde particulier, autrement dit, à la lumière associée (plus ou moins) à une couleur particulière. Globalement parlant, il y a trois couleurs, le rouge, le vert et le bleu.

Les bâtonnets réagissent à de faibles intensités lumineuses. Ils sont plus sensibles à la lumière centrée autour des longueurs d'onde « bleu clair » – ou cyan –, mais notre système visuel interprète ces signaux comme des nuances de gris, raison pour laquelle nous ne sommes pas très sensibles aux couleurs la nuit.

L'endroit où la vision humaine commence à différer significativement d'un appareil photo apparaît à l'étape suivante. Ces signaux incidents sont transmis le long des nerfs optiques dans une région du cerveau appelée « cortex visuel ». Ce cortex peut être considéré comme une série de fines couches de neurones, et sa fonction consiste à traiter les signaux provenant des yeux afin que d'autres régions du cerveau puissent identifier ce qu'ils voient. Chaque couche réagit de manière dynamique aux signaux incidents, tout comme un réseau de Wilson réagit à un cube de Necker ou à la paire d'images singe/texte. Ces réactions sont transmises à la couche suivante, que sa structure fait réagir à différentes caractéristiques, et ainsi de suite. Les signaux passent également des couches plus profondes aux couches de surface, ce qui influe sur leur réaction à la nouvelle arrivée de signaux. Finalement, en un endroit de cette cascade de signaux, *quelque chose* décide que « c'est grand-mère », par exemple. Cela peut être un neurone particulier, souvent qualifié de « neurone grand-mère », ou le résultat d'une action plus sophistiquée. Nous ne savons pas encore. Une fois que le cerveau a reconnu grand-mère, il peut extraire d'autres informations d'autres régions, telles que « aide-la à enlever son manteau », ou « elle aime toujours prendre une tasse de thé quand elle arrive » ou « elle a l'air un peu soucieuse aujourd'hui ».

Une fois connectés à des ordinateurs, les appareils photo se mettent eux aussi à effectuer des tâches de ce genre, telles que l'utilisation d'algorithmes de reconnaissance faciale pour étiqueter les photos avec les noms des personnes qui sont dessus. Ainsi, bien que le système visuel ne ressemble pas à un appareil photo, un appareil photo ressemble de plus en plus au système visuel.

Lorsque les neuroscientifiques auront étudié en détail le câblage du cortex visuel, de nouvelles méthodes de détection de connexions cérébrales conduiront certainement à une multitude de résultats plus subtils. Utilisant des colorants spéciaux sensibles aux tensions électriques, ils ont déjà cartographié la structure générale des connexions de la couche supérieure V1 du cortex visuel des animaux. En gros, V1 détecte des segments de droites dans tout ce que les yeux regardent et détermine la direction de ces droites. Cette opération est importante pour délimiter les contours des objets. Il s'avère que la structure de V1 est très proche de celle d'un réseau de Wilson qui a été entraîné sur des droites diversement orientées. Chaque colonne de ce réseau correspond dans V1 à une « hyper-colonne » dont l'attribut est « direction d'une droite vue en cet endroit ». Les niveaux de cet attribut sont un ensemble approximatif des directions dans lesquelles pointe cette droite.

La partie réellement intelligente est l'analogue des motifs appris dans un réseau de Wilson. Dans V1, ces motifs ne sont plus des droites traversant les champs visuels de nombreuses hyper-colonnes. Supposez qu'une hyper-colonne détecte en un point un petit segment de droite orienté à 60^0 et déclenche ainsi la décharge du neurone associé à ce « niveau ». Cette décharge envoie des signaux excitateurs aux neurones des seules hyper-colonnes voisines situées à ce même niveau de 60^0. En outre, ces connexions lient uniquement aux hyper-colonnes qui se trouvent dans le prolongement de ce segment de droite dans V1. Ce n'est pas tout à fait aussi précis, et il y a aussi des connexions plus faibles, mais les plus intenses sont assez proches de ce que j'ai décrit. Son architecture prédispose V1 à détecter des droites et les directions dans lesquelles elles pointent. S'il voit un segment d'une telle droite, il « suppose » que ce segment se prolonge et comble alors les vides. Mais il ne fait pas cela bêtement. Si des signaux d'autres colonnes suffisamment intenses contredisent cette hypothèse, ce sont eux qui l'emportent. Par exemple, un angle, point de rencontre de deux bords d'un objet, est un conflit de directions. Envoyez cette information à la couche du dessous et vous avez maintenant un système qui détecte les angles en plus des droites. Finalement, quelque part le long de cette cascade de données, votre cerveau reconnaît grand-mère.

La plupart d'entre nous ont un jour fait l'expérience de l'incertitude exprimée par cette question : « Où suis-je ? » Les neuroscientifiques Edvard et May-Britt Moser et leurs étudiants ont découvert en 2005 que les cerveaux des rats contiennent des neurones spéciaux, appelés cellules de grille, qui modélisent leur localisation spatiale. Les cellules de grille se trouvent dans une région du cerveau qui porte un nom à coucher dehors : cortex entorhinal médian dorsocaudal. C'est une unité de traitement centrale pour le repérage et la mémoire. Comme le cortex visuel, c'est une structure en couche, mais le processus de décharge diffère d'une couche à l'autre.

Les chercheurs ont placé des électrodes dans le cerveau des rats puis ont laissé ces animaux évoluer librement dans un espace ouvert. Lorsqu'un rat se déplaçait, ils regardaient quelles étaient les cellules de son cerveau qui déchargeaient. Il s'avéra que des cellules de grille particulières déchargeaient chaque fois que le rat se trouvait dans l'une des nombreuses et minuscules zones d'espace appelées « champs d'activation ». Ces zones forment un réseau hexagonal. Les chercheurs en ont déduit que ces cellules nerveuses constituent une représentation mentale de l'espace, une carte cognitive qui fournit une sorte de système de coordonnées qui indique au cerveau du rat l'endroit où l'animal se trouve. L'activité des cellules de grille est constamment mise à jour à mesure que l'animal se déplace. Certaines cellules déchargent quelle que soit la direction de son mouvement ; d'autres dépendent de cette direction.

Nous ne savons pas encore exactement comment les cellules de grille disent au rat où il se trouve. Curieusement, l'arrangement géométrique des cellules de grille dans son cerveau est irrégulier. D'une manière ou d'une autre, ces couches de cellules de grille « calculent » la position du rat en intégrant les minuscules mouvements qu'il exécute en se déplaçant. Mathématiquement, ce processus peut s'effectuer en utilisant le calcul vectoriel, qui détermine la position d'un objet en mouvement en additionnant quantité de petits changements de position, chacun ayant sa propre longueur et sa propre direction. C'est essentiellement la même méthode que la « navigation à l'estime » utilisée par les marins avant l'apparition d'instruments de navigation plus perfectionnés.

Nous savons que le réseau de cellules de grille peut fonctionner sans la moindre entrée visuelle, car le schéma de décharge reste inchangé même dans une totale obscurité. Toutefois, il réagit aussi très fortement à la moindre entrée visuelle. Par exemple, supposez que le rat coure à l'intérieur d'une enceinte cylindrique sur la paroi de laquelle un point de référence a été marqué. Choisissez un neurone de grille particulier et mesurez son réseau de champs d'activation spatiale. Faites alors tourner le cylindre et répétez l'opération : la grille tourne du même angle. Les grilles et leurs espacements ne changent pas lorsque le rat est placé dans un nouvel environnement. Quelle que soit la façon dont les cellules de grille calculent la position, le système est très robuste.

En 2018, Andrea Banino et ses collaborateurs ont annoncé qu'ils utilisaient des réseaux d'apprentissage profond pour effectuer une tâche de navigation similaire. Leur réseau comprenait quantité de feed-back, car la navigation semble se servir de l'issue d'une étape de traitement comme entrée de l'étape suivante – elle est de fait un système dynamique discret dont le réseau est la fonction à itérer. Ces chercheurs ont entraîné le réseau à utiliser les archives des trajectoires empruntées par divers rongeurs (tels que les rats et les souris) pour rechercher leur nourriture et lui ont fourni les informations que le reste du cerveau pouvait éventuellement envoyer aux neurones de grille.

Le réseau a appris à naviguer efficacement dans divers environnements et a pu être transféré dans un nouvel environnement sans perte de performance. Les chercheurs ont testé ses capacités en lui assignant des objectifs spécifiques et, à un niveau plus sophistiqué, en le faisant fonctionner (en mode simulation puisque toute cette configuration se trouve dans un ordinateur) dans des labyrinthes. Ils ont évalué sa significativité statistique en utilisant des méthodes bayésiennes pour ajuster les données à un assortiment de trois distributions normales.

L'un des résultats remarquables fut qu'à mesure que le processus d'apprentissage progressa, l'une des couches médianes du réseau d'apprentissage profond développa des schémas d'activité similaires à ceux observés dans les neurones de grille, qui s'activaient lorsque l'animal se trouvait dans un élément d'un réseau de champs d'activation spatiale. Une analyse détaillée de la structure du réseau suggéra qu'il simulait des calculs vectoriels. Il n'y a aucune raison de supposer qu'il procédait alors comme l'aurait fait un mathématicien, en écrivant les vecteurs et en les additionnant les uns aux autres. Néanmoins, ce résultat conforte la théorie selon laquelle les cellules de grille jouent un rôle crucial dans la navigation vectorielle.

D'une manière plus générale, les circuits utilisés par le cerveau pour comprendre le monde extérieur sont, dans une certaine mesure, modelés sur le monde extérieur. La structure du cerveau a évolué au cours de centaines de milliers d'années, en intégrant des informations sur notre environnement. Elle change également sur des périodes bien plus courtes, à mesure que nous apprenons. L'apprentissage « affine » les structures déjà intégrées. Ce que nous apprenons dépend de ce qu'on nous enseigne. Si donc certaines croyances nous sont enseignées dès notre plus jeune âge, elles tendent à s'intégrer dans nos cerveaux. Cela peut être considéré comme une vérification neuroscientifique de la maxime jésuite mentionnée plus haut.

Nos croyances culturelles sont alors fortement conditionnées par la culture dans laquelle nous sommes élevés. Nous identifions notre place dans le monde et nos liens avec ceux qui nous entourent par les hymnes que nous connaissons, les équipes de football dont nous sommes supporters, par la musique que nous jouons. Toutes les « croyances » codées dans notre câblage cérébral qui sont communes à la plupart des gens, ou qui peuvent être débattues rationnellement en termes de témoignages, prêtent moins à controverse. Mais celles de nos croyances qui ne bénéficient pas d'un tel soutien peuvent s'avérer problématiques si l'on ne perçoit pas la différence. Malheureusement, ces croyances jouent un rôle important dans notre culture, et c'est là une raison de leur existence. Les croyances fondées sur la foi, et non sur les témoignages, sont très efficaces pour Nous distinguer d'Eux. Oui, nous « croyons » tous que 2 + 2 = 4, de sorte que cela ne me différencie nullement de vous. Mais vous priez la déesse chatte tous les mercredis ? Tiens, je ne le pensais pas. Alors vous n'êtes pas l'Un des Nôtres.

Cela fonctionnait très bien lorsque nous vivions en petits groupes, car presque tous ceux que nous côtoyions priaient effectivement la déesse chatte, et c'était une bonne idée d'être prévenu dans le cas contraire. Mais même lorsque ce culte fut étendu aux tribus, il devint une source de friction, souvent génératrice de violence. Dans le monde connecté d'aujourd'hui, cela devient un désastre majeur.

La politique populiste d'aujourd'hui nous a donné un nouveau synonyme pour ce que l'on avait l'habitude d'appeler « mensonges » ou « propagande », à savoir, infox. Il devient de plus en plus difficile de distinguer entre les vraies et les fausses informations. L'énorme puissance des ordinateurs se trouve placée entre les mains de toute personne disposant de quelques centaines de dollars. La disponibilité générale de logiciels sophistiqués démocratise la planète, ce qui est bien en principe, mais complique souvent le problème de la distinction entre vérité et mensonge.

Les internautes pouvant interpréter toute information qui passe dans un sens conforme à leurs préférences, il est de plus en plus facile de vivre dans une bulle informationnelle dans laquelle les seules nouvelles que l'on reçoit sont celles que l'on veut bien entendre. China Miéville a parodié cette tendance en la poussant à l'extrême dans *The City and the City*, un roman mi-science-fiction, mi-policier, dans lequel l'inspecteur Borlú, de la Brigade des Crimes Extrêmes de la ville de Beszél, enquête sur un meurtre. Ses visites répétées dans la ville jumelle d'Ul Qoma pour y travailler avec la police l'amènent à traverser plusieurs fois la frontière séparant les deux villes. Au début, l'atmosphère rappelle le Berlin d'avant la chute du mur, à l'époque où il était divisé entre Est et Ouest, mais peu à peu on découvre que les deux moitiés de la ville occupent *le même espace géographique*. Les citoyens d'une moitié sont formés dès la naissance à ne pas remarquer l'autre moitié, même lorsqu'ils se déplacent parmi ses immeubles et ses habitants. Aujourd'hui, nombre d'entre nous se comportent pareillement sur l'Internet, en se complaisant dans le biais de confirmation, de sorte que toute l'information que nous recevons renforce l'idée que nous avons raison.

Pourquoi nous laissons-nous si facilement manipuler par les infox ? En raison de ce séculaire cerveau bayésien, qui fonctionne sur des croyances matérialisées. Nos croyances ne sont pas comme des fichiers d'un ordinateur, que l'on peut effacer ou remplacer d'un clic de souris. Elles ressemblent davantage au matériel qui y est intégré. Modifier son architecture est difficile. Plus nous croyons fortement, ou même plus nous *voulons* simplement croire, plus c'est difficile. Chaque infox à laquelle nous croyons parce qu'elle nous convient augmente la force de ces connexions intégrées. Chaque infox que nous ne voulons pas croire est ignorée.

Je ne connais pas de bon moyen pour empêcher cela. L'éducation ? Que se passe-t-il si un enfant fréquente une école spéciale qui promeut certaines croyances ? Que se passe-t-il s'il est interdit d'enseigner des sujets au statut factuel évident mais qui contredisent certaines croyances ? La science est le meilleur moyen conçu jusqu'ici par l'humanité pour distinguer les faits de la fiction, mais que se passe-t-il si un gouvernement décide de traiter les faits gênants en coupant les subventions de recherche sur ces faits ? Aux États-Unis, le financement fédéral des recherches sur les effets de la détention d'armes à feu est déjà illégal, et l'administration Trump envisage une même décision pour le changement climatique.

Et ce n'est pas près de s'arrêter.

Peut-être faudrait-il de nouveaux gardes-barrière ? Mais un site Web fiable tenu par un athée est une abomination pour un vrai croyant, et réciproquement. Que se passe-t-il si une entreprise mal intentionnée prend le contrôle d'un site Web en lequel nous avons confiance ? Ce problème n'a rien de nouveau. Comme l'a écrit dans ses *Satires*, vers 100 après J.-C., le poète Juvénal, *Quis custodiet ipsos custodes ?* Qui gardera les gardiens ? Mais le problème est pire aujourd'hui, car un seul tweet peut atteindre la planète tout entière.

Peut-être suis-je trop pessimiste. Dans l'ensemble, une meilleure éducation rend les gens plus rationnels. Mais nos cerveaux bayésiens, dont les algorithmes de survie à la va-vite nous servaient si bien quand nous vivions dans des cavernes et des arbres, ne sont peut-être plus adaptés à l'ère de la désinformation.

15

L'incertitude quantique

> « Il est impossible de déterminer simultanément avec précision la position et la vitesse d'une particule. »
>
> Werner Heisenberg, *La Physique du noyau atomique*

Dans la plupart des activités humaines, l'incertitude résulte de l'ignorance. La connaissance peut dissiper l'incertitude, du moins en principe. Il y a des obstacles concrets : pour prédire le résultat d'un vote démocratique, il nous faudrait savoir ce qui se passe dans l'esprit de chaque électeur. Mais si nous savions cela, nous pourrions savoir quel électeur irait voter, et ce que serait son vote.

Il existe cependant un domaine de la physique dans lequel le consensus dominant est que l'incertitude est un trait inhérent de la nature. Aucune connaissance supplémentaire ne peut y rendre les événements prévisibles, parce que le système lui-même ne « sait » pas ce qu'il va faire. Il le fait, simplement. Ce domaine, c'est la mécanique quantique. Elle a environ 120 ans et elle a totalement révolutionné non seulement la science, mais aussi notre perception de la relation entre la science et le monde réel. Elle a même conduit certains philosophes à se demander dans quel sens on peut parler de l'existence du monde réel. Le plus grand accomplissement de Newton est d'avoir montré que la nature obéit à des lois mathématiques. La théorie quantique nous montre que même ces lois peuvent être intrinsèquement incertaines. C'est du moins ce que disent presque tous les physiciens, et ils disposent de quantité de témoignages pour étayer cette affirmation. Il y a toutefois quelques défauts dans la cuirasse probabiliste. Si je doute que l'incertitude quantique puisse être un jour prévisible, je pense qu'elle peut néanmoins avoir une explication déterministe. Avant d'examiner ces idées plus spéculatives, au chapitre 16, nous allons d'abord exposer le récit orthodoxe.

Tout partit d'une ampoule. Non pas une ampoule métaphorique qui s'allume au-dessus de la tête d'un génie frappé par l'inspiration, mais une ampoule bien réelle. En 1894, plusieurs compagnies électriques demandèrent à un physicien allemand, Max Planck, d'inventer une ampoule qui soit la plus performante possible. Naturellement, Planck commença par la physique fondamentale. La lumière est une forme de rayonnement électromagnétique dont les longueurs d'onde sont détectables par l'œil humain. Les physiciens savaient que le plus performant des radiateurs d'énergie électromagnétique est le « corps noir », qui se caractérise par une propriété supplémentaire : il *absorbe* parfaitement toutes les longueurs d'onde de rayonnement. En 1859, Gustav Kirchhoff s'était demandé quelle était la relation unissant l'intensité du rayonnement du corps noir à la fréquence de ce rayonnement et à la température du corps noir. Les expérimentateurs firent des mesures, les théoriciens imaginèrent des explications ; les résultats étaient en désaccord. C'était un peu la pagaille, et Planck décida d'y mettre de l'ordre.

Sa première tentative marcha, mais sans le satisfaire, car ses hypothèses étaient passablement arbitraires. Un mois plus tard, il trouva une meilleure façon de les justifier. C'était une idée radicale : l'énergie électromagnétique n'est pas une grandeur continue ; c'est une grandeur discrète. Elle se présente toujours sous forme de multiples entiers d'une quantité fixe, très petite. Plus précisément, pour une fréquence donnée, l'énergie est toujours égale à un nombre entier de fois le produit de la fréquence par une très petite constante aujourd'hui appelée constante de Planck et désignée par le symbole h. Sa valeur officielle est $6,626 \times 10^{-34}$ joules-secondes, soit 0,0…0626, avec 33 zéros après la virgule. Une énergie d'un joule augmente d'environ un quart de degré Celsius la température d'une petite cuillère d'eau. *h* est donc effectivement une très petite quantité d'énergie, si petite que les niveaux d'énergie expérimentaux apparaissent encore continus. Néanmoins, le remplacement d'un intervalle continu d'énergies par un ensemble discret d'énergies très finement espacées évita le problème mathématique qui donnait les mauvais résultats.

Planck ne le vit pas à l'époque, mais sa curieuse hypothèse sur l'énergie allait être à l'origine d'une révolution scientifique majeure : la mécanique quantique. Un « quantum » est une quantité d'énergie très petite mais discrète. La mécanique quantique est la meilleure théorie que nous ayons pour expliquer le comportement de la matière aux très petites échelles. Bien que cette théorie rende compte des expériences avec une remarquable précision, une bonne part de ce que nous connaissons sur le monde quantique est particulièrement surprenant. Le grand physicien Richard Feynman aurait dit : « Si vous pensez comprendre la mécanique quantique, c'est que vous ne la comprenez pas. »[1]

Par exemple, l'interprétation la plus évidente de la formule de Planck est que la lumière se compose de minuscules particules, aujourd'hui appelées photons, et que l'énergie d'un photon est égale à sa fréquence multipliée par la constante de Planck. La lumière se présente sous forme d'un multiple entier de cette valeur parce que le nombre de photons se doit d'être un nombre entier. Cette explication est tout à fait sensée mais soulève une autre question : comment une particule peut-elle avoir une fréquence ? La fréquence a un sens pour les ondes. Alors, un photon est-il une onde ou une particule ?

Les deux.

Galilée affirmait que les lois de la nature sont écrites dans la langue des mathématiques, et les *Principia* de Newton confirmèrent cette idée. En quelques décennies, les mathématiciens d'Europe continentale l'étendirent à la chaleur, à la lumière, au son, à l'élasticité, aux vibrations, à l'électricité, au magnétisme et à l'écoulement des fluides. L'ère de la mécanique classique créée par cette explosion d'équations mathématiques contribua à l'invention de deux éléments majeurs de la physique.

L'un fut la particule – un morceau de matière si petit qu'en termes de modélisation, on peut l'assimiler à un point. L'autre concept iconique fut l'onde. Pensez à une onde se déplaçant à la surface de l'océan. S'il n'y a pas trop de vent et si elle est loin de la terre, cette onde se déplace à vitesse constante sans changer de forme. Les molécules d'eau réelles qui la composent ne se déplacent pas avec elle. Elles restent pratiquement au même endroit. Lorsque l'onde passe, ces molécules d'eau se déplacent de haut en bas et d'un côté à l'autre. Elles transmettent ce mouvement aux molécules voisines, qui se déplacent de manière similaire, générant la même forme fondamentale. Ainsi, l'*onde* se déplace, mais l'eau reste sur place.

Il y a des ondes partout. Le son est une onde de pression dans l'air. Les tremblements de terre créent des ondes dans le sol, provoquant l'effondrement des immeubles. Les signaux radio, à qui nous devons la télévision, le radar, les téléphones mobiles et l'Internet, sont des ondes électriques et magnétiques.

Il s'avéra en être de même pour la lumière.

Vers la fin du XVIIe siècle, la nature de la lumière était l'objet d'une controverse. Newton pensait qu'elle était faite d'une multitude d'infimes particules. Le physicien hollandais Christiaan Huygens présentait des témoignages suggérant fortement qu'elle était une onde. Newton répliqua par d'ingénieuses explications sur les particules, et son point de vue prévalut pendant environ un siècle. Il s'avéra par la suite que Huygens avait raison depuis le début. Ce qui finalement fit pencher la balance en faveur des ondes, ce fut le phénomène d'interférence. Si la lumière traverse une lentille ou passe au bord d'une fente, elle forme des motifs : des alternances de raies claires et sombres à peu près parallèles. Ce phénomène se voit facilement au microscope et est encore plus évident si la lumière a une seule couleur.

La théorie des ondes explique ces phénomènes d'une manière simple, naturelle : ce sont des figures d'interférence. Quand deux ensembles d'ondes se chevauchent, leurs maximums, tout comme leurs minimums, se renforcent mutuellement, mais un maximum et un minimum s'annulent. Vous pouvez voir cela facilement en lançant deux pierres dans un étang. Chaque pierre crée une série d'ondulations circulaires qui se propagent en s'éloignant du point d'impact. Lorsque ces ondulations se rencontrent, vous obtenez un motif complexe ressemblant à un damier incurvé, comme sur l'illustration page 246.

Tout cela semblait passablement convaincant, et les scientifiques reconnurent que la lumière était une onde, et non une particule. C'était évident. Puis Planck arriva et, soudain, ce ne fut plus évident.

La démonstration classique de la nature duale des photons – tantôt particules, tantôt ondes – fut la conséquence d'une série d'expériences. En 1801, Thomas Young imagina faire passer un faisceau lumineux à travers deux fines fentes parallèles. Si la lumière était une onde, elle « diffracterait » en traversant une fine fente. Autrement dit, elle s'étalerait au loin, comme les ondes circulaires sur un étang. Avec deux fentes, la diffraction produirait une figure d'interférence caractéristique, comme celle obtenue en lançant dans l'eau deux pierres proches l'une de l'autre.

Sur le dessin de Young (page suivante), les maximums apparaissent en sombre et les minimums en clair. Deux anneaux d'ondes concentriques, issus des fentes A et B, se chevauchent et interfèrent pour donner des alignements de maximums rayonnant vers C, D, E et F. L'observation au bord droit de la figure détecterait une alternance de bandes claires et de bandes sombres. Young ne réalisa pas cette expérience ; il en réalisa une autre, semblable, en utilisant un fin rayon de soleil séparé en deux par un morceau de carton. Les bandes de diffractions apparurent comme prévu. Young déclara que la lumière était une onde, et estima les longueurs d'onde du rouge et du violet à partir de la largeur des bandes.

Jusqu'ici, cette expérience confirme seulement que la lumière est une onde. Le développement suivant fut une œuvre de patience, dont on mit longtemps à percevoir les conséquences. En 1909, Geoffrey Ingram Taylor, alors simple étudiant, réalisa une version de l'expérience de la double fente en utilisant une très faible source de lumière qui diffractait de chaque côté d'une aiguille à coudre. Comme avec le carton de Young, les « fentes » étaient les régions situées de chaque côté. Une figure de diffraction mit trois mois pour se former sur une plaque photographique. Le compte rendu de Taylor ne mentionne pas les photons, mais la lumière était si faible que la plupart du temps, un seul photon passait près de l'aiguille, de sorte que l'expérience fut par la suite interprétée comme la preuve que la figure de diffraction n'était pas due à l'interférence de deux photons. Dans ce cas, elle démontrait qu'un seul photon pouvait se comporter comme une onde. Plus tard encore, Feynman affirma que si l'on plaçait des détecteurs pour voir par quelle fente passait le photon, la figure de diffraction disparaîtrait. C'était là une « expérience de pensée », qui ne fut pas réalisée. Mais tout bien considéré, il semblait que les photons se comportaient parfois comme des particules, parfois comme des ondes.

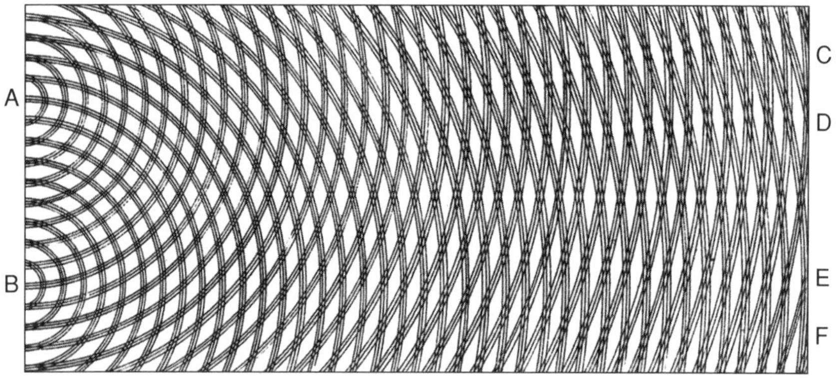

Figure 29. Figure d'interférence à deux fentes dessinée par Young d'après plusieurs observations de la propagation d'une onde sur l'eau.

Pendant un temps, certains textes sur la théorie quantique justifièrent la dualité onde/particule du photon en présentant l'expérience des deux fentes et la réflexion a posteriori de Feynman comme des faits, bien qu'aucune de ces deux expériences n'ait été réellement effectuée. Depuis, elles l'ont été, et correctement, et le photon fait ce que disent les manuels. La même chose vaut pour les électrons, les atomes et (record actuel) une molécule de 810 atomes. En 1965, Feynman écrivit que ce phénomène « est impossible, *absolument* impossible, à expliquer de manière classique [et] contient le fondement même de la mécanique quantique. »[2]

De nombreux exemples similaires de bizarreries quantiques ont été découverts. Je vais maintenant en présenter deux qui mettent clairement en relief le problème onde/particule et qui m'ont été inspirés par un article de Roger Penrose[3]. Ils illustrent également quelques techniques observationnelles et hypothèses de modélisation communes qui nous seront utiles par la suite. Le dispositif clé est l'un des préférés des expérimentateurs : le séparateur de faisceau, qui dévie d'un angle droit une moitié de la lumière qu'il reçoit mais laisse l'autre moitié continuer son chemin. On réalise cela en utilisant un miroir semi-argenté, dans lequel la couche métallique réflectrice est si fine qu'une partie de la lumière peut la traverser. On coupe également souvent en diagonale un cube de verre pour obtenir deux prismes que l'on colle ensuite selon une face diagonale. L'épaisseur de la colle détermine le rapport entre la lumière transmise et la lumière réfléchie.

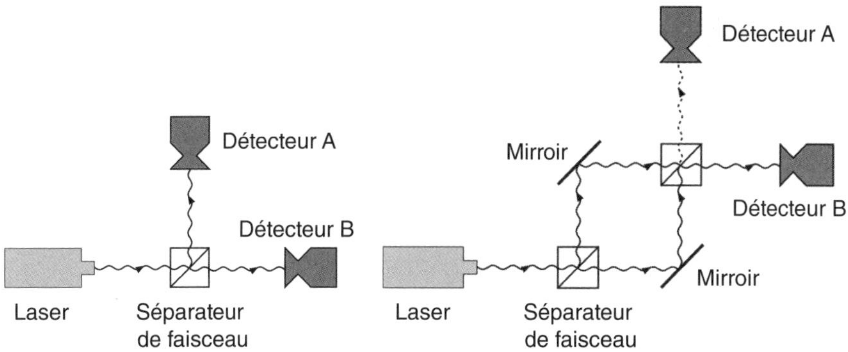

Figure 30. *À gauche* : la lumière est une particule. *À droite* : La lumière est une onde.

Dans la première expérience, un laser émet un photon qui heurte un séparateur de faisceau. Il s'avère qu'un et un seul des détecteurs A et B observe un photon. C'est un comportement particulaire : le photon a été soit réfléchi et détecté en A, soit transmis et détecté en B. (Le « séparateur » dans « séparateur de réseau » renvoie à la *probabilité* de réflexion ou de transmission du photon. Le photon lui-même reste intact.) Cette expérience n'a pas de sens si le photon est une onde.

La seconde expérience utilise un interféromètre de Mach-Zehnder : deux séparateurs de faisceau et deux miroirs disposés en carré. Si les photons étaient des particules, on s'attendrait à ce qu'une moitié d'entre eux soit réfléchie par le premier séparateur de faisceau et que l'autre moitié soit transmise. Les miroirs les enverraient alors vers le second séparateur de faisceau, et ils auraient 50 % de chances d'aller en A et 50 % de chances d'aller en B. Or ce n'est pas ce que l'on observe : B enregistre toujours un photon, mais A n'enregistre jamais rien. Cette fois, ce comportement n'a de sens que si le photon est une onde, qui se divise en deux ondes plus petites lors du passage dans le premier séparateur de faisceau. Chacune d'elles heurte le second séparateur de faisceau, pour être à nouveau divisée. Les calculs détaillés, que j'esquisserai dans un moment, montrent que les deux ondes qui se dirigent vers le détecteur A sont déphasées (lorsque l'une est à son maximum, l'autre est à son minimum) et s'annulent mutuellement. Les deux ondes qui se dirigent vers B sont en phase (leurs maximums coïncident) et se recombinent pour former une seule onde – un photon.

Figure 31. *À gauche* : amplitude et déphasage relatif de deux ondes. *À droite* : un déphasage de 1/2 alignant les maximums avec les minimums, les ondes s'annulent quand elles se superposent.

Ainsi, la première expérience semble prouver que le photon est une particule et non une onde, tandis que la deuxième expérience semble prouver que le photon est une onde et non une particule. Vous voyez pourquoi les physiciens étaient déroutés. Fait remarquable, ils ont trouvé un moyen sensé de tout faire marcher ensemble. Voici un petit aperçu informel des mathématiques ; il ne prétend pas être une description rigoureuse de la physique. La fonction d'onde s'exprime à l'aide de nombres complexes – de nombres de la forme $a + \mathrm{i}b$, où a et b sont des nombres réels ordinaires et i la racine carrée de moins un[4]. Le principal point à retenir est que lorsqu'une onde quantique est réfléchie, par un miroir ou par un séparateur de faisceau, sa fonction d'onde est multipliée par i. (Ce n'est pas évident, mais cela découle de l'hypothèse selon laquelle le séparateur de faisceau ne génère pas de perte : tous les photons sont soit transmis, soit réfléchis[5].)

Une onde a une amplitude – sa « taille » – et une phase, qui nous donne la position de son maximum. Un petit déplacement du maximum correspond à un « déphasage » qui s'exprime sous forme d'une fraction de la période de l'onde. Les ondes dont les phases diffèrent de 1/2 s'annulent mutuellement ; les ondes de même phase se renforcent mutuellement. Dans le langage des ondes, multiplier la fonction d'onde par i équivaut à la déphaser de 1/4 parce que $i^4 = (-1)^2 = 1$. Lorsqu'une onde est transmise par un séparateur d'onde sans être réfléchie, elle reste inchangée – son déphasage est égal à 0).

À chaque transmission ou réflexion successive, les déphasages s'additionnent. Aux séparateurs de faisceau, l'onde devient deux demi-ondes, chacune suivant son chemin. L'onde réfléchie se déphase de 1/4, tandis que l'onde transmise conserve la même phase. Le diagramme page 250 montre les trajectoires résultantes dans l'appareil. Les demi-ondes sont en gris, et les nombres représentent les déphasages. Chaque réflexion rencontrée en chemin ajoute un 1/4 de phase au déphasage total. En suivant les trajectoires et en comptant les réflexions, vous pouvez vérifier que le détecteur A reçoit deux demi-ondes de phases 1/4 et 3/4. Cela fait une différence de phase de 1/2, de sorte que ces demi-ondes s'annulent mutuellement et que rien n'est observé. Le détecteur B reçoit également deux demi-ondes, mais maintenant, les phases sont 1/2 et 1/2. La différence de phase est donc nulle, de sorte que les deux demi-ondes se combinent pour ne donner qu'une seule onde – et B observe un photon.

Magie !

Les calculs complets se trouvent dans l'article de Penrose. Des méthodes similaires valent pour, et donnent des résultats en accord avec, d'innombrables expériences – un remarquable succès pour l'appareil mathématique. Il n'est guère surprenant que les physiciens voient dans la théorie quantique un triomphe de l'ingéniosité humaine, ainsi que la preuve que la nature, à ses plus petites échelles, n'a que peu de ressemblance avec la mécanique classique de Newton et de ses successeurs.

Comment une particule peut-elle être aussi une onde ?

La réponse habituelle donnée par la théorie quantique est que le bon type d'onde peut se comporter comme une particule. En fait, dans

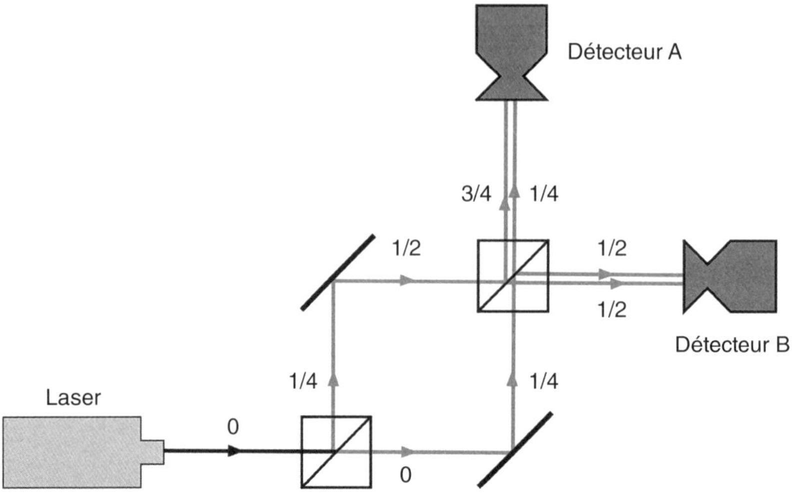

Figure 32. Les trajectoires à l'intérieur du dispositif. Les demi-ondes sont en gris. Les nombres sont les déphasages.

certaines situations, on peut considérer qu'une onde *individuelle* est une particule légèrement floue. Le maximum se déplace sans changer de forme, ce qui est exactement la façon dont une particule se déplace. Louis de Broglie et Erwin Schrödinger, deux pionniers de la théorie quantique, représentaient une particule par un petit groupe d'ondes, concentrées dans une petite région, se déplaçant en oscillant, mais restant ensemble. Ils appelèrent cela un paquet d'ondes. En 1925, Schrödinger écrivit une équation générale pour les ondes quantiques, équation qui porte aujourd'hui son nom, et la publia l'année suivante. Elle rend compte non seulement des particules subatomiques, mais aussi de tout système quantique. Pour trouver ce que fait le système, écrivez la version adéquate de l'équation de Schrödinger, puis résolvez-la pour obtenir la fonction d'onde du système.

Mathématiquement parlant, l'équation de Schrödinger est une équation linéaire : si vous prenez une de ses solutions et que vous la multipliez par une constante ou que vous lui additionnez une seconde solution, le résultat est encore une solution. Cette construction s'appelle la *superposition*. Un fait similaire existe en physique classique : alors que deux particules ne peuvent s'y trouver en même temps au même endroit, deux ondes peuvent, elles, y coexister sans problème. Dans les versions les plus simples de l'équation d'onde, les solutions se superposent pour donner des solutions. Nous l'avons vu, ces superpositions ont notamment pour effet de créer des interférences. Cette propriété de l'équation de Schrödinger implique que ses solutions sont la plupart du temps considérées comme des ondes, d'où l'expression « fonction d'onde » pour désigner l'état quantique du système.

Les effets quantiques apparaissent aux très petites échelles spatiales et ne sont pas directement observables. Notre connaissance du monde quantique se déduit des effets que nous *pouvons* observer. Si par exemple nous pouvions observer toute la fonction d'onde d'un électron, de nombreux mystères quantiques disparaîtraient. Malheureusement, cela ne semble pas être possible. Seuls certains *aspects* de la fonction d'onde sont accessibles à l'observation. En fait, si vous observez l'un de ces aspects, les autres deviennent inobservables ou ont tellement changé que la seconde observation n'a plus aucun rapport pertinent avec la première.

Ces aspects observables de la fonction d'onde s'appellent les *états propres*. Toute fonction d'onde peut se construire par addition d'états propres. On rencontre une situation similaire dans l'équation de la chaleur de Fourier, mais elle est plus facile à visualiser avec l'équation d'onde, étroitement liée, qui modélise les vibrations d'une corde de violon. Les analogues des états propres sont ici les fonctions sinus, comme celles que l'on voit page 248, et toute forme d'onde peut s'obtenir en additionnant des combinaisons appropriées de ces fonctions. L'onde sinusoïdale fondamentale donne la note produite par la corde du violon à vide ; les autres ondes sinusoïdales plus rapprochées sont ses harmoniques. En mécanique classique, on peut déterminer entièrement la forme de la corde. Mais si vous voulez observer l'état d'un système quantique, vous devez d'abord choisir un état propre, composante de la fonction d'onde, puis le mesurer. Vous pouvez ensuite mesurer un autre état propre, mais la première observation perturbe la fonction d'onde, de sorte que le premier état propre aura probablement déjà changé d'ici là. Bien qu'un état quantique puisse être (et soit habituellement) une superposition d'états propres, le résultat d'une mesure quantique doit être un état propre pur.

Un électron, par exemple, possède une propriété appelée *spin*. Ce nom vient d'une ancienne analogie mécanique et aurait pu être totalement différent sans la moindre perte de compréhension – le même argument vaut des propriétés quantiques plus récentes qui ont reçu des noms tels que « charme » et « dessous ». Le spin de l'électron partage une propriété mathématique avec la rotation classique : il a un axe. La Terre tourne sur son axe, en nous donnant le jour et la nuit, et cet axe est incliné d'un angle de 23,4° sur l'orbite de la planète. Un électron a lui aussi un axe, mais c'est une construction mathématique susceptible de pointer à n'importe quel instant dans n'importe quelle direction. La valeur de son spin, en revanche, est toujours la même : 1/2. Du moins, c'est le « nombre quantique » associé, qui est, pour toute particule quantique, soit un entier, soit un demi-entier, et toujours le même pour un type de particule donné[6]. Le principe de superposition entraîne que l'électron peut tourner *simultanément* autour d'une multitude d'axes – tant qu'on ne le mesure pas. Choisissez un axe, mesurez le spin : vous obtenez soit +1/2 soit –1/2, parce que chaque axe pointe dans deux directions[7].

C'est bizarre. La théorie dit que l'état est presque toujours une superposition ; l'observation dit qu'il ne l'est pas. Dans certaines activités humaines, cela serait considéré comme une énorme contradiction, mais en théorie quantique, c'est quelque chose que vous devez accepter si vous voulez aboutir quelque part. Et quand vous l'acceptez, vous obtenez des résultats si extraordinaires que vous seriez fou de rejeter la théorie. Vous acceptez alors que, pour une raison ou une autre, l'acte même de mesure d'un système quantique détruit les caractéristiques de l'objet que vous tentez de mesurer.

L'un des physiciens qui se débattaient avec ces problèmes était Niels Bohr, qui travaillait à Copenhague dans l'Institut de physique théorique qu'il avait fondé en 1921 et qui fut rebaptisé Institut Niels Bohr en 1993. Werner Heisenberg, qui y travailla dans les années 1920, donna en 1929 à Chicago une conférence faisant référence (en allemand) à « l'esprit de la théorie quantique propre à Copenhague ». Cet esprit conduisit, dans les années 1950, à l'expression « interprétation de Copenhague » des observations quantiques : quand vous observez un système quantique, la fonction d'onde ne peut que s'effondrer en un état propre à une seule composante.

Schrödinger n'était pas vraiment satisfait de l'effondrement des fonctions d'onde, car il croyait qu'elles étaient des objets physiques réels. Il conçut sa célèbre expérience de pensée, sur le chat, pour démolir l'interprétation de Copenhague. Cette expérience fait intervenir un autre exemple d'incertitude quantique, la désintégration radioactive. Les électrons d'un atome occupent des niveaux d'énergie bien précis. Quand ils changent de niveau, l'atome émet ou absorbe de l'énergie, sous forme de diverses particules, notamment de photons. Dans un atome radioactif, les transitions de ce type peuvent être suffisamment violentes pour éjecter des particules nucléaires et changer l'atome en un élément différent. Cet effet s'appelle la désintégration radioactive. C'est grâce à lui que les armes et les centrales nucléaires fonctionnent.

La désintégration étant un processus aléatoire, l'état quantique d'un atome radioactif, tant qu'il n'est pas soumis à une observation, est une superposition de « non désintégré » et « désintégré ». Les systèmes classiques n'ont pas ce comportement. Ils se trouvent dans des états observables bien précis. Nous vivons dans un monde qui, à l'échelle humaine, est (surtout) classique, mais qui, aux échelles suffisamment petites, est totalement quantique. Comment cela se fait-il ? Avec son expérience de pensée, Schrödinger joua le monde quantique contre le monde classique. Mettez un atome radioactif (le bit quantique) dans une boîte, avec un chat, une fiole de gaz toxique, un détecteur de particules et un marteau (un système classique). Lorsque l'atome se désintègre, le détecteur déclenche le marteau, qui casse la fiole, ce qui a de tristes conséquences pour le chat.

Si la boîte est imperméable à toute observation, l'atome se trouve dans une superposition de « non désintégré » et de « désintégré ». Par conséquent, dit Schrödinger, le chat doit être lui aussi dans une superposition de « vivant » et de « mort » en proportions adéquates[8]. C'est seulement quand on ouvre la boîte et que l'on observe ce qu'il y a à l'intérieur que l'on effondre la fonction d'onde de l'atome, et donc aussi celle du chat. Maintenant, il est soit mort, soit vivant, cela dépend de ce qu'a fait l'atome. De même, on voit maintenant si l'atome s'est ou non désintégré.

Je ne veux pas entrer dans les détails de cette expérience de pensée[9], mais Schrödinger ne pensait pas qu'un chat mi-vivant mi-mort ait un sens. À un niveau plus profond, il considérait que personne ne pouvait expliquer *comment* la fonction d'onde s'effondre et pourquoi de grands systèmes quantiques, tel un chat, considéré comme un immense agrégat de particules fondamentales, semblent devenir classiques. Les physiciens ont effectué des expériences sur des systèmes quantiques sans cesse plus grands pour montrer la réalité de la superposition. Pas encore sur des chats, mais ils les ont faites sur tout ce qui va des électrons aux très petits cristaux de diamant. Simon Gröblacher espère en réaliser sur les tardigrades – de minuscules créatures également appelées « oursons d'eau » ou « porcelets de mousse », qui sont extrêmement robustes – en les plaçant sur un trampoline quantique[10]. (C'est sérieux. J'y reviendrai plus tard.) Ces expériences ne répondent toutefois pas à la question de Schrödinger.

La question philosophique centrale est : qu'est-ce qu'une observation ? À titre d'exemple, prenons le scénario de Schrödinger. La fonction d'onde du chat s'effondre-t-elle dès que le détecteur à l'intérieur de la boîte « observe » la désintégration ? S'effondre-t-elle dès que le *chat* remarque le gaz toxique ? (Un chat peut être un observateur : l'un de nos chats était un observateur obsessionnel de notre poisson rouge.) Ou attend-elle qu'un être humain ouvre la boîte pour regarder ce qu'il y a à l'intérieur ? Chacune de ces possibilités a ses partisans et si la boîte est réellement imperméable, on ne peut trancher. Installer une caméra vidéo à l'intérieur de la boîte ? Ah, mais vous ne pouvez savoir ce qu'elle a enregistré tant que vous n'avez pas ouvert la boîte. Peut-être la fonction d'onde était-elle une superposition de « chat vivant enregistré » et de « chat mort enregistré » jusqu'à ce que vous l'observiez. Peut-être s'est-elle effondrée dès que l'atome s'est désintégré. Peut-être s'est-elle effondrée quelque part entre les deux.

La question « qu'est-ce qu'une observation quantique » n'a toujours pas trouvé de réponse. La façon dont nous la modélisons mathématiquement est idéalisée et n'a véritablement aucun rapport avec la façon dont on fait une observation concrète, car elle suppose que l'appareil de mesure n'est pas un système quantique. La manière dont nous devrions la penser est ignorée par la plupart des physiciens et âprement débattue par les autres. Je reviendrai sur ce débat au chapitre 16. Pour l'instant, les principales choses à garder en mémoire sont le principe de superposition, le fait qu'un état propre est tout ce que nous pouvons habituellement mesurer, et l'indécision entourant l'observation quantique.

Ses problèmes de fondement n'ont pas empêché la mécanique quantique de prendre un envol remarquable. Entre les mains de quelques brillants pionniers, elle expliqua un grand nombre d'expériences, autrefois déconcertantes, et en inspira quantité de nouvelles. Albert Einstein utilisa la théorie quantique pour expliquer l'effet photoélectrique – la création d'électricité par l'exposition d'un métal approprié à un faisceau lumineux. Ce travail lui valut le prix Nobel. Ironiquement, la théorie quantique ne lui apparut jamais totalement satisfaisante. Ce qui le gênait, c'était l'incertitude. Pas dans son esprit : dans la théorie elle-même.

Les grandeurs mécaniques (classiques ou quantiques) se présentent naturellement par paires. Par exemple, la position est associée à la quantité de mouvement (la masse fois la vitesse) et la vitesse est le taux de variation de la position. En mécanique classique, vous pouvez mesurer ces deux grandeurs simultanément, et en principe, ces mesures peuvent être aussi précises que vous le voulez. Il vous suffit simplement de faire attention à ne pas trop perturber la particule quand vous mesurez ce qu'elle fait. Mais en 1927, Heisenberg annonça que la mécanique quantique ne fonctionne pas comme ça : plus votre mesure de la position de la particule est précise, moins votre mesure de sa vitesse est précise, et vice versa.

Heisenberg donna une explication informelle du phénomène en invoquant un « effet observateur » : l'acte d'observation perturbe ce que vous observez. Si cette explication aida à convaincre les gens qu'il avait raison, elle est en fait trop simplificatrice. L'effet observateur existe également en mécanique classique. Pour observer la position d'un ballon de football, vous pouvez l'éclairer. La lumière incidente est réfléchie – et le ballon ralentit très légèrement. Quand vous mesurez ensuite sa vitesse, disons, en mesurant le temps qu'il met pour parcourir un mètre, vous obtenez un résultat légèrement inférieur à ce qu'il était juste avant que vous l'éclairiez. Ainsi, la mesure de la position du ballon modifie la mesure de sa vitesse. Heisenberg souligna qu'en physique classique, les mesures précises rendent cette modification négligeable. Mais dans le domaine quantique, elles ressemblent davantage à un bon coup de pied dans le ballon. Votre ballon vous dit maintenant où il *était*, mais vous n'avez aucune idée de l'endroit où il est parti.

L'analogie est ingénieuse, mais techniquement, elle est fausse. La limitation de Heisenberg sur la précision des mesures quantiques a une origine bien plus profonde. En fait, elle survient pour tout phénomène ondulatoire et est un témoignage supplémentaire en faveur de la nature ondulatoire de la matière aux très petites échelles. Dans le monde quantique, elle est formellement appelée principe d'incertitude de Heisenberg. Elle fut formulée mathématiquement en 1927 par Hesse Kennard et une année plus tard par Hermann Weyl. Elle dit que l'incertitude sur la position fois l'incertitude sur la quantité de mouvement est au moins égale à $h/4\pi$, où h est la constante de Planck. Algébriquement, cela donne :

$$\sigma_x \sigma_p \geq h/4\pi$$

où les sigmas sont les écarts types, x la position et p la quantité de mouvement.

Cette formule montre que la mécanique quantique contient un niveau d'incertitude intrinsèque. La science propose des théories et les teste à l'aide d'expériences. Ces expériences mesurent les grandeurs prédites par la théorie, pour voir si elles sont correctes. Mais le principe d'incertitude dit que certaines combinaisons de mesures sont *impossibles*. Ce n'est pas une limitation des instruments actuels ; c'est une limitation de nature. Ainsi, certains aspects de la théorie quantique ne peuvent être vérifiés expérimentalement.

Pour ajouter à l'étrangeté, le principe de Heisenberg s'applique seulement à certaines paires de variables, et non aux autres. Il nous dit que certaines paires de variables « conjuguées » ou « complémentaires », telles que la position et la quantité de mouvement, sont inextricablement liées. Si on mesure l'une des deux avec une grande précision, leur liaison implique mathématiquement qu'on ne peut également mesurer l'autre avec une grande précision. Dans certains cas cependant, on peut mesurer simultanément deux variables différentes, même dans un monde quantique.

Nous savons aujourd'hui que, contrairement à ce que disait Heisenberg, les incertitudes exprimées par le principe d'incertitude ne proviennent pas de l'effet observateur. En 2012, Yuji Hasegawa mesura les spins de groupes de neutrons et constata qu'en elle-même, l'observation ne générait pas le niveau d'incertitude prédit par Heisenberg[11]. Cette même année, une équipe dirigée par Aephraim Steinberg parvint à effectuer sur des photons des mesures si fines qu'elles introduisirent moins d'incertitude sur les photons individuels que ne le spécifie le principe d'incertitude[12]. Toutefois, les mathématiques restent correctes : l'incertitude totale sur le comportement des photons dépasse encore la limite de Heisenberg.

L'expérience utilise non pas la position et la quantité de mouvement, mais une propriété plus subtile, la polarisation. C'est la direction dans laquelle vibre l'onde représentant un photon. Ce peut être la verticale, l'horizontale, ou toute autre direction. Les polarisations dans des directions mutuellement perpendiculaires sont des variables conjuguées, de sorte qu'en vertu du principe d'incertitude, vous ne pouvez pas les mesurer simultanément avec une précision arbitrairement élevée. Les expérimentateurs firent une mesure faible de la polarisation du photon dans un plan, ce qui le perturba à peine (comme la caresse d'un ballon avec une plume). Le résultat ne fut pas très précis, mais il donna une idée de la direction de la polarisation. Puis ils mesurèrent pareillement la polarisation du même photon dans le second plan. Enfin, ils mesurèrent sa polarisation dans la direction originelle en utilisant une mesure forte (un bon coup de pied dans le ballon) qui donna un résultat très précis. Cela leur indiqua l'ampleur de la perturbation due aux mesures faibles. Cette dernière observation perturba considérablement le photon, mais cela n'avait alors pas d'importance.

Après de multiples répétitions de ces observations, la mesure d'une polarisation ne perturba pas le photon autant que le dit le principe de Heisenberg. La perturbation réelle pouvait être deux fois moindre. Cela ne contredit toutefois pas le principe, car on ne peut mesurer *les deux* états avec une précision suffisante. Mais cela montre que ce n'est pas toujours la mesure en elle-même qui génère l'incertitude. Elle est déjà là.

Sauf à Copenhague, les superpositions de fonctions d'onde ne semblèrent pas poser de problèmes jusqu'en 1935, lorsqu'Einstein, Boris Podolsky et Nathan Rosen publièrent un célèbre article sur ce que l'on appelle aujourd'hui le paradoxe EPR. Selon l'interprétation de Copenhague, dirent-ils, un système de deux particules viole nécessairement le principe d'incertitude à moins qu'une mesure sur l'une d'elles ait un effet instantané sur l'autre – quelle que soit la distance qui les sépare. Einstein parla alors d'« action fantôme à distance », car elle n'est pas compatible avec le principe relativiste fondamental qui pose qu'aucun signal ne peut se propager plus vite que la lumière. Au début, il pensait que le paradoxe EPR réfutait l'interprétation de Copenhague et donc démontrait que la mécanique quantique était incomplète.

Aujourd'hui, les physiciens quantiques voient les choses différemment. L'effet révélé par le paradoxe EPR est réel. Il survient dans un contexte bien précis : celui de deux (ou plusieurs) particules « intriquées », ou d'autres systèmes quantiques eux aussi intriqués. Lorsque des particules sont intriquées, elles perdent leurs identités propres dans le sens où toute observation réalisable porte sur l'état du système entier, et non sur ses composantes individuelles. Mathématiquement parlant, l'état du système combiné est donné par le « produit tensoriel » des états des composantes (j'essaierai d'expliquer cela dans un moment). Comme d'habitude, la fonction d'onde correspondante donne la probabilité d'observer le système dans un état donné, quel qu'il soit. Mais les états eux-mêmes ne se séparent pas en observations des composantes individuelles.

Les produits tensoriels fonctionnent globalement comme ceci. Supposez que deux personnes aient chacune un chapeau et un manteau. Le chapeau peut être rouge ou bleu ; le manteau vert ou jaune. Chaque personne choisit un chapeau et un manteau, de sorte que l'« état » de leur tenue est une paire telle que (chapeau rouge, manteau vert) ou « chapeau bleu, manteau jaune). Dans un univers quantique, les états des chapeaux peuvent se superposer, de sorte qu'il y a un sens à parler de « chapeau 1/3 rouge + 2/3 bleu » et pareil pour les manteaux. Le produit tensoriel étend les superpositions aux paires (chapeau, manteau). Les règles mathématiques nous disent que pour une couleur de manteau donnée, disons vert, la superposition de deux états chapeau décompose ainsi le système entier :

(chapeau 1/3 rouge + 2/3 bleu, manteau vert)

= 1/3 (chapeau rouge, manteau vert) + 2/3 (chapeau bleu, manteau vert)

La même chose vaut pour une superposition de deux états manteau, pour une couleur de chapeau donnée. De fait, les états de ce type nous disent qu'il n'y a aucune interaction significative entre les états chapeau et manteau. Toutefois, de telles interactions surviennent pour les états « intriqués » tels que

1/3(chapeau rouge, manteau vert) + 2/3(chapeau bleu, manteau jaune)

Les règles de la mécanique quantique prédisent que la mesure de la couleur du chapeau effondre non seulement l'état du chapeau, mais aussi celui de tout le système chapeau/manteau. Cela implique instantanément des contraintes sur l'état du manteau.

La même chose vaut pour les paires de particules quantiques ; une pour le chapeau, une pour le manteau. Les couleurs sont remplacées par des variables telles que le spin ou la polarisation. On peut dire en quelque sorte que la particule mesurée *transmet* son état à l'autre particule, affectant ainsi toute mesure réalisée sur cette dernière. Toutefois, cet effet survient quelle que soit la distance séparant les particules. Selon la relativité, les signaux ne peuvent voyager plus vite que la lumière ; mais dans une expérience, ils auraient dû voyager 10 000 fois plus vite pour expliquer le phénomène observé. C'est la raison pour laquelle l'effet de l'intrication sur les observations est parfois appelé « téléportation quantique ». Il est considéré comme une caractéristique distinctive – voire *la* caractéristique distinctive – montrant à quel point le monde quantique diffère de la physique classique.

Permettez-moi de revenir à Einstein et au souci que lui causait l'action fantôme à distance. Au début, il privilégiait une autre solution pour résoudre l'énigme des états intriqués, à savoir une théorie des variables cachées – une explication déterministe sous-jacente. Pensez au jeu de pile ou face, comme au chapitre 4. L'état probabiliste pile/face s'explique par un modèle mécanique de la pièce plus détaillé, avec les variables de position et de vitesse de rotation. Ces variables ne sont pas liées à la variable binaire pile/face. Celle-ci apparaît lorsque nous « observons » l'état de la pièce en interrompant sa trajectoire avec une table, la main, ou le sol. La pièce n'oscille pas mystérieusement entre pile et face sur un certain mode aléatoire ; elle fait quelque chose de bien plus étrange.

Supposez que chaque particule quantique ait une dynamique cachée, qui détermine pareillement le résultat d'une observation. Supposez également que lorsque deux particules sont initialement intriquées, leurs dynamiques cachées soient synchrones. Par la suite, à un moment donné, elles se retrouvent toutes deux dans le même état caché. Cela reste vrai dans le cas où elles sont séparées. Si le résultat d'une mesure est non pas aléatoire, mais prescrit par un état interne, les mesures faites simultanément sur les deux particules ne peuvent que concorder. Il n'est pas nécessaire qu'un signal se transmette entre elles.

C'est un peu comme deux espions qui se rencontrent, synchronisent leurs montres, puis se séparent. Si à un moment l'un d'eux regarde sa montre et lit 18h34, il peut prédire qu'à ce même instant, son collègue regarde lui aussi sa montre et lit 18h34. Ils peuvent tous les deux agir à l'identique à un même instant arrangé à l'avance sans qu'aucun signal ne passe entre eux. La dynamique cachée d'une particule quantique pourrait fonctionner de la même manière, avec une précision d'horlogerie. Bien entendu, le synchronisme doit être très précis, sans quoi les deux particules seront déphasées, mais les états quantiques *sont* très précis. Par exemple, les électrons ont tous la même masse, à de nombreuses décimales près.

L'idée est ingénieuse. Elle décrit presque parfaitement la façon dont les expériences génèrent des particules intriquées[13]. Elle ne montre pas seulement qu'en principe une théorie déterministe des variables cachées peut expliquer l'intrication sans faire intervenir une action fantôme à distance : elle est proche d'une preuve de l'existence d'une telle théorie. Mais lorsque des physiciens exclurent la possibilité d'une théorie des variables cachées, ainsi que nous le verrons au prochain chapitre, elle fut mise en veilleuse.

16

Les dés jouent-ils aux dieux ?

« Le Chaos précéda le Cosmos, et c'est dans le Chaos informe et vide que nous avons plongé. »

John Livingston Lowes, *The Road to Xanadu*

Les physiciens en sont arrivés à reconnaître qu'aux plus petites échelles, la matière a une volonté propre. Elle peut décider de se transformer – de particule en onde, d'atome radioactif d'un élément en un élément totalement différent – spontanément. Aucune intervention extérieure n'est nécessaire : elle se *transforme*, tout simplement. Sans règles. Ce n'était pas exactement une affaire de Dieu qui ne jouait pas aux dés, comme l'avait dit Einstein agacé. C'était pire que ça. Les dés pouvaient être une icône de l'aléatoire, mais nous avons vu au chapitre 4 qu'ils sont en fait déterministes. Dès lors, le grief d'Einstein aurait dû être en réalité que Dieu *joue* aux dés, dont des variables dynamiques cachées déterminent la face sur laquelle ils tombent. La vision quantique désapprouvée par Einstein était que bien que Dieu ne joue pas aux dés, Il obtenait les mêmes résultats que s'Il y jouait. Ou encore plus précisément, les dés se lançaient eux-mêmes, et l'univers était le résultat de leur jeu. Fondamentalement, les dés quantiques jouent à Dieu. Mais sont-ils des dés métaphoriques, des matérialisations de l'authentique aléatoire, ou sont-ils des dés déterministes, rebondissant chaotiquement sur la structure du cosmos ?

Dans les mythes de création de la Grèce ancienne, le « chaos » désignait un état primordial informe antérieur à la création de l'univers. C'était l'espace apparu lorsque le Ciel et la Terre furent séparés, le vide sous la Terre sur lequel celle-ci repose, et – dans la *Théogonie* d'Hésiode – le premier dieu primordial. Le chaos précédait le cosmos. Dans le développement de la physique moderne, en revanche, le cosmos précéda le chaos. En particulier, la théorie quantique fut inventée et développée un demi-siècle avant que l'on interprète correctement la possibilité d'existence d'un chaos déterministe. L'incertitude quantique fut donc supposée, dès le début, être purement aléatoire, inhérente à la structure de l'univers.

À l'époque de la grande vogue populaire de la théorie du chaos, le paradigme de la nature intrinsèquement aléatoire de l'incertitude quantique, sans aucune structure plus profonde pour l'expliquer, et de la *vanité* d'une structure plus profonde pour l'expliquer, était si enraciné que sa simple mise en question était taboue. Je ne peux toutefois m'empêcher de penser que tout aurait pu être différent si les mathématiciens avaient proposé une théorie du chaos – en tant que branche des mathématiques à part entière, et non l'exemple singulier déniché par Poincaré – *avant* que les physiciens ne commencent à s'interroger sur les quanta.

La question est : d'où vient le hasard quantique ? L'orthodoxie dit qu'il ne vient de rien ; il est simplement là. Dans ce cas, le problème est d'expliquer pourquoi les événements quantiques ont une telle régularité statistique. Chaque isotope radioactif possède une « demi-vie », le temps mis par la moitié des atomes d'un grand échantillon pour se désintégrer. Comment un atome radioactif sait-il ce qu'est censée être sa demi-vie ? Qui lui dit quand se désintégrer ? C'est très bien de dire que c'est le « hasard », mais dans tout autre contexte, le hasard reflète soit l'ignorance du mécanisme générateur de l'événement, soit les déductions mathématiques tirées de la connaissance de ces mécanismes. En mécanique quantique, le hasard *est* le mécanisme.

Il y a même un théorème mathématique qui affirme qu'il ne peut en être autrement : c'est le théorème de Bell, qui aurait probablement valu à John Bell le prix Nobel de physique. Bell semble avoir fait partie des nominés 1990, mais les nominations sont tenues secrètes et il mourut d'une attaque avant que les noms des lauréats soient annoncés. Mais comme avec la plupart des déclarations de la physique fondamentale, si vous creusez un peu, ce n'est pas aussi simple qu'il y paraît. On dit souvent que l'inégalité de Bell exclut toute théorie à variables cachées de la mécanique quantique, mais cette affirmation est trop générale. Elle exclut effectivement certains *types* d'explications à variables cachées, mais pas tous. La démonstration du théorème implique une série d'hypothèses mathématiques, dont certaines ne sont pas explicites. Des travaux plus récents suggèrent que certains types de dynamiques chaotiques pourraient, en principe, contenir un mécanisme déterministe responsable de l'incertitude quantique. Il ne s'agit pour l'instant que de vagues idées, et non d'une théorie définitive, mais elles suggèrent que si l'on avait découvert le chaos avant la théorie quantique, une vision déterministe aurait pu devenir l'orthodoxie.

Même dès le tout début, quelques physiciens contestèrent la vision orthodoxe de l'indétermination quantique. Et ces dernières années, de nouvelles idées dissidentes ont vu le jour, qui s'opposent à l'opinion dominante selon laquelle il vaut mieux ne pas ouvrir certaines portes. L'éminent physicien Roger Penrose est l'un des rares à éprouver un malaise face à l'attitude actuelle à l'égard de l'incertitude quantique. Il écrivit en 2011 : « La mécanique quantique doit vivre avec non seulement de profonds problèmes d'interprétation, mais [aussi] une profonde incohérence interne, qui est la raison pour laquelle on peut penser que cette théorie nous réserve de sérieuses surprises. »[1]

Les tentatives visant à suggérer des options à l'orthodoxie quantique sont généralement accueillies avec une profonde suspicion par l'ensemble de la communauté des physiciens. C'est une réaction compréhensible face à la multiplication des attaques de cinglés contre la physique fondamentale, et aux incursions occasionnelles de philosophes cherchant des explications verbales aux énigmes de la mécanique quantique, tout en reprochant aux physiciens d'avoir tout faux. Il y a un moyen simple d'éviter toutes ces questions, et la tentation de l'utiliser est probablement forte. La mécanique quantique est bizarre. Même les physiciens le disent. Plus elle leur apparaît bizarre, plus ils s'en délectent. Bien entendu, quiconque est en désaccord avec eux est considéré comme un mécaniste classique bon teint qui n'a pas l'imagination suffisante pour accepter que le monde puisse être *à ce point* bizarre. « Cessez de poser des questions stupides et continuez les calculs » devint la réponse dominante.

Il y a cependant toujours eu une contre-culture. Certaines personnes, et parmi elles les meilleurs et les plus brillants physiciens du monde, ont continué de poser les questions stupides. Non par manque, mais par excès d'imagination. Ils se demandent aujourd'hui si le monde quantique n'est pas encore *plus bizarre* que la description orthodoxe. Des découvertes profondes sur les questions stupides ont ébranlé les fondements de la physique. Des livres ont été écrits, des articles publiés. De prometteuses tentatives destinées à aborder les aspects les plus profonds de la réalité quantique ont vu le jour ; certaines si efficaces qu'elles concordent avec pratiquement tout ce que l'on sait aujourd'hui sur la théorie quantique, tout en lui ajoutant un nouveau niveau d'explication. Ce succès même a été utilisé contre cette contre-culture : puisqu'aucune expérience conventionnelle ne permet de distinguer la nouvelle théorie de la théorie existante, autant délaisser la nouvelle et s'en tenir à celle qui existe. Cet argument étrangement asymétrique a un contraire évident : selon le même raisonnement, la vieille théorie est inutile et nous devons nous en tenir à la nouvelle. À ce stade, l'opposition désactive son cerveau bayésien et revient à ses méthodes ancestrales.

Et pourtant… la description conventionnelle du monde quantique contient *trop* de détails inexpliqués – des phénomènes qui semblent n'avoir aucun sens, des hypothèses qui se contredisent, des explications qui n'expliquent pas. Et tout cela masque une vérité dérangeante, glissée précipitamment sous le tapis parce qu'elle est profondément embarrassante : les partisans du « tais-toi et calcule » ne la comprennent pas réellement non plus. La vérité est que même les physiciens quantiques adeptes de cette philosopie *ne calculent tout simplement pas.* Avant de faire les calculs complexes, ils écrivent des équations quantiques pour modéliser le monde réel, et le choix de ces équations ne repose pas uniquement sur des lois physiques. Par exemple, ils modélisent un séparateur de faisceau par une entité mathématique sommaire oui/non,

non déduite des équations, qui soit transmet le photon, soit le réfléchit – et qui pourtant laisse son état miraculeusement inchangé, modulo un déphasage d'un quart de période de l'onde réfléchie. Il n'existe aucune entité sommaire de ce type. Quantiquement parlant, un séparateur de faisceau réel est un système de particules subatomiques énormément complexe. Quand un photon le traverse, il interagit avec la totalité de ce système. Rien de sommaire là-dedans. Pourtant, curieusement, ce modèle sommaire semble fonctionner. Je ne pense pas que quelqu'un sache réellement pourquoi. Le calcul serait impossible à effectuer : un séparateur de faisceau contient trop de particules. Tais-toi et calcule.

La plupart des équations quantiques recourent à ce type d'hypothèses modélisatrices consistant à importer dans les mathématiques des objets clairement définis qui n'existent pas dans la confusion du monde quantique. On met l'accent sur les équations au détriment du contexte – des « conditions aux limites » que l'on doit préciser avant de pouvoir poser et résoudre les équations. Les physiciens quantiques connaissent toutes les astuces mathématiques ; ce sont des artistes accomplis capables d'effectuer des calculs incroyablement complexes et d'obtenir des réponses correctes jusqu'à la neuvième décimale. Mais peu d'entre eux se demandent pourquoi ça marche si bien.

La fonction d'onde est-elle réelle ? Ou, puisque nous ne pouvons l'observer dans son intégralité, n'est-elle qu'une abstraction mathématique ? Existe-t-elle réellement ou n'est-elle qu'une fiction commode – comme une version pour physicien de l'homme moyen de Quetelet ? L'homme moyen n'existe pas ; on ne peut se promener, tomber sur la bonne porte, frapper, et se retrouver face à lui. Néanmoins, ce personnage fictif résume quantité d'informations sur les hommes réels. La fonction d'onde est peut-être comme ça. Aucun électron n'en possède une, mais tous se comportent comme s'ils en avaient une.

En guise d'analogie classique, considérez une pièce de monnaie. Elle a une distribution de probabilité : $P(\mathrm{P}) = P(\mathrm{F}) = 1/2$. Cette distribution existe au sens mathématique standard : elle est un objet mathématique bien défini, dont on peut déduire pratiquement tout ce qui peut être dit sur les lancers de pièces répétitifs. Mais cette distribution *existe*-t-elle en tant qu'objet physique réel ? Cela n'est pas marqué sur la pièce. Vous ne pouvez la mesurer en une seule fois. Chaque fois que vous lancez la pièce, vous obtenez un résultat précis. Face. Face encore. Pile cette fois. La pièce se comporte *comme si* sa distribution de probabilité était réelle, mais la seule façon de mesurer cette distribution en utilisant l'« instrument » pile ou face est de lancer la pièce une multitude de fois et de consigner les résultats. À partir de là, vous en *déduisez* la distribution.

Si la pièce se trouvait simplement sur la table, sautant d'elle-même aléatoirement entre pile et face, cela serait très mystérieux. Comment *saurait*-elle rendre les résultats équiprobables ? Quelque chose devrait le lui dire. Donc, soit la distribution de probabilité est matérialisée dans la réalité de la pièce, soit il se passe quelque chose de plus profond, que nous ne voyons pas, et la distribution indique qu'il existe une vérité plus profonde qui attend que nous la découvrions.

Dans ce cas, nous savons comment ça fonctionne. La pièce ne fait pas que simplement se trouver sur la table dans l'un ou l'autre des deux états P et F que nous pouvons mesurer. Elle saute aussi en l'air, à de multiples reprises. Pendant qu'elle fait cela, son état n'est ni pile ni face. Il n'est même pas une superposition à parts égales de piles et de faces. Il est totalement différent : il est une position et une vitesse de rotation dans l'espace, et non un choix haut/bas sur une table. Nous « observons » le choix pile/face en faisant interagir la pièce avec un « instrument de mesure » : la table. (Ou une main humaine, ou quoi que ce soit qui stoppe sa descente.) Il existe un monde de rotations caché, totalement ignoré de la table. Au sein de ce monde caché se décide le sort de la pièce ; elle tombe sur face si le côté face de la pièce est au-dessus lorsqu'elle rencontre la table, quel que soit l'angle sous lequel elle heure la table. Sinon, c'est pile. Tous les détails subtils du mouvement dans l'espace sont effacés par l'acte d'observation – totalement éliminés.

L'incertitude quantique pourrait-elle être ainsi ? L'idée est plausible. C'est comme cela qu'Einstein espérait expliquer l'intrication. L'électron en rotation possèderait-il une sorte d'état dynamique *interne*, une variable cachée non observable directement, mais qui décide de la valeur assignée au spin de l'électron lors de l'interaction avec l'instrument de mesure ? Si oui, l'électron est très semblable à la pièce de monnaie, dont la variable cachée est son état dynamique. L'observable aléatoire est simplement son état de repos final, « mesuré » par sa collision avec la table. La même idée pourrait expliquer la désintégration d'un atome radioactif, de manière aléatoire mais avec des régularités statistiques. Il serait facile d'inventer une dynamique chaotique adéquate.

En mécanique classique, l'existence de telles variables cachées, avec leur dynamique secrète, explique comment la pièce sait qu'elle doit donner face la moitié du temps. Cette information est une conséquence mathématique de la dynamique, à savoir, de la probabilité pour que le système se retrouve dans un état dynamique donné. (C'est comme une mesure invariante, mais c'est techniquement différent : c'est à peu près la distribution des conditions initiales dans un espace des états qui conduisent à une observation précise.) Lorsque la pièce voltige, nous pouvons mathématiquement nous projeter dans son futur entièrement déterministe et voir si elle va donner pile ou face en atterrissant sur la table. Nous désignons ensuite conceptuellement son état actuel par ce résultat. Pour trouver la probabilité pour qu'elle atterrisse sur face, nous calculons la proportion de l'espace des états (ou une région donnée) dont les points sont étiquetés « face ». C'est tout.

Pratiquement chaque occurrence de l'aléatoire dans un système dynamique peut s'expliquer en termes de mesure naturelle de probabilité associée à des dynamiques déterministes mais chaotiques. Pourquoi alors cela ne vaudrait-il pas pour les systèmes quantiques ? Malheureusement pour les chercheurs d'explications à base de variables cachées, voici ce qui semble être une assez bonne réponse.

L'interprétation de Copenhague considère inutile de spéculer sur les variables cachées, au motif que toute tentative d'observer les « mécanismes internes » des processus atomiques et subatomiques les perturbe tellement que les observations n'ont plus aucun sens. L'argument n'est toutefois pas à toute épreuve. Nous observons quotidiennement aujourd'hui des aspects de la structure interne des particules quantiques en utilisant des accélérateurs. Ce sont des machines coûteuses – une coquette somme de 8 milliards d'euros pour le Grand collisionneur de hadrons, qui a découvert le boson de Higgs – mais pas hors de portée. Au XVIIIe siècle, Auguste Comte affirma que l'on ne pourrait jamais déterminer la composition chimique des étoiles, mais personne n'affirma que les étoiles *n'avaient pas* de composition chimique. Il s'avéra par la suite que Comte se trompait spectaculairement (et spectrographiquement) : la composition chimique des étoiles est l'une des principales choses que nous *pouvons* observer. Les raies spectrales de la lumière provenant d'une étoile révèlent les éléments chimiques qu'elle contient.

L'interprétation de Copenhague fut fortement influencée par le positivisme logique, une conception de la philosophie des sciences dominante au début du XXe siècle qui soutenait que rien ne pouvait être considéré comme existant à moins de pouvoir être mesuré. Les scientifiques étudiant le comportement animal acceptèrent cette conception, ce qui les amena à croire que tout ce que fait un animal est contrôlé par une « impulsion » mécaniste située dans son cerveau. Un chien ne boit pas l'eau d'un bol parce qu'il a soif ; une impulsion le pousse à boire, qui se déclenche lorsque son niveau d'hydratation chute en dessous d'une valeur critique. Le positivisme logique était lui-même une réaction à son opposé : l'anthropomorphisme, une tendance à supposer que les animaux ont des émotions et des motivations, tout comme les humains. Mais c'était une réaction excessive, qui transformait des organismes intelligents en machines stupides. Des vues plus nuancées ont maintenant cours. Par exemple, les expériences menées par Galit Shophat-Ophir suggèrent que la drosophile mâle éprouve du plaisir lors de l'accouplement. « Le système de récompense sexuelle est un mécanisme très ancien, » dit-il[2].

Les fondateurs de la mécanique quantique ont peut-être eu eux aussi une réaction excessive. Ces dernières années, certains scientifiques ont trouvé des astuces pour amener des systèmes quantiques à révéler un peu plus de leurs mécanismes internes que ce qui était envisagé à l'époque de Bohr. Nous en avons rencontré un au chapitre 15, Aephraim Steinberg et sa méthode pour triompher du principe d'incertitude. Il semble aujourd'hui admis que la fonction d'onde est une caractéristique physique réelle : très difficile à observer dans le détail, peut-être même impossible, elle est toutefois plus qu'une simple fiction utile. Ainsi, le rejet des variables cachées au motif que quelques célèbres physiciens travaillant à Copenhague dans les années 1920 ont qualifié d'impossible leur observation n'est pas plus sensé que le rejet d'une chimie interne des étoiles au motif que Comte a dit qu'on ne pourra jamais la découvrir.

Il y a cependant une meilleure raison qui explique pourquoi la plupart des physiciens refusent d'expliquer l'incertitude quantique par des variables cachées. Toute théorie de ce genre doit être en accord avec tout ce que l'on sait aujourd'hui sur le monde quantique. C'est ici qu'entre en scène la découverte épique par John Bell des inégalités qui portent son nom.

En 1964, Bell publia ce qui est largement considéré en mécanique quantique comme l'un des articles les plus importants sur les théories à variables cachées : « On the Einstein Podolsky Rosen paradox » (Sur le paradoxe Einstein-Podolsky-Rosen)[3]. Bell était motivé par une précédente tentative, due à John von Neumann, en 1932, dont le livre, *Mathematische Grundlagen der Quantenmechanik* (Fondements mathématiques de la mécanique quantique) démontrait qu'une théorie à variables cachées ne pouvait exister en mécanique quantique.

En 1935, la mathématicienne Grete Hermann découvrit une faille dans la démonstration de von Neumann, mais cette découverte resta inaperçue et, pendant des décennies, la communauté des physiciens accepta cette démonstration sans la mettre en question[4]. Selon Adam Becker, cette inattention était peut-être due à son sexe – à cette époque, les femmes n'avaient en général pas le droit d'enseigner dans les universités[5]. Hermann avait été doctorante de la plus grande mathématicienne de l'époque, Emmy Noether, à l'université de Göttingen. Noether commença à enseigner en 1916, théoriquement en tant qu'assistante pédagogique de David Hilbert, mais ne reçut aucun salaire jusqu'en 1923. Quoi qu'il en soit, Bell remarqua indépendamment que la démonstration de von Neumann était incomplète. Tentant de trouver une théorie des variables cachées, il découvrit à la place une démonstration bien plus forte de son impossibilité. Son résultat central exclut la possibilité de tout modèle à variables cachées de l'indétermination quantique qui satisfasse deux conditions fondamentales, toutes deux entièrement raisonnables dans un contexte classique :

• *Réalité* : les objets microscopiques ont des propriétés réelles qui déterminent le résultat de mesures quantiques.

• *Localité* : la réalité en un lieu donné n'est pas affectée par les expériences effectuées simultanément en un lieu lointain.

Partant de ces hypothèses, Bell démontra que certaines mesures sont nécessairement liées par une inégalité, à savoir par une expression mathématique affirmant qu'une certaine combinaison de quantités observables est inférieure ou égale à une autre combinaison. Il s'ensuit que si une expérience génère des mesures qui violent cette inégalité, alors l'une des trois choses suivantes se produit inévitablement : soit la condition sur la réalité n'est pas vérifiée, soit la localité n'est pas vérifiée ou soit la prétendue théorie à variables cachées n'existe pas. Lorsqu'une expérience généra des résultats incompatibles avec l'inégalité de Bell, les théories à variables cachées furent déclarées caduques. Les physiciens quantiques reprirent leurs calculs en silence, convaincus que le monde quantique est si bizarre que c'est là tout ce que l'on peut faire et que celui qui voulait d'autres explications ne faisait que perdre son temps et celui de tous les autres.

Regardons maintenant, sans trop entrer dans les détails mathématiques, en quoi consiste la démonstration de Bell. Elle a été revue et remaniée de nombreuses fois, et les variantes qui en ont résulté sont collectivement désignées sous le nom d'inégalités de Bell. L'actuelle configuration standard met en scène le célèbre couple cryptographique Alice et Bob, qui font des observations sur des paires de particules intriquées qui se sont séparées après avoir interagi. Alice en mesure une, Bob mesure l'autre. Pour fixer les idées, supposons qu'ils mesurent le spin. Les éléments clés sont :

• Un espace de variables cachées. Elles représentent un hypothétique mécanisme interne au sein de chaque particule, dont l'état détermine les résultats des mesures, mais qui n'est pas directement observé. On suppose que cet espace contient sa propre mesure, qui nous donne la probabilité pour que les variables cachées se trouvent dans un intervalle donné. Nous l'avons dit, cette configuration n'est pas déterministe, mais nous pouvons y inclure des modèles déterministes en attachant une dynamique aux variables cachées puis en utilisant une mesure invariante pour obtenir les probabilités.

- Alice et Bob ont chacun un détecteur et choisissent un « paramètre » de mesure. Le paramètre *a* est l'axe par rapport auquel Alice mesure le spin ; le paramètre *b* est l'axe par rapport auquel Bob mesure le spin.
- Les corrélations observées entre les spins mesurés par Alice et ceux mesurés par Bob. Ce sont des grandeurs qui quantifient la fréquence d'obtention, par Alice et Bob, du même résultat « spin up » ou « spin down », comparée à l'obtention des résultats opposés. (Elles ne sont pas exactement des coefficients de corrélation statistiques, mais elles font le même travail.)

On peut envisager trois corrélations de ce type : celle qui est observée expérimentalement, celle prédite par la théorie quantique standard, et celle prédite par une hypothétique théorie à variables cachées. Bell considéra trois axes particuliers, a, b, c, et calcula les prédictions données par la théorie à variables cachées pour leurs corrélations par paires $C(a, b)$, $C(a, c)$ et $C(b, c)$. En liant ces corrélations à la présumée distribution de probabilité sur l'espace des variables cachées, il montra, à partir d'un raisonnement mathématique général, que quelle que puisse être la théorie à variables cachées, ces corrélations doivent satisfaire l'inégalité[6]

$$C(a, c) - C(b, a) - C(b, c) \leq 1$$

Cette inégalité est caractéristique du monde des variables cachées. Selon la théorie quantique, elle est fausse pour le monde quantique. Des expériences confirment qu'elle est fausse dans le monde réel. Un à zéro pour la mécanique quantique contre les variables cachées.

Une analogie classique peut aider à comprendre la pertinence de cette condition générale. Supposez que trois expérimentateurs jouent à pile ou face. Les résultats sont aléatoires, mais les pièces ou les dispositifs qui les lancent ont été conçus afin d'obtenir des résultats fortement corrélés. Alice et Bob obtiennent le même résultat dans 95 % des cas ; Bob et Charlie obtiennent le même résultat dans 95 % des cas. Ainsi, Alice et Bob diffèrent sur 5 % des lancers et Bob et Charlie diffèrent sur 5 % des lancers. Il s'ensuit qu'Alice et Charlie peuvent au plus différer de 5 + 5 = 10 % des lancers, de sorte qu'ils obtiennent le même résultat dans au moins 90 % des cas. C'est là un exemple de l'inégalité de Boole-Fréchet. La démonstration de l'inégalité de Bell suit un raisonnement similaire dans un contexte quantique, mais elle est moins simple.

L'inégalité de Bell fut une étape essentielle dans la recherche sur les théories à variables cachées, car elle distinguait leurs principales caractéristiques et excluait les théories qui tentaient d'en faire trop. Elle démolit l'explication simple des caractéristiques paradoxales de l'intrication avancée par Einstein, à savoir que les particules contiennent des variables cachées synchronisées. Puisqu'il n'y a pas de dynamique cachée, il n'y a rien à synchroniser.

Néanmoins, s'il était possible de contourner le théorème de Bell, l'intrication aurait bien plus de sens. Le jeu semble en valoir la chandelle. Examinons quelques failles potentielles.

Une onde se dirige vers un écran percé de deux petites fentes très proches l'une de l'autre. Différentes régions de l'onde passent dans chaque fente et s'étalent de l'autre côté de l'écran. Les deux ondes émergentes se chevauchent pour former un motif complexe alternant des maximums et des minimums d'intensité. C'est une figure de diffraction, et c'est ce que l'on attend d'une onde.

Une minuscule particule se dirige vers un écran percé de deux petites fentes très proches l'une de l'autre, de sorte qu'elle passe par l'une ou l'autre des deux fentes. Quelle que soit la fente par laquelle elle passe, elle peut changer de direction d'une manière apparemment aléatoire. Mais si l'on fait la moyenne des observations de sa position sur un grand nombre de répétitions, on obtient là aussi un motif régulier. Bizarrement, il ressemble trait pour trait à la figure de diffraction obtenue avec une onde. Ce n'est pas du tout ce que l'on attend d'une particule. Étrange.

Vous reconnaîtrez ici la description de l'une des premières expériences qui révélèrent l'extrême étrangeté du monde quantique, à savoir la fameuse expérience de la double fente, qui montre que selon les circonstances, un photon se comporte tantôt comme une particule, tantôt comme une onde.

Oui, mais c'est *aussi* la description d'une expérience plus récente, qui n'a absolument rien à voir avec la théorie quantique. Elle serait même encore plus étrange.

Dans cette expérience, la particule est une gouttelette d'huile, et les ondes se déplacent dans un bain de la même huile. Curieusement, les gouttelettes rebondissent au sommet des ondes. D'ordinaire, si une gouttelette d'huile rencontre un bain du même fluide, on s'attend à ce qu'elle fusionne avec le bain et disparaisse. Il arrive toutefois que de très fines gouttelettes d'huile restent à la surface d'un bain de la même huile sans être absorbées. L'astuce consiste à faire vibrer rapidement le bain dans la direction verticale, par exemple en le plaçant sur un haut-parleur. Les fluides contiennent des forces qui, dans une certaine mesure, s'opposent aux fusions, et la principale d'entre elles est la tension de surface. La surface d'un fluide se comporte en quelque sorte comme une fine et lisse membrane élastique – comme un sac déformable qui maintient l'intégrité de la surface. Lorsqu'une gouttelette touche le bain, la tension de surface tente de maintenir une distance entre les deux, tandis que la force de gravitation, entre autres, tente de les faire fusionner. Celle qui l'emporte dépend des circonstances. La vibration du bain crée des ondes à sa surface. Lorsque dans sa chute la gouttelette rencontre une onde ascendante, l'impact peut vaincre la tendance à la fusion et la gouttelette rebondit. Un réglage convenable de la taille des gouttelettes et des fréquences et amplitudes de vibration du bain permet ainsi d'amener les gouttelettes à rebondir en résonnance avec les ondes. Cet effet est très stable : à une fréquence de 40 hertz (40 fois par seconde), la gouttelette rebondit habituellement 20 fois par seconde (deux fois moins vite, pour des raisons mathématiques sur lesquelles je ne m'attarderai pas). Elle peut rester intacte pendant des millions de rebonds.

En 2005, le groupe de recherche d'Yves Couder a entrepris d'étudier la physique de ces gouttelettes rebondissantes. Celles-ci sont très petites comparées au bain et s'observent à l'aide d'un microscope et d'une caméra filmant au ralenti. En modifiant l'amplitude et la fréquence de la vibration, on peut amener une gouttelette à « marcher », à se déplacer lentement en ligne droite. Cela tient au fait que la gouttelette se désynchronise légèrement d'avec l'onde, de sorte qu'au lieu de la rencontrer exactement en son maximum, elle rebondit de manière légèrement oblique. L'onde se déplaçant elle aussi, si les nombres sont correctement ajustés, la même chose, exactement, se produit à la prochaine rencontre. Maintenant, la gouttelette se comporte comme une particule en mouvement (et bien sûr, l'onde se comporte comme une onde en mouvement).

Une équipe dirigée par John Bush poursuivit les travaux de Couder, et ensemble, les deux équipes firent quelques découvertes très curieuses. En particulier, elles constatèrent que les gouttelettes rebondissantes et marcheuses peuvent se comporter comme des particules quantiques, même si la physique impliquée est entièrement classique et les modèles mathématiques qui reproduisent et expliquent leur comportement reposent sur la seule mécanique newtonienne. En 2006, Couder et Emmanuel Fort montrèrent que les gouttelettes reproduisent l'expérience de la double fente qui surprit tellement les fondateurs de la théorie quantique[7]. Ils équipèrent le bain vibrant d'analogues des deux fentes et dirigèrent à plusieurs reprises une gouttelette dans leur direction. La gouttelette passait par l'une ou l'autre des deux fentes, tout comme une particule, et ressortait dans une direction aléatoirement variable. Mais lorsqu'ils mesurèrent les positions des gouttelettes émergentes et les reportèrent sur un histogramme statistique, ils obtinrent un motif identique à une figure de diffraction.

Cela jette un doute sur l'affirmation de Feynman selon laquelle l'expérience de la double fente n'admet aucune explication classique. Bien que Bush ait déterminé la fente traversée par la particule en utilisant de la lumière, ce n'était pas là un bon analogue d'une observation quantique, qui doit impliquer quelque chose de bien plus énergique. Si, pour l'expérience de pensée de Feynman, Bush estimait évident que la détection du photon lors de sa traversée d'une fente brouillerait les figures de diffraction, on pouvait être sûr qu'un analogue approprié d'une mesure quantique – donnant un sacré choc à la gouttelette – brouillerait également la figure de diffraction.

D'autres expériences fournissent d'autres parallèles frappants avec la mécanique quantique. Une gouttelette peut heurter une barrière qui devrait la stopper, et pourtant elle apparaît miraculeusement de l'autre côté – comme dans l'effet tunnel quantique, où une particule peut traverser une barrière même si elle n'a pas l'énergie suffisante pour le faire. Deux gouttelettes peuvent orbiter l'une autour de l'autre, à la manière d'un électron autour d'un proton dans un atome d'hydrogène. Cependant, contrairement aux planètes qui orbitent autour du Soleil, les distances entre les gouttelettes sont quantifiées : elles correspondent à des valeurs discrètes bien précises, à l'instar de la quantification des niveaux d'énergie dans un noyau atomique, où seules des énergies discrètes bien précises sont possibles. Une gouttelette peut même décrire en propre une orbite circulaire, qui la dote d'un moment cinétique – analogue sommaire du spin quantique.

Personne ne suggère que ce système fluide classique explique l'incertitude quantique. Un électron n'est probablement pas une gouttelette microscopique rebondissant sur un bain de fluide cosmique emplissant l'espace, et les gouttelettes ne sont pas en tout point comparables à des particules quantiques. Mais c'est le système fluide le plus simple du genre. Il suggère que les effets quantiques nous apparaissent étranges parce que nous les comparons aux mauvais modèles classiques. Si nous considérons qu'une particule est une minuscule boule solide, et rien d'autre, ou qu'une onde est semblable à des rides à la surface de l'eau, et rien d'autre, alors la dualité onde/particule est effectivement étrange. Soit c'est une onde, soit c'est une particule, n'est-ce pas ?

Les gouttelettes nous disent sans équivoque que c'est faux. Peut-être que cela pourrait être les deux, en interaction, et que la forme sous laquelle nous les voyons dépend des caractéristiques que nous observons. Nous tendons à nous focaliser sur la gouttelette, mais elle est intimement liée à son onde. En un certain sens, la gouttelette (appelons-la maintenant « particule » pour bien marquer sa nature) dit au système comment une particule doit se comporter, mais l'onde lui dit comment une onde doit se comporter. Dans l'expérience de la double fente, par exemple, la *particule* passe par une seule fente, mais l'*onde* passe par les deux. Il n'est pas surprenant que dans les moyennes statistiques déduites de multiples épreuves, le motif des ondes apparaisse dans le motif des particules.

La mécanique quantique pourrait-elle réellement être comme cela, profondément enfouie sous les froides équations du mot d'ordre « tais-toi et calcule » ?

Peut-être. Mais ce n'est pas une théorie nouvelle.

C'est en 1926 que Max Born développa l'actuelle interprétation de la fonction d'onde quantique d'une particule. Cette fonction ne nous indique pas la position de la particule ; elle nous donne la probabilité de présence de la particule en un endroit donné. La seule mise en garde dans la physique d'aujourd'hui serait qu'une particule n'a en fait pas de position ; la fonction d'onde nous donne la probabilité pour qu'une *observation* la localise en un endroit donné. Le fait qu'elle se trouvait « réellement » en cet endroit avant son observation est au mieux une spéculation philosophique, au pire un malentendu.

Une année plus tard, de Broglie proposa de réinterpréter l'idée de Born et de dire que la particule possède certes une position, mais peut imiter une onde lors d'expériences appropriées. Peut-être a-t-elle un compagnon invisible, une onde « pilote » qui lui dit comment se comporter en tant qu'onde. En substance, de Broglie suggéra que la fonction d'onde est un objet physique réel dont le comportement est déterminé par l'équation de Schrödinger. La particule possède à tout moment une position bien définie, de sorte qu'elle suit une trajectoire déterministe, mais elle est *guidée* par sa fonction d'onde. Dans le cas d'un système de particules, la fonction d'onde du système vérifie une version appropriée de l'équation de Schrödinger. Les positions et quantités de mouvement des particules sont des variables cachées qui, conjointement avec la fonction d'onde, affectent les résultats des observations. En particulier, la densité de probabilité des positions se déduit de la fonction d'onde en suivant la prescription de Born.

Wolfgang Pauli contesta cette réinterprétation en disant que la théorie de l'onde pilote était incompatible avec certains phénomènes liés à la diffusion des particules. De Broglie ne put lui fournir sur-le-champ une réponse satisfaisante, et abandonna son idée. Quoi qu'il en soit, les physiciens pouvaient observer la distribution de probabilité, mais il semblait impossible d'observer simultanément la particule et son onde pilote. De fait, il devint communément admis que la fonction d'onde n'est pas observable dans sa totalité – qu'elle l'est, pour ainsi dire, uniquement par bribes. Lorsque von Neumann publia sa démonstration erronée de l'impossibilité d'une théorie à variables cachées, les ondes pilotes disparurent sans laisser de trace.

En 1952, un physicien franc-tireur nommé David Bohm redécouvrit la théorie de l'onde pilote et montra que l'objection de Pauli était infondée. Il développa une interprétation systématique de la théorie quantique sous la forme d'un système déterministe d'ondes pilotes régies par des variables cachées. Il montra que toutes les caractéristiques statistiques standard des mesures quantiques restant alors valides, la théorie de l'onde pilote est compatible avec l'interprétation de Copenhague. Les images ci-dessous montrent des prédictions pour l'expérience de la double fente déduites de la théorie de Bohm et des observations récemment obtenues à l'aide de mesures faibles (non perturbatrices) de photons individuels[8]. La ressemblance est frappante. En ajustant les courbes lisses, il est même possible de déduire la distribution de probabilité des photons et de recréer la figure de diffraction prédite par un modèle ondulatoire.

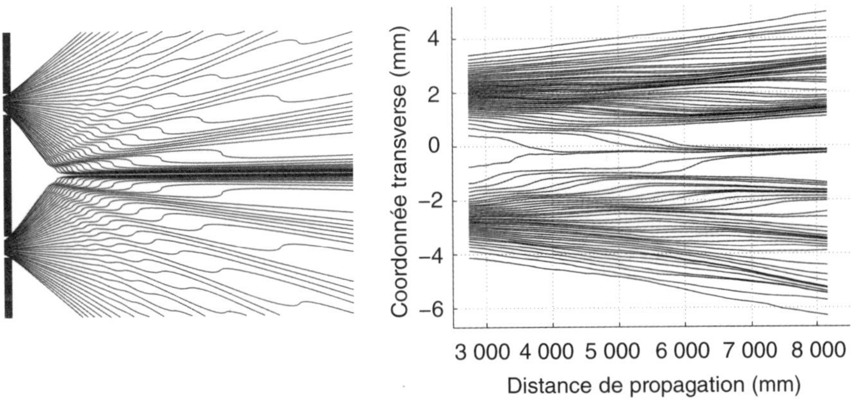

Figure 33. *À gauche* : trajectoires décrites par des électrons dans l'expérience de la double fente selon la théorie de l'onde pilote de Bohm. *À droite* : trajectoires moyennes obtenues par mesures faibles de photons individuels.

La proposition de Bohm ne fut pas bien accueillie par les spécialistes de la mécanique quantique. L'une des raisons à cela, qui n'a rien à voir avec la physique, fut qu'il avait été communiste dans sa jeunesse. Une meilleure raison fut que la théorie de l'onde pilote est, par définition, non locale. Le comportement d'un système de particules, qui sont localisées, dépend de leur fonction d'onde combinée, qui n'existe pas. Cette fonction d'onde s'étale dans tout l'espace et dépend non seulement des particules, mais aussi des conditions aux limites.

John Bell fut plus positif et défendit la théorie de l'onde pilote de de Broglie-Bohm. Au début, il chercha à voir si l'on pouvait se passer de la non-localité. Finalement, il aboutit à son fameux article démontrant que c'était impossible. Quelques physiciens continuèrent cependant de travailler sur des options non locales. Ce n'était pas aussi stupide qu'il y paraît. Voyons pourquoi.

Tout théorème mathématique repose sur des hypothèses. C'est un énoncé du type si/alors : si certaines hypothèses sont vérifiées, alors certaines conséquences en découlent logiquement. La preuve explique *comment* ces conséquences en découlent. L'énoncé du théorème devrait lister toutes les hypothèses, mais certaines d'entre elles sont souvent tacites – celles qui sont si courantes dans la discipline qu'il est inutile de les énoncer explicitement. Parfois un examen minutieux de la démonstration révèle qu'elle repose sur une hypothèse qui n'a pas été énoncée et qui n'est pas commune. Cela constitue une faille logique par laquelle les conséquences du théorème peuvent passer inaperçues.

Bell développa son théorème en repérant dans la tentative de von Neumann la même faille que celle que Hermann avait trouvée, et en la réparant. Mais les physiciens étant parfois très entêtés et les mathématiciens très pointilleux, certains parmi eux recherchent de temps en temps des failles encore inaperçues dans le théorème de Bell. Même si on en trouve une, cela ne signifie pas en soi qu'il existe une théorie à variables cachées viable pour la mécanique quantique, cela suggère seulement qu'il pourrait y en avoir une.

Tim Palmer, un physicien devenu météorologue tout en conservant son intérêt pour la physique, repéra une telle faille en 1995. Supposez qu'il y ait une dynamique cachée déterministe mais chaotique. Il observa que si ce système dynamique a un comportement suffisamment irrégulier, la démonstration de l'inégalité de Bell tombe à l'eau parce que les corrélations qu'elle considère sont incalculables. Par exemple, supposez que nous voulions modéliser le spin d'un électron. Nous avons vu que le spin peut être mesuré dans n'importe quelle direction et qu'il vaut toujours (dans des unités appropriées) +1/2 ou –1/2. Le signe qui sort semble être aléatoire. Imaginez que les variables cachées forment un système dynamique non linéaire à deux attracteurs, l'un correspondant au spin +1/2, l'autre au spin –1/2. Une fois les conditions initiales données, le spin évolue vers l'une de ces deux valeurs. Laquelle ? Chaque attracteur a son propre bassin d'attraction. Si les variables débutent dans l'un des bassins, elles sont attirées vers l'attracteur de spin +1/2 ; si elles débutent dans l'autre bassin, elles sont attirées vers l'attracteur de spin –1/2.

Si les bassins ont des formes relativement simples, aux frontières bien lisses, la démonstration du théorème de Bell fonctionne, et cette idée à deux attracteurs échoue. Mais les bassins d'attraction peuvent être très complexes. Nous avons vu au chapitre 10 que deux (ou plusieurs) attracteurs peuvent avoir des bassins criblés de trous et entrelacés de manière si complexe que la moindre perturbation fait sauter les états d'un bassin à l'autre. Dans ce cas, la démonstration du théorème de Bell échoue, car les corrélations qu'elle examine n'existent pas en tant qu'objets mathématiques sensés.

« Incalculable » a ici un sens subtil, qui n'empêche pas la nature d'utiliser un tel système. Après tout, l'interprétation de Copenhague (« elle s'effondre, tout simplement, nous ne savons pas comment ») est encore moins calculable, car elle ne précise aucun processus mathématique décrivant l'effondrement. La distribution statistique des états ±1/2 devrait être liée aux propriétés statistiques des bassins criblés de trous, et ceux-ci peuvent être calculables et significatifs, de sorte que la comparaison avec l'expérience ne devrait pas poser de problème.

Palmer défendit ce modèle, qu'il justifia par des calculs détaillés. Il suggéra même que la gravitation pouvait être à l'origine de l'effondrement de la fonction d'onde. D'autres physiciens avaient auparavant envisagé des idées similaires, car la gravitation étant non linéaire, elle détruit le principe de superposition. Dans le modèle de Palmer, la gravitation propulse l'état de l'électron vers l'un des deux attracteurs. Depuis, Palmer a publié une série d'articles qui examinent d'autres failles du théorème de Bell. Ils n'ont pas encore donné lieu à une proposition précise de dynamique à variables cachées qui ferait reposer toute la mécanique quantique sur un chaos déterministe, mais ils constituent des explorations précieuses de ce qui pourrait marcher.

À titre spéculatif, je vais maintenant évoquer quelques autres failles potentielles du théorème de Bell.

La démonstration de ce théorème repose sur la comparaison de trois corrélations. En les liant à une présumée distribution de probabilité sur l'espace des variables cachées, Bell a déduit une relation les unissant, relation qui se trouve être une inégalité. Cette relation s'obtient en intégrant la distribution de probabilité sur des sous-ensembles de l'espace des variables cachées, déterminés par les corrélations qui sont mesurées. On peut alors démontrer que les liens entre ces intégrales conduisent à l'inégalité de Bell.

Tout cela est très élégant – mais que se passe-t-il si l'espace des variables cachées n'a pas de distribution de probabilité ? Les calculs utilisés pour démontrer l'inégalité n'ont alors aucun sens. Une distribution de probabilité est un type particulier de mesure, et de nombreux espaces mathématiques n'ont pas de mesures sensées. En particulier, l'espace de toutes les fonctions d'onde possibles est habituellement de dimension infinie – il contient toutes les combinaisons d'une infinité d'états propres. On les appelle « espaces de Hilbert », et ils n'ont pas de mesures sensées.

Il me faut maintenant expliquer ce que j'entends ici par « sensé ». Chaque espace possède au moins une mesure. Prenez un point, que je qualifierai de « spécial ». Attribuez une mesure égale à 1 à tous les sous-ensembles contenant ce point spécial et 0 au reste. Cette mesure (dite « atomique », le point spécial étant l'atome) a ses utilités, mais elle n'a rien à voir avec le volume. Pour exclure de telles mesures triviales, observez que le volume d'un objet dans un espace tridimensionnel ne change pas si vous le déplacez latéralement. C'est ce que l'on appelle l'invariance par translation. (Il ne change pas non plus si vous le faites tourner, mais je n'ai pas besoin de cette propriété.) La mesure atomique que je viens de décrire n'est pas invariante par translation, car une translation peut déplacer le point spécial (mesure égale 1) en un autre endroit (mesure égale 0). Dans un contexte quantique, il serait naturel de rechercher une mesure analogue invariante par translation sur l'espace de Hilbert. Cependant, un théorème de George Mackey et André Weil nous dit qu'une telle chose n'existe pas, sauf dans les rares cas où l'espace de Hilbert se trouve être de dimension finie.

Maintenant, bien que la totalité de l'espace des variables cachées n'ait aucune mesure de probabilité sensée, les corrélations des observations peuvent néanmoins avoir un sens. Une observation est une projection de l'espace des fonctions d'onde sur un seul état propre, et chaque état propre appartient à un espace de dimension finie, qui possède, lui, une mesure. Il semble donc parfaitement raisonnable de penser que si un système quantique possède une dynamique cachée, son espace des états est de dimension infinie. Après tout, c'est ainsi que fonctionnent les variables *non cachées*. De fait, la fonction d'onde *est* la variable cachée, « cachée » parce qu'on ne peut l'observer dans sa totalité.

La proposition n'est pas nouvelle. Lawrence Landau a montré que si l'on suppose une théorie à variables cachées reposant sur un espace de probabilité classique (Kolmogorov), l'expérience d'Einstein-Podolsky-Rosen conduit à l'inégalité de Bell, ce qui n'est pas le cas si l'on suppose une infinité de variables cachées indépendantes, car il n'existe alors aucun espace de probabilité analogue. C'est là l'une des failles.

Une autre concerne la principale objection portée contre les ondes pilotes, à savoir la non-localité. Ces ondes s'étendent à l'univers entier et réagissent instantanément aux changements, aussi lointains qu'ils puissent être. Mais je me demande si cette objection n'est pas exagérée. Pensez aux expériences avec les gouttelettes. Elles génèrent, dans un contexte déterministe, des phénomènes remarquablement semblables à ceux de la théorie quantique et offrent une excellente analogie physique macroscopique des ondes pilotes. La gouttelette est somme toute locale. L'onde correspondante ne l'est pas, mais elle ne s'étend certainement pas à l'univers entier. Elle est confinée dans un petit récipient. Pour expliquer l'expérience de la double fente, nous avons seulement besoin d'une onde qui s'étend *suffisamment loin* pour remarquer la présence des deux fentes. On peut même avancer que sans une sorte de « halo » quasi non local, un photon ne peut savoir qu'il y a une fente à traverser, et encore moins qu'il a un choix à faire entre deux fentes. La fente du modèle peut être extrêmement fine, mais la fente réelle est considérablement plus large qu'un photon. (C'est là un autre contraste entre la netteté des conditions aux limites et la confusion de la réalité.)

Une troisième faille découle de l'hypothèse tacite selon laquelle l'espace de probabilité des variables cachées est non contextuel, c'est-à-dire indépendant de l'observation en cours. Si la distribution des variables cachées dépend de l'observation, la démonstration de l'inégalité de Bell échoue. Un espace de probabilité non contextuel ne semblerait pas raisonnable : comment les variables cachées « savent-elles » qu'elles vont être observées ? Si vous jouez à pile ou face, la pièce ne sait pas qu'elle va heurter une table tant qu'elle ne l'a pas heurtée. Toutefois, d'une manière ou d'une autre, les observations quantiques contournent l'inégalité de Bell, de sorte que le formalisme quantique doit permettre que les corrélations violent l'inégalité. Pourquoi ? Parce que l'état quantique est contextuel. Les mesures que l'on fait dépendent non seulement de l'état réel du système quantique – en supposant qu'il en ait un –, mais aussi du type de mesure effectué. Autrement, l'inégalité de Bell ne serait pas violée lors des expériences.

Ce n'est pas bizarre ; c'est tout à fait naturel. J'ai dit que « la pièce ne sait pas qu'elle va heurter la table », mais cela n'a aucune importance. La pièce *n'a pas besoin* de le savoir. Ce n'est pas son état qui fournit le contexte, c'est l'observation, qui est une interaction entre la pièce et la table. Le résultat de l'observation dépend de la manière dont la pièce est observée, ainsi que de l'état interne de la pièce. Si, pour simplifier, nous imaginons la pièce voltiger en l'absence de gravitation, puis que nous l'interceptons avec une table, le résultat dépend de l'instant où nous faisons cela et de l'angle entre l'axe de rotation de la pièce et le plan de la table. Observée depuis un plan parallèle à cet axe, la pièce montre une alternance de piles et de faces. Observée depuis un plan perpendiculaire à cet axe, elle tourne sur sa tranche.

Les fonctions d'onde quantique étant contextuelles, il semble tout à fait justifié de permettre aux variables cachées d'être elles aussi contextuelles.

Outre les spéculations philosophiques sur le sens des phénomènes quantiques, une autre raison incite à considérer les théories à variables cachées déterministes : le désir d'unifier la théorie quantique et la relativité[9]. Einstein lui-même passa des années à rechercher, en vain, une théorie du champ unifié combinant la théorie quantique et la gravitation. Une telle « théorie de tout » reste le saint Graal de la physique fondamentale. La théorie des cordes, autrefois favorite, est relativement passée de mode ces dernières années ; l'incapacité du Grand collisionneur de hadrons à détecter de nouvelles particules subatomiques prédites par la théorie des supercordes n'a probablement rien fait pour inverser cette tendance. D'autres théories telles que la gravitation quantique à boucles ont leurs adeptes, mais rien n'en a encore émergé qui satisfasse l'orthodoxie de la physique. Mathématiquement parlant, il y a une différence à un niveau relativement fondamental : la théorie quantique est linéaire (les états peuvent se superposer), tandis que la relativité générale ne l'est pas (ils ne se superposent pas).

La plupart des tentatives effectuées pour concocter une théorie du champ unifié ne touchent pas à la mécanique quantique et bricolent la théorie de la gravitation pour la rendre compatible. Dans les années 1960, cette approche fonctionnait presque. L'équation fondamentale de la théorie de la relativité générale d'Einstein décrit comment la distribution de matière dans un système gravitationnel interagit avec la courbure de l'espace-temps. La distribution de matière est alors un objet mathématique bien défini doté d'une interprétation physique précise. Dans l'équation d'Einstein semi-classique, la distribution de matière est remplacée par un objet quantique définissant la moyenne de la distribution de matière censée découler de multiples observations – ce qui est une bonne estimation, plutôt qu'un énoncé précis, de la localisation de la matière. Cela confère un caractère quantique à la matière tandis que l'espace-temps reste classique. En tant que compromis opérationnel, cette variante des équations d'Einstein connut de nombreux succès, avec notamment la découverte par Stephen Hawking de l'émission de rayonnement par les trous noirs. Elle ne fonctionne cependant pas aussi bien quand elle s'attaque à la bête noire qu'est le comportement des observations quantiques. Si soudain la fonction d'onde s'effondre, l'équation donne des résultats incohérents.

Dans les années 1980, Roger Penrose et Lajos Diósi tentèrent indépendamment de résoudre ce problème en remplaçant la relativité par la gravitation newtonienne. Tout ce que l'on a appris de cette version pourrait, avec un peu de chance, être étendu à la gravitation relativiste. Le problème avec cette approche, ainsi qu'il apparut, c'est le chat de Schrödinger, qui se présente sous une forme plus extrême encore : la Lune de Schrödinger. Cette lune peut se diviser en deux morceaux superposés, une moitié orbitant autour de la Terre, l'autre moitié située quelque part ailleurs. Pire, l'existence de tels états superposés macroscopiques autorise une propagation de signaux plus rapide que la lumière.

Penrose attribue ces échecs au refus de bricoler la mécanique quantique. C'est peut-être elle qu'il faut blâmer, et non la gravitation. Tout le problème est dû au simple fait que même les physiciens qui acceptent l'interprétation de Copenhague ne savent en fait pas nous décrire un effondrement de fonction d'onde. Il ne semble pas se produire si l'appareil de mesure est lui-même un petit système quantique, tel qu'une autre particule. Alors que si vous mesurez le spin d'un photon avec un appareil standard, vous obtenez un résultat précis, et non une superposition. Quelle doit être la taille de l'appareil de mesure pour qu'il effondre la fonction d'onde de l'objet observé ? Pourquoi l'envoi d'un photon dans un séparateur de faisceau ne perturbe-t-il pas son état quantique, tandis que l'envoi de ce même photon sur un détecteur de particules perturbe cet état ? La théorie quantique standard reste muette sur ces questions.

Ce problème se complique quand on étudie l'univers tout entier. La théorie du Big Bang sur les origines de l'espace-temps fait de la nature des observations quantiques une question extrêmement importante pour la cosmologie. Si la fonction d'onde d'un système quantique ne s'effondre que lorsqu'elle est observée par quelque chose d'extérieur, comment la fonction d'onde de l'univers a-t-elle pu s'effondrer pour donner toutes ces planètes, ces étoiles et ces galaxies ? Cela nécessite une observation extérieure à l'univers. Tout cela est assez déroutant.

Certains commentateurs du chat de Schrödinger ont déduit du mot « observation » que l'observation exige un observateur. La fonction d'onde ne s'effondre que lorsqu'elle est observée par une entité intelligente consciente. Ainsi, l'une des raisons de l'existence des humains est peut-être que sans nous, l'univers n'existerait pas. Cela nous donne un but dans la vie et cela a aussi le mérite d'expliquer pourquoi nous sommes ici. Cet argument dote toutefois l'humanité d'un statut privilégié, ce qui semble arrogant et est l'une des erreurs standard que nous commettons régulièrement depuis que l'histoire des sciences existe. En outre, il est difficilement compatible avec le fait que l'univers existe depuis quelque 13 milliards d'années, en obéissant apparemment aux mêmes lois physiques générales sans que nous soyons là pour observer cela. De plus, cette « explication » est étrangement autoréférencée : comme nous existons, nous pouvons observer l'univers, ce qui est la cause de son existence… ce qui en retour est la cause de notre existence. Nous sommes là parce que nous sommes là parce que nous sommes là. Je ne dis pas qu'il n'y a aucun moyen d'esquiver ces objections, mais toute cette idée inverse la relation entre l'humanité et l'univers. Nous sommes ici parce que l'univers existe, et non l'univers existe parce que nous sommes ici.

Selon des personnalités moins émotives, la fonction d'onde s'effondre uniquement lorsqu'un petit système quantique interagit avec un système suffisamment grand. En outre, un grand système quantique se comportant comme une entité classique, sa fonction d'onde s'est nécessairement déjà effondrée. Peut-être que tout simplement, les systèmes suffisamment grands s'effondrent automatiquement[10]. Daniel Sudarsky étudie actuellement une approche particulière, celle de l'effondrement spontané. Il pense que les systèmes quantiques s'effondrent aléatoirement d'eux-mêmes, mais que lorsqu'une particule s'effondre, elle déclenche l'effondrement de toutes les autres. Plus il y a de particules, plus la probabilité d'effondrement d'une particule est élevée. Dès lors, toutes les particules s'effondrent et les grands systèmes quantiques deviennent classiques.

Maaneli Derakshani s'est aperçu qu'une version de la théorie quantique à effondrement spontané s'accordait mieux avec la gravitation newtonienne. En 2013, il découvrit que les étranges états de la Lune de Schrödinger disparaissent lorsqu'on combine gravitation newtonienne et théorie à effondrement spontané. Les premières tentatives autorisaient encore une propagation de signaux plus rapide que la lumière – ce qui n'était pas bon. Une part du problème réside dans le fait que, contrairement à la relativité, la physique newtonienne n'interdit pas automatiquement de tels signaux. Antoine Tilloy étudie actuellement un type d'effondrement modifié qui survient spontanément dans des endroits aléatoires de l'espace-temps. Il s'ensuit que des distributions de matière auparavant indistinctes acquièrent des localisations précises, donnant ainsi naissance à de la gravitation. L'espace-temps reste classique, de sorte qu'il ne peut générer de Lune de Schrödinger. Cela élimine les signaux plus rapides que la lumière. Une avancée véritablement majeure serait de remplacer Newton par Einstein, de combiner une théorie quantique à effondrement avec la relativité générale. C'est ce que tente actuellement de faire l'équipe de Sudarsky.

Oh, oui : j'ai promis une explication sur les tardigrades qui font du trampoline. Gröblacher projette de tester les théories de l'effondrement quantique en plaçant une mince membrane sur un cadre carré pour obtenir un minuscule trampoline d'un millimètre de côté. L'idée est de faire vibrer la membrane et d'utiliser un laser pour la placer dans un état superposé : en partie « *up* » et en partie « *down* ». Mieux encore, on pose un tardigrade sur la membrane et on regarde si on peut obtenir des états superposés de ce système.

J'adore les porcelets de mousse de Schrödinger !

De plus en plus étrange…

La plupart des physiciens considèrent que le formalisme de la théorie quantique, Copenhague et tout le reste s'appliquent non seulement aux électrons, aux porcelets de mousse et aux chats, mais aussi à tout système du monde réel, quelle que soit sa complexité. Mais le tout dernier point de vue sur le chat de Schrödinger, publié en 2018 par Daniela Frauchiger et Renato Renner[11], est venu semer le trouble. La difficulté apparaît dans une vexpérience de pensée dans laquelle des physiciens utilisent la mécanique quantique pour modéliser un système de physiciens utilisant la mécanique quantique.

L'idée de base remonte à 1967, lorsqu'Eugene Wigner modifia le scénario de Schrödinger pour affirmer que le formalisme quantique orthodoxe peut générer des descriptions incohérentes de la réalité. Il plaça un physicien, « l'ami de Wigner », dans la boîte pour observer la fonction d'onde du chat et révéler ainsi celui des deux états possibles dans lequel se trouve le chat. Un observateur extérieur à la boîte considérant toutefois que le chat est dans une superposition de « vivant » et de « mort », les deux physiciens sont alors en désaccord sur l'état du chat. Il y a toutefois un problème : l'ami de Wigner ne peut communiquer son observation à l'observateur extérieur, qui peut raisonnablement considérer que l'ami de Wigner est dans une superposition de « observe le chat mort » et de « observe le chat vivant ». Du point de vue extérieur, cet état s'effondre finalement en l'une de ces deux possibilités, mais seulement une fois la boîte ouverte. Ce scénario diffère de ce que l'ami de Wigner pensait depuis le début, mais il n'y a pas d'incohérence logique.

Pour obtenir une véritable contradiction, Frauchiger et Renner ont franchi un pas supplémentaire. Ils utilisent des physiciens au lieu de chats, ce qui est évidemment plus éthique et permet de complexifier davantage la configuration. La physicienne Alice fixe aléatoirement le spin d'une particule, soit *up* soit *down*, et envoie la particule à son collègue Bob. Celui-ci observe cette particule lorsqu'eux-mêmes et leurs labos sont à l'intérieur des boîtes et que leurs états deviennent intriqués. Un autre physicien, Albert, modélise Alice et son laboratoire en utilisant la mécanique quantique, et les mathématiques habituelles des états intriqués lui permettent parfois (pas toujours !) de déduire avec une totale certitude l'état que Bob a observé. La collègue d'Albert, Belinda, fait la même chose pour Bob et son labo, et les mêmes mathématiques lui permettent parfois de déduire avec une totale certitude l'état de spin fixé par Alice. Bien entendu, cet état doit être identique à celui mesuré par Bob. Toutefois, quand on fait les calculs en utilisant les mathématiques orthodoxes de la théorie quantique, il s'avère que si l'on répète de nombreuses fois cette procédure, on obtient inévitablement un petit pourcentage de cas dans lesquels les déductions d'Albert et de Belinsa – toutes parfaitement correctes – sont en désaccord.

Ignorant les détails (passablement complexes), Frauchiger et Renner se concentrent sur trois hypothèses, toutes conformes à la physique quantique orthodoxe :

- Les règles standard de la mécanique quantique s'appliquent à tout système du monde réel.

- Différents physiciens appliquant correctement ces règles au même système n'obtiennent pas des résultats contradictoires.
- L'issue d'une mesure effectuée par un physicien est unique. Par exemple, s'il constate qu'un spin est *up*, alors il ne peut soutenir également (et à raison) que ce spin est *down*.

L'expérience de pensée de Frauchiger et Renner démontre un théorème « *no-go* » : *il est impossible que ces trois énoncés soient vrais*. Ainsi, le formalisme orthodoxe de la mécanique quantique est contradictoire.

Les physiciens quantiques n'ont pas accueilli cette nouvelle avec un enthousiasme débordant et semblent mettre tous leurs espoirs sur la découverte de failles logiques, mais aucune n'a pour l'instant été trouvée. Si l'argument tient la route, l'une au moins de ces trois hypothèses devra être abandonnée. Celle qui risque le plus d'être sacrifiée est la première, auquel cas les physiciens devront accepter que certains systèmes du monde réel échappent à la description quantique standard. Le rejet de la deuxième ou de la troisième hypothèse serait encore plus choquant.

En tant que mathématicien, je ne peux m'empêcher de penser que l'injonction « tais-toi et calcule » risque de faire passer à côté de quelque chose d'important. La raison en est que si vraiment vous vous taisez, les calculs ont un sens. Il y a des règles, souvent de belles règles. Elles fonctionnent. La mathématique qui les sous-tend est profonde et élégante, mais elle est construite sur un aléatoire fondamentalement irréductible.

Comment alors le système quantique sait-il qu'il doit obéir à ces règles ?

Je ne suis pas le seul à me demander s'il existe une théorie plus profonde qui explique cela, et je ne vois aucune raison valable justifiant qu'elle soit irréductiblement probabiliste. Pour commencer, les expériences avec les gouttelettes ne le sont pas, mais elles ressemblent clairement à des énigmes quantiques. Plus nous en apprenons sur la dynamique non linéaire, plus il apparaît que l'histoire aurait été très différente si cet apprentissage avait précédé la découverte du monde quantique.

David Mermin fait remonter la mentalité du « tais-toi et calcule » à la Seconde Guerre mondiale, lorsque la physique quantique était étroitement associée au projet Manhattan de développement d'armes atomiques et que l'armée encourageait activement les physiciens à poursuivre leurs calculs sans s'interroger sur leur signification. En 1976, le prix Nobel de physique Murray Gell-Mann déclara[12] : « Niels Bohr a procédé au lavage de cerveau de toute une génération de théoriciens en leur faisant croire que le travail [d'interprétation de la théorie quantique] avait été fait il y a 50 ans. » Dans *What is Real ?*, Adam Becker suggère que cette attitude a pour origine l'insistance avec laquelle Bohr défendait l'interprétation de Copenhague. Je l'ai suggéré, l'insistance à affirmer que seuls ont un sens les résultats des expériences et qu'aucune réalité plus profonde n'est là pour les justifier semble avoir été une réaction excessive au positivisme logique. Comme moi, Becker reconnaît que la théorie quantique *fonctionne*, mais il ajoute que la laisser dans son état actuel revient à passer délibérément sur des lacunes affectant notre compréhension du monde – et à ignorer un plus vaste récit sur la science en tant que processus humain[13].

Cela – tout comme le reste de ce chapitre – ne nous dit pas comment combler ces lacunes. Bien qu'il y ait des indices. Une chose est certaine : si un niveau de réalité plus profond est effectivement en jeu, nous ne le découvrirons pas en nous convainquant qu'il ne vaut pas la peine d'être recherché.

17

Exploiter l'incertitude

« Les plans les mieux conçus par les souris et les hommes tournent souvent mal. »

Robet Burns, *À une souris*

Jusqu'ici, j'ai généralement présenté l'incertitude comme un problème, comme quelque chose qui rend difficile la compréhension de ce qui va probablement arriver dans le futur, quelque chose qui fait que nos projets les mieux conçus peuvent échouer. Nous avons examiné la provenance de l'incertitude, les formes qu'elle peut prendre, les diverses façons de la mesurer et les moyens d'atténuer ses effets. Ce que je n'ai pas fait, c'est voir comment l'utiliser. En fait, il y a de nombreuses situations dans lesquelles un peu d'incertitude tourne à notre avantage. Ainsi, bien que l'incertitude soit habituellement perçue comme un problème, elle peut être aussi une solution, bien que pas toujours pour le *même* problème.

L'utilisation la plus directe de l'aléatoire s'observe dans la résolution de problèmes mathématiques qui semblent insolubles par les méthodes directes. Au lieu de simuler la solution puis d'échantillonner de nombreux tirages pour estimer les incertitudes occasionnées, cette approche procède entièrement à rebours en faisant de nombreuses simulations d'échantillon et en déduisant la solution de ces simulations. C'est la méthode de Monte-Carlo, nommée d'après le célèbre casino.

L'exemple-jouet classique est le calcul de l'aire d'une forme complexe. La méthode directe consiste à découper la forme en éléments dont l'aire est donnée par des formules connues, puis à faire la somme des résultats obtenus. Les formes plus complexes peuvent se calculer à l'aide du calcul intégral, qui fait essentiellement la même chose en approximant la forme par un très grand nombre de minuscules rectangles. La méthode de Monte-Carlo est très différente. On place la forme à l'intérieur d'une figure dont l'aire est connue, par exemple un rectangle. On lance au hasard quantité de fléchettes en direction de la forme et on calcule le rapport du nombre de fléchettes ayant atteint la forme au nombre de celles qui ont atteint le rectangle. Par exemple, si le rectangle mesure un mètre carré et si la forme a été atteinte par 72 % des fléchettes, son aire se situe aux alentours de 0,72 mètre carré.

L'utilisation de cette méthode est soumise à bon nombre de conditions. Tout d'abord, elle marche mieux si on se contente d'une valeur approximative – il faut alors estimer la taille probable de l'erreur. Deuxièmement, il faut que les fléchettes soient uniformément réparties sur le rectangle. Un bon lanceur, qui vise la forme, peut l'atteindre systématiquement. Ce que nous voulons, c'est un très mauvais lanceur, dont les fléchettes se répartissent sur tout le rectangle, sans aucune direction privilégiée. Troisièmement, on obtient parfois par hasard de mauvaises estimations. Il y a toutefois aussi des avantages. On peut simuler un lanceur médiocre à l'aide de tables de nombres aléatoires ou, mieux, de calculs informatiques. La méthode fonctionne à plusieurs dimensions – sur un volume d'un espace tridimensionnel complexe ou un volume plus conceptuel à un nombre de dimensions bien supérieur. En mathématiques, les espaces multidimensionnels abondent mais n'ont rien de mystérieux : cette expression est simplement un terme géométrique signifiant qu'on est en présence d'un grand nombre de variables. Enfin, la méthode de Monte-Carlo est habituellement bien plus efficace qu'une méthode directe.

Les méthodes de Monte-Carlo furent inventées (je veux dire, explicitement reconnues en tant que technique générale) par Stanislaw Ulam en 1946, alors qu'il travaillait sur les armes nucléaires au Laboratoire national de Los Alamos, aux États-Unis. Il se remettait d'une maladie et passait son temps à faire une réussite appelée Canfield. Étant mathématicien, il chercha à calculer ses chances de gagner en recourant à la combinatoire et à la théorie des probabilités. Après une série d'essais et d'échecs, il « se demanda si une méthode plus pratique que "la pensée abstraite" ne serait pas de faire cette réussite, disons une centaine de fois, puis de simplement observer et compter le nombre de parties réussies. »

Les ordinateurs de l'époque étaient suffisamment perfectionnés pour faire les calculs. Mais comme il était également physicien, Ulam se mit immédiatement à réfléchir aux grands problèmes qui freinaient le développement de la physique nucléaire, tels que la diffusion des neutrons. Il se rendit compte que la même idée fournirait des résolutions concrètes chaque fois qu'une équation différentielle compliquée pourrait être récrite sous forme d'un processus aléatoire. Il fit part de cette idée à von Neumann et ils l'essayèrent sur un problème réel. La méthode avait besoin d'un nom de code, et Nicholas Metropolis suggéra « Monte-Carlo », l'un des repaires favoris de l'oncle joueur d'Ulam.

Les méthodes de Monte-Carlo furent essentielles au développement de la bombe à hydrogène. D'un certain point de vue, le monde pourrait être meilleur si Ulam n'avait jamais eu cette idée, et j'hésite à voir dans les armes nucléaires une raison pour faire des mathématiques. Mais ce développement illustre à la fois le pouvoir dévastateur des idées mathématiques et une puissante exploitation de l'aléatoire.

Ironiquement, le principal obstacle au développement des méthodes de Monte-Carlo fut de pouvoir doter un ordinateur d'un comportement aléatoire.

Les ordinateurs numériques sont déterministes. Donnez-leur un programme, ils en exécuteront chaque instruction à la lettre. Cette particularité a conduit des programmeurs à inventer la commande bidon DWIT, pour « Do What I'm Thinking » (Fais ce que je pense), et les utilisateurs à réfléchir sur la stupidité artificielle. Mais ce déterminisme rend également difficile l'expression d'un comportement aléatoire pour les ordinateurs. Il y a trois grandes solutions. Vous pouvez concevoir un composant non numérique qui se comporte de manière imprévisible ; vous pouvez entrer des données provenant d'un processus du monde réel tel qu'un bruit radio ; ou vous pouvez entrer des instructions générant des nombres pseudo-aléatoires. Ce sont des suites de nombres qui paraissent aléatoires bien qu'elles soient le résultat d'une procédure mathématique déterministe. Elles sont simples à implémenter et ont l'avantage de pouvoir être réexécutées à l'identique quand vous déboguez votre programme.

L'idée générale est de commencer par entrer dans l'ordinateur un seul nombre, la « graine ». Un algorithme transforme ensuite mathématiquement cette graine pour obtenir le nombre suivant au sein de la suite, puis on itère le processus. Si vous connaissez la graine et la règle de transformation, vous pouvez reproduire la suite. Sinon, la procédure n'est pas toujours évidente à voir. Le GPS installé dans les voitures utilise essentiellement des nombres pseudo-aléatoires. Il nécessite un ensemble de satellites émetteurs de signaux temporels, reçus par le gadget installé dans votre voiture et analysés pour déterminer sa position. Pour éviter les interférences, les signaux sont des suites de nombres pseudo-aléatoires, et le gadget sait reconnaître le bon signal. En comparant, dans la suite, l'éloignement du message émis par chaque satellite, il calcule les retards relatifs entre tous les signaux. Cela donne les distances relatives des satellites, à partir desquelles on peut déterminer votre position en utilisant la bonne vieille trigonométrie.

Dans notre monde de la théorie du post-chaos, l'existence de nombres pseudo-aléatoires n'est plus un paradoxe. Tout algorithme chaotique peut générer de tels nombres. Il en est de même pour les algorithmes qui, techniquement parlant, ne sont pas chaotiques. Nombre d'algorithmes pratiques finissent par répéter inlassablement la même suite de chiffres, mais qu'importe finalement s'il faut un milliard d'itérations pour y parvenir. Par exemple, un algorithme demande de commencer par une grande graine entière,

554 378 906

puis de l'élever au carré, ce qui donne :

307 335 971 417 756 836

On constate des régularités aux deux extrémités des carrés des nombres. Par exemple, le dernier chiffre 6 réapparaît parce que $6^2 = 36$, qui se termine également par 6. Et vous pouvez prédire que le premier chiffre ne peut être que 3 parce que $55^2 = 3\ 025$ commence par 3. Les régularités de ce type n'étant pas aléatoires, on les évite en supprimant les extrémités (par exemple, on efface les six chiffres les plus à droite et on garde les neuf suivants), ce qui donne

335 971 417

Maintenant, on élève ce nombre au carré, ce qui donne

112 876 793 040 987 889

et on ne garde que la partie centrale

876 793 040

Et on recommence la procédure.

L'un des problèmes théoriques avec cette procédure est qu'elle est très difficile à analyser mathématiquement pour savoir si elle se comporte réellement comme une suite aléatoire. C'est la raison pour laquelle on lui préfère généralement d'autres règles, la plus commune étant les générateurs congruentiels linéaires. La procédure consiste alors à multiplier le nombre par un nombre fixe, à ajouter un autre nombre fixe, mais à tout réduire ensuite au reste de la division de ce résultat par un grand nombre spécifique. Par souci d'efficacité, tout se fait en arithmétique binaire. En 1997, l'invention du Mersenne Twister par Makoto Matsumoto et Takuji Nishimura a constitué un grand progrès. Ce générateur repose sur le nombre $2^{19\ 937} - 1$. C'est un nombre premier de Mersenne, à savoir un nombre premier inférieur d'une unité à une puissance de 2 et une curiosité de la théorie des nombres inventée par le moine Marin Mersenne en 1644. En langage binaire, son écriture est une succession de 19 937 chiffres 1. La règle de transformation est assez complexe. Son avantage est que la suite de nombres générés ne se répète qu'après $2^{19\ 937} - 1$ étapes, ce qui est un nombre de 6 002 chiffres – et contient des sous-suites uniformément réparties pouvant compter jusqu'à 623 chiffres.

Des générateurs de nombres pseudo-aléatoires plus rapides et plus performants ont depuis été développés. Les mêmes techniques servent pour assurer la sécurité sur l'Internet, où elles sont utilisées pour crypter les messages. Chaque étape de l'algorithme peut être considérée comme « encodant » le nombre précédent, et l'objectif est de construire des générateurs de nombres pseudo-aléatoires cryptographiquement sûrs, qui génèrent leurs nombres en utilisant un code s'avérant difficile à décrypter. La définition précise est plus technique.

Je n'ai pas été gentil.

Les statisticiens rappellent sans cesse que l'aléatoire est une caractéristique des *processus*, et non de leurs résultats. Si vous lancez un dé équilibré dix fois de suite, vous *pouvez* obtenir 6666666666. En fait, en moyenne, cela n'arrive qu'une fois tous les 60 466 176 lancers.

Le mot « aléatoire » a cependant un sens légèrement différent lorsqu'on l'applique aux résultats, de sorte qu'une suite telle que 2144253615 est plus aléatoire que 6666666666. Cette différence se formule mieux dans le cas des très longues suites et caractérise une suite typique générée par un processus aléatoire. Pour être plus précis, toutes les caractéristiques statistiques que l'on s'attend à trouver dans la suite doivent être présentes. Chaque chiffre de 1 à 6 doit apparaître en moyenne une fois sur six ; chaque suite de deux chiffres consécutifs doit apparaître en moyenne une fois sur 36, et ainsi de suite. À un niveau plus subtil, il ne doit pas y avoir de corrélations à long terme ; ce qui survient en un endroit donné et, par exemple, deux pas plus loin ne doit pas contenir la répétition d'un couple de nombres significativement plus fréquente qu'une autre. On exclut donc une suite telle que 3412365452 en raison de l'alternance des nombres pairs et impairs.

Dans sa théorie algorithmique de l'information, le logicien et mathématicien Gregory Chaitin a décrit la forme la plus extrême de ces conditions. Selon la théorie classique de l'information, la quantité d'information contenue dans un message est égale au nombre de chiffres binaires (les « bits ») nécessaires pour l'exposer. Ainsi, le message 1111111111 contient dix bits d'information, tout comme 1010110111. Chaitin s'est concentré non sur la suite de chiffres, mais sur les règles susceptibles de la générer – sur les algorithmes qui la produisent. Ceux-ci peuvent aussi être codés en binaire, dans un langage de programmation, ce qui, en l'occurrence, n'est pas terriblement important quand la suite est passablement longue. Si les 1 sont répétés, disons, un million de fois, alors la suite ressemble à 111...111 avec un million de 1. Le programme « écris un million de 1 », correctement encodé en binaire, est bien plus court. La longueur du plus court programme susceptible de générer une suite donnée représente l'information algorithmique contenue dans cette suite. Cette description ignore quelques subtilités, mais elle suffira pour nos besoins.

La suite 1010110111 semble plus aléatoire que 1111111111. Ce qu'il en est réellement dépend de ce qui la continue. Décidons que ce sont les dix premiers chiffres binaires de π. Supposez qu'elle continue ainsi durant un million de chiffres. Elle paraît alors extrêmement aléatoire. Mais l'algorithme « calcule le premier million de chiffres binaires de π » étant bien plus court qu'un million de bits, l'information algorithmique contenue dans la suite d'un million de chiffres est considérablement moindre qu'un million de bits, même si les chiffres de π vérifient tous les tests statistiques standard de l'aléatoire. Ce qu'ils ne vérifient pas, c'est le test « différents des chiffres de π ». Aucune personne sensée n'utiliserait les chiffres de π comme système de cryptage ; l'ennemi aurait tôt fait de le mettre au jour. D'un autre côté, si la suite devait continuer de façon réellement aléatoire – au lieu de dériver de π –, il serait probablement difficile de trouver un algorithme plus court qui la générerait.

Selon Chaitin, une suite de bits est aléatoire si elle est incompressible. Autrement dit, si vous écrivez un algorithme pour la générer jusqu'à une position donnée, l'algorithme est alors au moins aussi long que la suite, si tant est que le nombre de chiffres devienne très grand. Selon la théorie classique de l'information, la quantité d'information contenue dans une chaîne binaire est égale au nombre de bits qu'elle contient – à sa longueur. L'information algorithmique contenue dans une suite binaire est égale à la longueur du plus court algorithme qui génère cette suite. Ainsi, l'information algorithmique d'une suite aléatoire est aussi sa longueur, mais celle contenue dans les chiffres de π est égale à la longueur du plus compact des programmes susceptibles de générer ce nombre. C'est bien plus petit.

La définition de Chaitin permet de dire avec une confiance raisonnable qu'une suite est aléatoire. Chaitin démontra deux choses intéressantes sur les suites aléatoires :

- Les suites aléatoires de 0 et de 1 existent. De fait, presque toute suite infinie est aléatoire.
- On ne peut jamais démontrer qu'une suite est aléatoire.

La démonstration de la première affirmation découle du comptage du nombre de suites de longueur donnée, comparé aux plus courts programmes susceptibles de les générer. Par exemple, comme il existe 1024 suites de dix bits, mais seulement 512 programmes de neuf bits, au moins la moitié des suites ne peuvent être comprimées en utilisant des programmes plus courts. La démonstration de la seconde affirmation dit essentiellement que si vous pouvez démontrer qu'une suite est aléatoire, cette démonstration comprime les données contenues dans la suite, qui donc n'est pas aléatoire.

Maintenant, supposez que vous vouliez générer une suite et que vous vouliez être convaincu qu'elle est vraiment aléatoire. Vous pouvez, par exemple, créer une clé pour un système d'encodage. Apparemment, les travaux de Chaitin excluent une telle chose. En 2018, cependant, Peter Bierhorst et ses collaborateurs ont montré que l'on peut contourner cette restriction en utilisant la mécanique quantique[1]. L'idée, en substance, est que l'indétermination quantique peut s'exprimer par des suites spécifiques garantissant physiquement leur nature aléatoire au sens de Chaitin. Autrement dit, aucun ennemi potentiel ne peut déduire l'algorithme mathématique qui les crée – parce qu'il n'y en a pas.

On pourrait croire que la sûreté d'un générateur de nombres aléatoires ne peut être garantie que s'il vérifie deux conditions : l'utilisateur doit connaître le mode de génération des nombres, sans quoi il ne peut être sûr que ces nombres sont réellement aléatoires ; et l'ennemi doit être incapable de déduire les mécanismes internes du générateur. Il n'existe cependant aucun moyen concret de satisfaire la première condition si l'on utilise un générateur classique, car quel que soit l'algorithme qu'il implémente, il peut se tromper. La solution peut être de garder un œil sur ses mécanismes internes, mais, en général, ce n'est pas pratique.

La seconde condition viole un principe fondamental de la cryptographie appelé principe de Kerckhoff : vous devez supposer que l'ennemi connaît le fonctionnement du système d'encodage. Juste au cas où il le connaîtrait. Les murs ont des oreilles. (Ce que vous espérez qu'il ne connaît pas, c'est le système de *décodage*.)

La mécanique quantique mène à une idée remarquable. Si l'on suppose qu'il n'existe aucune théorie à variables cachées déterministe, on peut créer un générateur de nombres aléatoires quantique dont on peut démontrer qu'il est sûr et aléatoire et qu'il ne vérifie aucune des deux conditions citées plus haut. Paradoxalement, l'utilisateur ignore tout du fonctionnement du générateur, mais l'ennemi en connaît chaque détail.

Ce générateur utilise des photons intriqués, un transmetteur et deux stations réceptrices. On génère des paires de photons intriqués aux polarisations fortement corrélées. On envoie un photon de chaque paire à l'une des stations et l'autre photon à l'autre station. À chaque station, on mesure la polarisation. Les stations sont suffisamment éloignées l'une de l'autre pour qu'aucun signal n'ait le temps de les relier durant ces mesures, mais en vertu de l'intrication, les polarisations observées sont nécessairement fortement corrélées.

Venons-en maintenant au grand jeu. La relativité implique que les photons ne peuvent servir de communicateurs superluminiques. Cela signifie que les mesures, bien qu'étroitement corrélées, sont inévitablement imprévisibles. Les rares occasions où elles sont en désaccord ne peuvent donc qu'être véritablement aléatoires. La violation des inégalités de Bell, qui résulte de l'intrication, garantit que les résultats de ces mesures sont aléatoires. L'ennemi ne peut que souscrire à ce jugement, quoi qu'il sache du processus utilisé par le générateur de nombres aléatoires. L'utilisateur ne peut tester les violations des inégalités de Bell qu'en observant les statistiques des données fournies par le générateur de nombres aléatoires ; les mécanismes internes ne jouent aucun rôle sur ce plan.

Cette idée générale était dans l'air depuis un certain temps, mais l'équipe de Bierhorst l'a mise en œuvre expérimentalement en utilisant un dispositif qui évite les failles connues dans les inégalités de Bell. La méthode étant délicate et les violations des inégalités de Bell légères, il faut beaucoup de temps pour produire une suite garantie purement aléatoire. Leur expérience était comparable à la génération d'une suite aléatoire de deux issues équiprobables en lançant une pièce de monnaie qui donne face 99,98 % des fois. C'est faisable, en analysant la suite après qu'elle a été générée. Voici un moyen d'y parvenir. Parcourez la suite jusqu'à atteindre le premier point où deux lancers consécutifs sont différents : PF ou FP. Ces deux paires ayant la même probabilité, vous pouvez considérer que PF représente les « piles » et FP les « faces ». Si la probabilité de P est très élevée, ou très faible, rejetez la plupart des données de la suite, mais ce qui reste se comporte comme une pièce équilibrée.

Dix minutes d'expérience ont amené à observer 55 millions de paires de photons et conduit à une suite aléatoire longue de 1024 bits. Bien qu'on ne puisse démontrer leur sûreté, les générateurs classiques de nombres aléatoires quantiques produisent des millions de bits aléatoires par seconde. Ainsi, aujourd'hui, l'accroissement de sûreté garanti par cette méthode ne vaut pas la peine qu'on se donne pour l'obtenir. La taille du dispositif est un autre problème : les deux stations sont distantes de 187 mètres. Ce n'est pas un gadget que vous pouvez transporter dans un porte-document, et encore moins mettre dans un téléphone portable. La miniaturisation du dispositif semble difficile, et le mettre dans une puce semble hors de question dans un avenir prévisible. Pourtant, cette expérience est une validation incontestable du concept.

Les nombres aléatoires (à partir de maintenant, je laisse tomber « pseudo ») connaissent de multiples applications. Dans l'industrie et les domaines annexes, d'innombrables problèmes font intervenir l'optimisation de procédures afin d'obtenir les meilleurs résultats possibles. Par exemple, une compagnie aérienne peut souhaiter programmer ses vols afin d'utiliser le minimum d'avions ou utiliser un nombre d'avions donné pour couvrir le maximum de territoire. Ou, pour être plus précis, maximiser ses profits. Une entreprise peut vouloir programmer l'entretien de ses machines de manière à minimiser leur immobilisation lors de cette opération. Un médecin peut vouloir maximiser l'efficacité de l'administration d'un vaccin.

Mathématiquement, ce type de problème d'optimisation revient à localiser la valeur maximale d'une fonction donnée. Géométriquement, c'est comme trouver le sommet le plus élevé dans un paysage. Ce paysage est ordinairement multidimensionnel, mais on peut comprendre de quoi il s'agit en pensant à un paysage standard, qui est une surface bidimensionnelle dans un espace tridimensionnel. La stratégie optimale correspond à la position du pic le plus élevé. Comment le trouver ?

L'approche la plus simple est la randonnée en montagne. Partez d'un endroit, celui que vous voulez. Trouvez le chemin le plus escarpé et suivez-le. Vous atteignez finalement un point à partir duquel vous ne pouvez aller plus haut. C'est le sommet. Enfin, peut-être pas. C'est *un* sommet. Si vous êtes dans l'Himalaya et que vous escaladez la montagne la plus proche, ce n'est probablement pas l'Everest.

La randonnée en montagne marche bien s'il n'y a qu'un seul sommet, mais s'il y en a plusieurs, le randonneur peut se retrouver piégé sur le mauvais sommet. Il trouve toujours un maximum local (*rien* de plus haut dans le voisinage), mais peut-être pas un maximum global (rien d'autre n'est plus haut). Une manière d'éviter ce piège est de donner de temps en temps au randonneur un bon coup qui le téléporte d'un endroit à un autre. S'il est piégé sur le mauvais sommet, cela lui fait grimper un autre sommet, et il s'élèvera plus haut si le nouveau sommet est plus élevé que le précédent *et* s'il n'en est pas trop vite délogé. Cette méthode s'appelle le recuit simulé en raison de sa ressemblance métaphorique avec le comportement des atomes d'un métal liquide lorsque celui-ci se refroidit pour finalement atteindre l'état solide. La chaleur communique aux atomes un mouvement aléatoire, et plus elle est élevée, plus le mouvement des atomes est rapide. Ainsi, l'idée de base est d'utiliser au début des coups violents, puis de moins en moins violents, comme si la température diminuait. Si au début vous ignorez l'emplacement des divers sommets, la meilleure chose à faire est de donner des coups au hasard. Ainsi, le bon type d'aléatoire rend la méthode plus efficace. La plupart des subtilités mathématiques concernent la programmation du recuit simulé – la règle de réduction de l'intensité des coups.

Une autre technique connexe, qui permet de résoudre de nombreux types de problèmes, est ce que l'on appelle les algorithmes génétiques. S'inspirant de l'évolution darwinienne, ils mettent en œuvre une simple caricature des processus biologiques. Alan Turing a proposé cette méthode en 1950 en tant qu'hypothétique apprentissage automatique. Cette caricature évolutive fonctionne comme ceci. Les organismes transmettent leurs caractéristiques à leur progéniture, mais avec des variations (des mutations) aléatoires. Les plus aptes à survivre dans leur environnement vivent pour transmettre leurs caractéristiques à la génération suivante, tandis que les moins aptes disparaissent (c'est la survie du plus apte ou la sélection naturelle). En continuant durant suffisamment de générations, la sélection renforce effectivement l'aptitude des organismes – qui devient proche de l'aptitude optimale.

On peut assimiler assez grossièrement l'évolution à un problème d'optimisation : une population d'organismes se déplace aléatoirement dans un paysage adaptatif, gravissant les sommets locaux. Les sommets trop bas sont voués à disparaître. Finalement, les survivants s'assemblent sur un sommet. Différents sommets correspondent à différentes espèces. C'est bien plus compliqué, mais cette caricature suffit à nos besoins. Les biologistes font toute une histoire sur la nature fondamentalement aléatoire de l'évolution. Ils veulent dire par là (à juste titre) que l'évolution ne s'est pas initialement fixé d'objectif. Elle n'a pas décidé, il y a des millions d'années, de développer des êtres humains, et à partir de là de choisir constamment les singes qui se rapprochaient le plus de cet idéal de perfection qu'elle a finalement trouvé en nous. L'évolution ne sait pas à l'avance ce à quoi ressemble le paysage adaptatif. En fait, ce paysage lui-même peut changer au fil du temps à mesure que d'autres espèces se développent, de sorte que la métaphore du paysage est un peu exagérée. L'évolution trouve ce qui fonctionne le mieux en testant diverses possibilités, proches de la possibilité actuelle, mais décalées de manière aléatoire. Elle garde ensuite les meilleures et continue la même procédure. Les organismes ne cessent ainsi de s'améliorer, petit à petit. De cette manière, l'évolution construit simultanément les sommets du paysage adaptatif, les localise, et les peuple d'organismes. L'évolution est un algorithme d'escalade stochastique, implémenté dans le *wetware*[2].

Un algorithme génétique imite l'évolution. Il débute avec une population d'algorithmes qui tentent de résoudre un problème, les fait varier de manière aléatoire, puis sélectionne les plus performants d'entre eux. Il fait de nouveau cela avec la génération suivante, et de nouveau encore jusqu'à ce qu'il soit satisfait de la performance. Il est même possible de combiner des algorithmes dans une parodie de reproduction sexuelle, de sorte que deux bonnes caractéristiques, une pour chaque élément d'un couple d'algorithmes, fusionnent en une seule. On peut considérer cela comme un processus d'apprentissage dans lequel la population d'algorithmes découvre la meilleure solution par essais et erreurs. L'évolution peut être perçue comme un processus d'apprentissage comparable, appliqué aux organismes au lieu des algorithmes.

Les algorithmes génétiques connaissent des centaines d'applications. Je n'en citerai qu'une, histoire de donner une idée de leur fonctionnement. Les emplois du temps des universités sont très complexes. Ils nécessitent la planification de centaines de cours suivis par des milliers d'étudiants. Il est fréquent que des étudiants suivent des cours optionnels sur différents sujets. La planification doit éviter les collisions – deux cours en même temps pour un même étudiant – et les congestions – trois heures de cours consécutives sur le même sujet. Un algorithme génétique part d'un emploi du temps et regarde le nombre de collisions ou de congestions qu'il contient. Il modifie ensuite aléatoirement cet emploi du temps et réitère l'opération jusqu'à l'obtention d'une version optimale. On peut même combiner des parties de deux emplois du temps relativement satisfaisants et imiter ainsi une recombinaison sexuelle.

Les prévisions météorologiques étant intrinsèquement limitées, qu'en est-il du *contrôle* de la météo ? Ne demandez pas si la pluie va gâcher le pique-nique ou l'invasion : assurez-vous que non.

Selon des contes populaires nord-européens, des tirs de canons pouvaient empêcher les averses de grêle. Des rumeurs confortant cet effet circulèrent après plusieurs guerres, notamment après les guerres napoléoniennes et la guerre de Sécession américaine : après chaque grande bataille, il pleut. Vers la fin du XIXe siècle, le département de la Guerre des États-Unis acheta pour 9 000 dollars d'explosifs qu'il fit sauter au Texas. Rien de ce qui fut observé ne trouva une explication scientifique. L'ensemencement des nuages avec des particules d'iodure d'argent – qui sont très fines et fournissent en théorie des noyaux autour desquels la vapeur d'eau peu se condenser – est largement utilisé de nos jours pour faire tomber la pluie, mais lorsque cela marche, on ne sait pas vraiment si la pluie ne serait de toute façon pas tombée. On a plusieurs fois tenté d'affaiblir des ouragans en injectant de l'iodure d'argent dans leur œil, et ici encore, les résultats n'ont pas été concluants. La NOAA, l'Agence américaine d'observation océanique et atmosphérique, a exploré plusieurs idées théoriques pour stopper les ouragans, telles que pointer des lasers sur les tempêtes qui pourraient leur donner naissance, déclencher des éclairs et dissiper une partie de l'énergie présente dans les tempêtes. Il existe en outre des théories du complot selon lesquelles le changement climatique n'est pas dû à la production de CO_2 par l'homme, mais au contrôle exercé sur le climat par un sinistre groupe secret qui cherche à porter atteinte à l'Amérique.

L'aléatoire se présente sous de multiples formes, et la théorie du chaos nous dit qu'un battement d'aile de papillon peut changer radicalement la météo. Nous avons vu dans quel sens nous devons comprendre cela : « changer » signifie en fait « redistribuer et modifier ». Lorsque von Neumann apprit l'existence de cet effet, il fit remarquer qu'en plus de rendre le temps imprévisible, il le rend potentiellement contrôlable. Pour redistribuer un ouragan, il faut trouver le bon papillon.

Nous ne pouvons faire cela pour un ouragan ou une tornade, voire un léger crachin. Mais nous pouvons le faire pour les ondes électriques d'un pacemaker, et c'est largement utilisé pour programmer des missions spatiales économes en carburant lorsqu'il n'y a pas d'urgence. Dans les deux cas, le principal travail mathématique porte sur le choix du bon papillon. C'est-à-dire décider comment, quand et où interférer très légèrement avec le système pour obtenir le résultat désiré. En 1990, Edward Ott, Celso Grebogi et James Yorke ont défini les bases mathématiques du contrôle chaotique[3]. Les attracteurs chaotiques contiennent typiquement d'énormes quantités de trajectoires périodiques, mais elles sont toutes instables : le moindre écart de l'une d'elles s'amplifie exponentiellement. Ott, Grebogi et Yorke se sont demandé si un contrôle adéquat du système dynamique pouvait stabiliser une telle trajectoire. Ces trajectoires périodiques sont généralement des points-selle, de sorte que si elles attirent certains états voisins, elles en repoussent d'autres. Presque tous les états voisins cessent à un moment ou un autre d'être attirés et tombent dans les régions répulsives – d'où l'instabilité. La méthode de contrôle chaotique Ott-Grebogi-Yorke apporte en permanence de petites modifications au système. Ces perturbations sont telles que chaque fois que la trajectoire commence à s'échapper, elle est aussitôt rattrapée : non en poussant l'état, mais en modifiant le système et en déplaçant l'attracteur, de sorte que l'état se retrouve dans l'ensemble des trajectoires périodiques.

Un cœur humain bat à un rythme pratiquement régulier – c'est un état périodique –, mais il fait parfois de la fibrillation et le rythme cardiaque devient très irrégulier – suffisamment pour provoquer la mort si on n'y met pas fin rapidement. La fibrillation apparaît lorsque l'état périodique et régulier du cœur se dégrade pour donner un type spécial de chaos, le « chaos spiral », dans lequel les séries habituelles d'ondes circulaires qui traversent le cœur se décomposent en une multitude de spirales localisées[4]. L'un des traitements standards des battements cardiaques irréguliers consiste à installer un pacemaker qui envoie des signaux électriques dans le cœur afin de maintenir ses battements synchrones. Les stimuli électriques fournis par le pacemaker sont assez importants. En 1992, Alan Garfinkel, Mark Spano, William Ditto et James Weiss ont rapporté des expériences effectuées sur un tissu provenant d'un cœur de lapin[5]. Utilisant une méthode de contrôle chaotique, ils reconvertirent un chaos spiral en un comportement périodique régulier en modifiant le rythme des impulsions électriques qui faisaient battre ce tissu cardiaque. Leur méthode restaura les battements réguliers en utilisant des voltages bien plus faibles que ceux fournis par des pacemakers conventionnels. En principe, cette méthode permettrait de construire un pacemaker moins perturbant – quelques tests humains ont été réalisés en 1995.

Le contrôle chaotique est aujourd'hui une banalité dans les missions spatiales. La caractéristique dynamique qui le rend possible remonte à la découverte par Poincaré de la présence de chaos dans le problème à trois corps en interaction gravitationnelle. Dans les missions spatiales,

les trois corps peuvent être le Soleil, une planète et l'une de ses lunes. La première application réussie, proposée par Edward Belbruno en 1985, impliqua le Soleil, la Terre et la Lune. La Terre orbitant autour du Soleil et la Lune autour de la Terre, la combinaison des champs gravitationnels et des forces centrifuges crée un paysage énergétique comportant cinq points stationnaires, un pic, une vallée et trois points selles, en lesquels toutes les forces se neutralisent. Ces points sont appelés points de Lagrange. L'un d'eux, L1, se situe entre la Lune et la Terre, à l'endroit où leurs champs gravitationnels et la force centrifuge de la Terre orbitant autour du Soleil se neutralisent. Près de ce point, la dynamique est chaotique, de sorte que les trajectoires des petites particules sont extrêmement sensibles à de petites perturbations.

Dans ce contexte, une sonde spatiale peut être considérée comme une petite particule. En 1985, le satellite International Sun-Earth Explorer (ISEE 3) avait presque totalement épuisé le carburant utilisé pour modifier sa trajectoire. S'il pouvait être transporté en L1 sans trop consommer de carburant, il serait possible d'exploiter l'effet papillon pour le rediriger vers un objectif lointain, en consommant ici aussi très peu de carburant. Cette méthode permit au satellite d'opérer un rendez-vous avec la comète Giacobini – Zinner. En 1990, Belbruno exhorta l'agence spatiale japonaise à utiliser une technique similaire sur sa sonde *Hiten*, qui avait consommé la majeure partie de son carburant pour achever sa mission principale. Les Japonais parquèrent alors *Hiten* sur une orbite lunaire puis la redirigèrent vers deux autres points de Lagrange pour observer des particules de poussière captives. Ce type de contrôle chaotique a été si souvent utilisé lors de missions spatiales inhabitées qu'il est devenu aujourd'hui une technique standard lorsque les économies d'énergie et les réductions budgétaires priment sur la vitesse.

18

Les inconnues inconnues

> « Il y a des connus connus ; il y a des choses dont nous savons que nous les savons. Nous savons aussi qu'il y a des inconnues connues ; c'est-à-dire que nous savons qu'il y a des choses que nous ne savons pas. Mais il y a aussi des inconnues inconnues – des choses dont nous ne savons pas que nous ne les savons pas. »
>
> Donald Rumsfeld, département de la Défense des États-Unis, point presse, 12 février 2002

Rumsfeld fit sa célèbre remarque pour préconiser l'invasion de l'Irak bien qu'aucun témoignage ne la liât à l'attaque terroriste d'Al-Qaïda sur les tours du World Trade Center à Manhattan en 2001. Ses « inconnues inconnues » étaient ce que l'Irak pouvait faire d'*autre*, même s'il n'avait aucune idée de ce que cela pouvait être et si cela fut présenté comme une raison de l'action militaire[1]. Mais dans un contexte moins militariste, la distinction qu'il faisait fut peut-être la chose la plus sensée qu'il ait dite durant toute sa carrière. Quand nous avons conscience de notre ignorance, nous pouvons tenter d'améliorer nos connaissances. Quand nous n'avons pas conscience de notre ignorance, nous risquons de nous bercer d'illusions.

La majeure partie de ce livre a montré comment l'humanité a pris des inconnues inconnues pour les transformer en inconnues connues.

Au lieu d'attribuer les catastrophes naturelles à des dieux, nous les avons décrites, nous les avons minutieusement étudiées et en avons déduit d'utiles régularités. Nous n'avons pas atteint l'oracle infaillible, mais nous avons obtenu un oracle statistique qui prédit l'avenir plus efficacement qu'une hypothèse aléatoire. Dans quelques cas, nous avons transformé des inconnues inconnues en connus connus. Nous savions comment les planètes se déplaçaient, et nous savions également *pourquoi* nous savions cela. Mais lorsque notre nouvel oracle de la loi naturelle s'est révélé inadéquat, nous avons utilisé un mélange d'expérience et de lucidité pour quantifier l'incertitude : nous étions certes encore incertains, mais nous savions combien nous étions incertains. C'est ainsi que naquit la théorie des probabilités.

Mes six Âges de l'Incertitude récapitulent les plus importants progrès qui nous ont permis de comprendre les causes de notre incertitude et de remédier à cet handicap. Nombre d'activités humaines disparates ont ici joué un rôle. Les joueurs unirent leurs forces à celles des mathématiciens pour découvrir les concepts fondamentaux de la théorie des probabilités. L'un de ces mathématiciens était lui-même joueur ; s'il gagna énormément au début grâce à ses connaissances mathématiques, il n'en finit pas moins par dilapider la fortune de sa famille. Cette même histoire s'est répétée au début de ce siècle, avec les banquiers du monde entier, tellement convaincus que leurs connaissances mathématiques les préservaient des risques qu'ils prenaient qu'ils finirent eux aussi par perdre leur fortune familiale. Leur famille était toutefois un peu plus grande : c'était la population de la planète. Les jeux de hasard posaient des questions fascinantes aux mathématiciens, et les exemples-jouets offerts par ces jeux étaient suffisamment simples pour être analysés en détail. Ironiquement, il s'avère que ni les dés ni les pièces de monnaie ne sont aussi aléatoires que nous le pensons ; une bonne part de l'aléatoire provient de l'être humain qui lance les dés et la pièce.

Le développement de notre compréhension mathématique nous apprit à appliquer les mêmes idées au monde naturel puis à nous-mêmes. En tentant d'obtenir des résultats précis à partir d'observations imparfaites, les astronomes ont développé la méthode des moindres carrés, qui permet d'ajuster, avec une erreur minimale, des données à un modèle. Des modèles-jouets de pile ou face ont montré qu'en moyenne, les erreurs peuvent se compenser pour donner des erreurs plus petites et conduire à la distribution normale, approximation de la distribution binomiale. Ces modèles ont en outre abouti au théorème central limite, qui montre que la combinaison d'un grand nombre de petites erreurs, quelle que soit leur distribution de probabilité, conduit dans certain cas à une distribution normale.

Pendant ce temps, Quetelet et ses successeurs adaptaient les idées des astronomes à la modélisation du comportement humain. Bientôt, la distribution normale devint le modèle statistique *par excellence*. Une discipline entièrement nouvelle, la statistique, émergea, qui permit non seulement d'ajuster les modèles aux données, mais aussi d'évaluer la fiabilité de l'ajustement et de quantifier la significativité des expériences et des observations. On put appliquer les statistiques à tout ce qui pouvait être mesuré numériquement. On s'interrogea sur la fiabilité et la significativité des résultats, mais les statisticiens trouvèrent des moyens d'estimer également ces caractéristiques. La question philosophique « qu'est-ce que la probabilité ? » donna lieu à une scission profonde entre les fréquentistes, qui calculaient les probabilités à partir des données, et les bayésiens, qui les considéraient comme des degrés de croyance. Non que Bayes lui-même aurait nécessairement souscrit au point de vue qui porte aujourd'hui son nom, mais je pense qu'il n'aurait pas refusé d'être crédité d'avoir reconnu l'importance de la probabilité conditionnelle et de nous avoir donné un outil pour la calculer. Des exemples-jouets simples montrent le danger que peut présenter une probabilité conditionnelle incorrectement formulée et à quel point l'intuition humaine se trouve démunie dans une telle situation. Ses applications dans le monde réel, en médecine et en droit, renforcent parfois cette inquiétude.

Des méthodes statistiques efficaces, utilisées sur des données issues d'essais cliniques bien conçus, ont grandement accru notre compréhension des maladies et rendu possibles de nouveaux traitements et de nouveaux médicaments, grâce à des évaluations fiables de leur sûreté. Ces méthodes vont bien au-delà des statistiques classiques, et certaines ne sont possibles que parce que nous disposons aujourd'hui d'ordinateurs rapides capables de traiter d'énormes quantités de données. Le monde financier continue de poser des problèmes à toutes les méthodes prévisionnelles, mais nous apprenons à ne pas trop nous fier à l'économie classique et aux distributions normales. Des idées nouvelles provenant de domaines aussi disparates que les systèmes complexes et l'écologie apportent de nouveaux éclairages et suggèrent des politiques raisonnables pour éviter le prochain krach financier. Des psychologues et des neuroscientifiques commencent à penser que nos cerveaux fonctionnent selon un schéma bayésien, matérialisant les croyances sous forme de forces de connexions entre cellules nerveuses. Nous en sommes également venus à constater que l'incertitude présente parfois des avantages. On peut l'exploiter pour effectuer des tâches utiles, souvent très importantes. Elle a des applications dans les missions spatiales et les pacemakers.

C'est aussi pour cela que nous pouvons respirer. La physique des gaz s'est révélée être la conséquence macroscopique de la mécanique microscopique. La statistique des molécules explique pourquoi l'atmosphère ne s'accumule pas en un même endroit. La thermodynamique est née de la recherche d'une plus grande efficacité des machines à vapeur, ce qui a conduit à un concept nouveau et quelque peu insaisissable : l'entropie. Celui-ci à son tour a semblé expliquer la flèche du temps, car l'entropie croît avec le temps. Toutefois, l'explication de l'entropie à l'échelle macroscopique contredit un principe fondamental à l'échelle microscopique : les systèmes mécaniques sont temporellement réversibles. Le paradoxe reste déroutant ; j'ai dit que cela provient du fait que l'on se focalise sur les simples conditions initiales, qui détruisent la symétrie par inversion du temps.

À peu près au moment où nous décidions que l'incertitude n'est pas un caprice des dieux mais un signe de l'ignorance humaine, de nouvelles découvertes aux frontières de la physique ruinèrent cette explication. Les physiciens devinrent convaincus que dans le monde quantique, la nature est irréductiblement aléatoire, et souvent franchement bizarre. La lumière est à la fois une particule et une onde. Les particules intriquées communiquent d'une manière ou d'une autre par une « action fantôme à distance ». Les inégalités de Bell certifient que seules des théories probabilistes peuvent expliquer le monde quantique.

Il y a une soixantaine d'années, des mathématiciens compliquèrent la situation en découvrant que « aléatoire » et « imprévisible » n'avaient pas le même sens. Le chaos montre que des lois déterministes peuvent produire des comportements imprévisibles. Il y a parfois un horizon prédictif au-delà duquel les prévisions cessent d'être fiables. Cela entraîna un changement radical des méthodes prévisionnelles de la météorologie : on fit désormais tourner un ensemble de prévisions pour déduire la plus probable d'entre elles. Pour compliquer le tout, certains aspects des systèmes chaotiques peuvent être prévisibles sur des échelles de temps bien plus longues. La météo (une trajectoire sur un attracteur) est imprévisible au-delà de quelques jours ; le climat (l'attracteur lui-même) est prévisible sur des décennies. Une véritable compréhension du réchauffement climatique et du changement climatique associé repose sur une prise de conscience de la différence entre ces deux notions.

La dynamique non linéaire, dont le chaos fait partie, jette aujourd'hui le doute sur certains aspects des inégalités de Bell, dans lesquelles on découvre aujourd'hui un certain nombre de failles logiques. Des phénomènes autrefois considérés comme caractéristiques des particules quantiques apparaissent dans la bonne vieille physique classique newtonienne. Peut-être que l'incertitude quantique n'est pas du tout incertaine. Peut-être que le Chaos précéda le Cosmos comme le pensaient les anciens Grecs. Peut-être que le dicton d'Einstein, Dieu ne joue pas aux dés, a besoin d'être révisé : Il joue certes aux dés, mais ces dés sont cachés et pas vraiment aléatoires. Comme les dés réels.

Je suis fasciné de voir à quel point les Âges de l'Incertitude se stimulent encore mutuellement. On trouve souvent des méthodes de différents âges, telles que les probabilités, le chaos et la mécanique quantique, conjointement utilisées. L'une des conclusions de notre longue quête de la prédiction de l'imprévisible est que nous *savons* aujourd'hui qu'il existe des inconnues inconnues. Nassim Nicholas Taleb leur a consacré un livre, *Le Cygne noir*, dans lequel il les appelle « événements cygne noir ». Au IIe siècle, le poète romain Juvénal donna de la non-existence cette métaphore : « un oiseau rare en ce monde, un véritable cygne noir ». Tout Européen *savait* que les cygnes étaient toujours blancs, et cela dura jusqu'en 1697, lorsque des explorateurs hollandais découvrirent des cygnes noirs, en grandes quantités, en Australie. Alors seulement il apparut que ce que Juvénal pensait savoir n'était absolument pas un connu connu. La même erreur égara les banquiers durant la crise de 2008 : leurs désastres potentiels « à cinq sigmas », trop rares même pour être envisagés, s'avérèrent banals, mais dans des circonstances qu'ils n'avaient jusqu'alors jamais connues.

Les six Âges de l'Incertitude ont eu des effets durables sur la condition humaine, qui persistent aujourd'hui encore. S'il y a une sécheresse, certains d'entre nous prient pour qu'il pleuve. Certains tentent de comprendre la cause de cette sécheresse. Certains tentent d'empêcher autrui de refaire la même erreur. Certains recherchent de nouvelles sources d'eau. Certains se demandent si nous pourrions faire pleuvoir sur commande. Et certains cherchent de meilleures méthodes pour prédire les sécheresses par ordinateur, en utilisant des effets quantiques dans des circuits électroniques.

Des inconnues inconnues nous font encore trébucher (témoin la prise de conscience tardive de l'engorgement des océans par les déchets plastiques), mais nous commençons à percevoir que le monde est bien plus complexe que nous nous plaisons à l'imaginer et que tout est interconnecté. Chaque jour apporte de nouvelles découvertes sur l'incertitude, sous ses multiples formes et significations. L'avenir est incertain, mais la science de l'incertitude est la science de l'avenir.

Notes

Chapitre 1. Les six ages de l'incertitude

1. Cette citation n'a probablement rien à voir avec Berra et peut provenir d'un vieux proverbe danois : https://quoteinvestigator.com/2013/10/20/no-predict/ [Yogi Berra (1925-2015) était un joueur de base-ball américain, célèbre pour ses aphorismes *(N.d.T.)*]

Chapitre 2. La lecture des entrailles

1. Ezéchiel 21:26.

2. Ray Hyman, « Cold Reading : how to convince strangers that you know all about them », *Zetetic* **1**, 1976-1977, p. 18-37.

3. Je ne vois pas clairement ce que signifie « charbon allumé » – peut-être charbon de bois ? –, mais plusieurs sources le mentionnent à ce propos, et parmi elles John G. Robertson, *Robertson's Words for a Modern Age*, réédition, Eugene (Oregon), Senior Scribe Publications, 1991. http://www.occultopedia.com/c/cephalomancy.htm

4. Si « vaincre le hasard » signifie « améliorer vos chances d'obtenir les numéros gagnants », alors la théorie des probabilités prédit qu'un tel système ne peut fonctionner, sauf par hasard. Si cela signifie « maximiser vos gains *dans le cas où* vous gagnez », vous pouvez prendre quelques précautions simples. La principale est : évitez de choisir des nombres que quantité d'autres gens vont probablement choisir. Si vos nombres sortent (avec autant de probabilité que toute autre série de nombres), vous partagerez le gain avec moins de gens.

Chapitre 3. Roulements de dés

1. Un bon exemple est l'équation d'onde, initialement déduite d'un modèle représentant une corde de violon par un segment de droite vibrant dans le plan. Ce modèle ouvrit la voie à d'autres, plus réalistes, utilisés aujourd'hui pour tout ce qui va de l'analyse des vibrations d'un Stradivarius au calcul de la structure interne de la Terre à partir des archives sismiques.

2. Colin Barras, « We ditched fate to make dice fairer », *New Scientist*, 27 janvier 2018, p. 14.

3. Si l'argument des dés rouge/bleu vous satisfait sans pour autant vous convaincre qu'il vaut également lorsque les dés semblent identiques, deux choses peuvent vous aider. La première est de vous demander comment les dés colorés « savent-ils » produire deux fois plus de combinaisons qu'ils n'en produiraient s'ils avaient la même couleur ? C'est-à-dire, comment les couleurs affectent-elles à ce point les lancers ? La seconde consiste à prendre deux dés si ressemblants que vous ne pouvez absolument pas les distinguer, à les lancer un grand nombre de fois, puis à compter le nombre de fois que vous avez obtenu deux 4. Si le résultat dépend de paires non ordonnées, vous devez obtenir une valeur proche de 1/21. S'il dépend de paires ordonnées, cette valeur devrait être proche de 1/36.

Si même les dés colorés ne vous convainquent pas, les mêmes considérations restent valables, mais faites l'expérience avec les dés colorés.

4. Les 27 façons d'obtenir un total de 10 sont :

1 + 3 + 6	1 + 4 + 5	1 + 5 + 4	1 + 6 + 3		
2 + 2 + 6	2 + 3 + 5	2 + 4 + 4	2 + 5 + 3	2 + 6 + 2	
3 + 1 + 6	3 + 2 + 5	3 + 3 + 4	3 + 4 + 3	3 + 5 + 2	3 + 6 + 1
4 + 1 + 5	4 + 2 + 4	4 + 3 + 3	4 + 4 + 2	4 + 5 + 1	
5 + 1 + 4	5 + 2 + 3	5 + 3 + 2	5 + 4 + 1		
6 + 1 + 3	6 + 2 + 2	6 + 3 + 1			

Les 25 façons d'obtenir un total de 9 sont :

1 + 2 + 6	1 + 3 + 5	1 + 4 + 4	1 + 5 + 3	1 + 6 + 2	
2 + 1 + 6	2 + 2 + 5	2 + 3 + 4	2 + 4 + 3	2 + 5 + 2	2 + 6 + 1
3 + 1 + 5	3 + 2 + 4	3 + 3 + 3	3 + 4 + 2	3 + 5 + 1	
4 + 1 + 4	4 + 2 + 3	4 + 3 + 2	4 + 4 + 1		
5 + 1 + 3	5 + 2 + 2	5 + 3 + 1			
6 + 1 + 2	6 + 2 + 1				

5. https://www.york.ac.uk/depts/maths/histstat/pascal.pdf

6. Le rapport dans lequel on doit diviser le pot est de

$$\sum_{k-0}^{s-1}\binom{r+s-1}{k} \quad \text{sur} \quad \sum_{k=s}^{r+s-1}\binom{r+s-1}{k}$$

où r et s désignent le nombre de parties supplémentaires nécessaires au premier joueur, respectivement, au second, pour gagner. En l'occurrence, ce rapport est de

$$\binom{8}{0}+\binom{8}{1}+\binom{8}{2}+\binom{8}{3}+\binom{8}{4}+\binom{8}{5} \text{ sur } \binom{8}{6}+\binom{8}{7}+\binom{8}{8}$$

Chapitre 4. Pile ou face

1. Persi Diaconis, Susan Holmes et Richard Montgomery, « Dynamical bias in the coin toss », *SIAM Review*, **49**, 2007, p. 211–235.

2. M. Kapitaniak, J. Strzalko, J. Grabski et T. Kapitaniak, « The three-dimensional dynamics of the die throw », *Chaos*, **22**, 2012, 047504.

Chapitre 5. Trop d'information

1. Stephen M. Stigler, *The History of Statistics*, Harvard University Press, Cambridge (MA), 1986, p. 28.

2. On veut minimiser $(x - 2)^2 + (x - 3)^2 + (x - 7)^2$. Cette expression est quadratique en x, le coefficient de x^2 est 3, qui est positif, de sorte qu'elle admet un minimum et un seul. Celui-ci s'obtient en annulant la dérivée, autrement dit en écrivant que $2(x - 2) + 2(x - 3) + 2(x - 7) = 0$. Il s'ensuit que $x = (2 + 3 + 7)/3$: c'est la moyenne. Pour tout ensemble fini de données, un calcul similaire conduit pareillement à la moyenne.

3. La formule est $\sqrt{2 / n\pi}\exp\left[-2(x - \frac{1}{2}n)^2 / n\right]$ et est considérée comme une approximation de la *probabilité* d'obtenir x faces lors de n lancers.

Chapitre 6. Illusions et paradoxes

1. Imaginez les gens entrant un à un dans la salle. Après que k personnes sont entrées, la probabilité pour que tous leurs anniversaires soient *différents* est égale à

$$\frac{365}{365} \times \frac{364}{365} \times \frac{363}{365} \times \ldots \times \frac{365 - k + 1}{365}$$

parce que chaque nouvel arrivant doit éviter les $k - 1$ anniversaires précédents. Cela est égal à 1 moins la probabilité d'au moins un anniversaire commun, de sorte que nous voulons le plus petit k pour lequel cette expression est *inférieure à* 1/2. Cela s'avère être $k = 23$. Pour plus de détails, voyez https://fr.wikipedia.org/wiki/Paradoxe_des_anniversaires

2. Les distributions non uniformes sont discutées dans :

M. Klamkin et D. Newman, « Extensions of the birthday surprise », *Journal of Combinatorial Theory*, **3**, 1967, p. 279–282.

Pour une démonstration de la minimalité de la probabilité de deux anniversaires identiques dans le cas d'une distribution uniforme, voir :

D. Bloom, « A birthday problem », *American Mathematical Monthly*, **80**, 1973, p. 1141–1142.

3. Adapté en France sous le nom de *Bigdil* (*N.d.T.*).

4. Le diagramme est similaire, mais chaque quadrant est maintenant divisé en 365 × 365 carreaux. Les bandes sombres de chaque quadrant contiennent chacune 365 carreaux. La région cible contient toutefois 1 carreau de chevauchement. Il y a donc 365 + 365 – 1 = 729 carreaux sombres dans la cible, et comme il y en a 365 + 365 = 730 hors de la cible, le nombre total de carreaux sombres est égal à 729 + 730 = 1459. La probabilité conditionnelle d'atteindre la cible vaut 729/1459, soit 0,4996.

Chapitre 7. Physique sociale

1. Pour ses calculs, Quetelet utilisa une distribution binomiale correspondant à 1 000 lancers de pièce. S'il la trouvait plus commode, il souligna toutefois que la distribution normale était prépondérante dans son travail théorique.

2. Stephen Stigler, *The History of Statistics*, Cambridge (MA), Harvard University Press, 1986, p. 171.

3. Ce n'est pas nécessairement vrai. Cela suppose que toutes les distributions s'obtiennent en combinant des courbes en cloche. Mais cela suffisait pour ce que Galton voulait faire.

4. Le mot « régression » vient des travaux de Galton sur l'hérédité. Il utilisa la distribution normale pour expliquer pourquoi, dans l'ensemble, les enfants ayant deux parents de grandes tailles ou deux parents de petites tailles tendent à être quelque part entre les deux – ce qu'il appela « régression vers la moyenne ».

5. Une autre figure méritant d'être citée est Francis Ysidro Edgeworth. Moins visionnaire que Galton, il fut cependant un bien meilleur technicien et donna aux idées de Galton un solide fondement mathématique. Ses travaux sont toutefois trop techniques pour être évoqués ici.

6. Symboliquement :

$$P\left(\left(X_1 + \ldots + \frac{X_n}{n} - \mu\right) < \beta\sqrt{n}\right) \to \int_{-\infty}^{\beta} e^{-y^2/2} dy$$

où le membre de droite est la distribution normale cumulative pour une moyenne nulle et une variance égale à 1.

Chapitre 8. En êtes-vous sûr ?

1. Nous avons $P(A|B) = P(A\&B)/P(B)$ et aussi $P(B|A) = P(B\&A)/P(A)$. Mais l'événement $A\&B$ est identique à $B\&A$. En divisant l'une des équation par l'autre, nous obtenons $P(A|B)/P(B|A) = P(A)/P(B)$. Il suffit maintenant de multiplier les deux côtés par $P(B|A)$.

2. Frank Drake a introduit son équation en 1961, lors de la première rencontre organisée dans le cadre du projet SETI (Search for ExtraTerrestrial Intelligence [Recherche d'intelligence extraterrestre]), afin de rappeler quelques facteurs clés qui influent sur la probabilité d'existence d'une vie extraterrestre. Cette équation est souvent utilisée pour estimer le nombre de civilisations extraterrestres présentes dans notre galaxie, mais nombre de variables sont difficiles à évaluer et elle n'est pas appropriée pour cela. Cette équation implique également quelques hypothèses de modélisation dépourvues d'imagination. Voir :
https://fr.wikipedia.org/wiki/%C3%89quation_de_Drake

3. N. Fenton et M. Neil., *Risk Assessment and Decision Analysis with Bayesian Networks*, Boca Raton (FL), CRC Press, 2012.

4. N. Fenton et M. Neil, « Bayes and the law », *Annual Review of Statistics and Its Application*, **3**, 2016, p. 51–77.
https://fr.wikipedia.org/wiki/Lucia_de_Berk

5. Ronald Meester, Michiel van Lambalgen, Marieke Collins et Richard Gil, « On the (ab)use of statistics in the legal case against the nurse Lucia de B. », arXiv:-math/0607340 [math.ST], 2005.

Chapitre 9. La loi et le désordre

1. L'historien des sciences Clifford Truesdell est célèbre pour avoir dit : « Chaque scientifique sait ce que signifient le premier et le second principe [de la thermodynamique], mais le problème est qu'il n'y en a pas deux pour s'accorder sur leur sens. » Voir : Karl Popper, « Against the philosophy of meaning », dans W. Schirmacher (éd.), *German 20th Century Philosophical Writings*, Continuum, New York, 2003, p. 208.

2. Vous pouvez trouver la suite à https://lyricsplayground.com/alpha/songs/f/firstandsecondlaw.html.

3. N. Simanyi et D. Szasz, « Hard ball systems are completely hyperbolic », *Annals of Mathematics*, **149**, 1999, p. 35-96.

N. Simanyi, « Proof of the ergodic hypothesis for typical hard ball systems », *Annales Henri Poincaré*, **5**, 2004, p. 203-233.

N. Simanyi, « Conditional proof of the Boltzmann-Sinai ergodic hypothesis », *Inventiones Mathematicae*, **177**, 2009, p. 381-413.

Il y a également un preprint de 2010 qui ne semble pas avoir été publié :
N. Simanyi, « The Boltzmann-Sinai ergodic hypothesis in full generality
https://arxiv.org/abs/1007.1206

4. Carlo Rovelli, *L'Ordre du temps*, Paris, Flammarion, 2018.

Chapitre 10. Ne pas prévoir le prévisible

1. Trad. Jean Bonnefoy, Paris, Denoël, 1982.

2. La figure résulte d'un calcul informatique, également sujet aux mêmes erreurs. Warwick Tucker a trouvé une preuve informatique mais rigoureuse de la présence d'un attracteur chaotique dans le système de Lorenz. La complexité est réelle et n'est pas due à un artefact numérique.

W. Tucker, « The Lorenz attractor exists », *C. R. Acad Sci. Paris*, **328**, 1999, p. 1197-1202.

3. Techniquement parlant, l'existence de mesures invariantes qui donnent les bonnes probabilités n'a été démontrée que pour certaines classes d'attracteurs. Tucker a également démontré que l'attracteur de Lorenz en possède une. Mais de nombreux témoignages numériques suggèrent qu'elles sont très répandues.

4. J. Kennedy et J. A. Yorke, « Basins of Wada », *Physica* D, **51**, 1991, p. 213–225.

Chapitre 11. L'usine à prévoir le temps

1. P. Lynch, *The Emergence of Numerical Weather Prediction*, Cambridge, Cambridge University Press, 2006.

2. Fish expliqua plus tard que son interlocuteur parlait d'un ouragan en Floride.

3. T. N. Palmer, A. Döring et G. Seregin, « The real butterfly effect », *Nonlinearity*, **27**, 2014, p. R123-R141.

4. E. N. Lorenz, « The predictability of a flow which possesses many scales of motion », *Tellus*, **3**, 1969, p. 290-307.

5. T. N. Palmer, « A nonlinear dynamic perspective on climate prédiction », *Journal of Climate*, **12**, 1999, p. 575-591.

6. D. Crommelin, « Nonlinear dynamics of atmospheric regime transitions », thèse de doctorat, Université d'Utrecht, 2003.

D. Crommelin, « Homoclinic dynamics : a scenario for atmospheric ultralow-frequency variability », *Journal of the Atmospheric Sciences*, **59**, 2002, p. 1533-1549.

7. Voici les calculs :

total sur 90 jours	90 × 16 = 1440
total sur 10 jours	10 × 30 = 300
total sur les 100 jours	1740
moyenne	1740/100 = 17,4

ce qui fait un accroissement de 1,4 par rapport à 16.

8. Pour les dernières 800 000 années, voir

E. J. Brook et C. Buizert, « Antarctic and global climate history viewed from ice cores », *Nature*, **558**, 2018, p. 200-208.

9. Cette citation figure dans le *Reader's Digest* de juillet 1977, sans aucune référence. Le 8 janvier 1950, le *New York Times* publia un article du compositeur Roger Sessions intitulé « How a « difficult » composer gets that way » (Comment un compositeur "difficile" en arrive-t-il là) et contenant la phrase : « Je me rappelle également une remarque d'Albert Einstein, qui vaut certainement pour la musique. Il a dit, en effet, que tout doit être aussi simple que possible, mais pas plus simple ! »

10. Les données publiées par l'U.S. Geological Survey (Institut d'études géologiques des États-Unis) montrent que les volcans de la planète produisent environ 200 millions de tonnes de CO_2 par an. L'industrie et les transports humains en émettent 24 milliards de tonnes, soit 120 fois plus.
https://www.scientificamerican.com/article/earthtalks-volcanoes-or-humans/

11. L'équipe de l'IMBIE (Andrew Shepherd, Erik Ivins et 78 autres), « Mass balance of the Antarctic Ice Sheet from 1992 to 2017 », *Nature*, **558**, 2018, p. 219-222.

12. S. R. Rintoul *et al.*, « Choosing the future of Antarctica », *Nature*, **558**, 2018, p. 233-241.

13. Une onde de tempête consiste en une montée du niveau de la mer sur le littoral causée par les vents d'une importante dépression. (*N.d.T*)

14. J. Schwartz, « Underwater », *Scientific American*, août 2018, p. 44-55.

Chapitre 12. Mesures curatives

1. E. S. Yudkowsky propose une explication intuitive du théorème de Bayes à : http://yudkowsky.net/rational/bayes/

2. W. Casscells, A. Schoenberger et T. Grayboys, « Interpretation by physicians of clinical laboratory results », *New England Journal of Medicine*, **299**, 1978, p. 999-1001.

D.M. Eddy, « Probabilistic reasoning in clinical médicine : Problems and opportunities », dans D. Kahneman, P. Slovic et A. Tversky (éd.), *Judgement Under Uncertainty: Heuristics and Biases*, Cambridge, Cambridge University Press, 1982.

G. Gigerenzer et U. Hoffrage, « How to improve Bayesian reasoning without instruction : frequency formats », *Psychological Review*, **102**, 1995, p. 684-704.

3. On pourrait également mentionner l'estimateur de Kaplan-Meier, mais cela interromprait le fil du récit. Il est la méthode la plus largement utilisée pour estimer les taux de survie au sein de données dans lesquelles il arrive que certains sujets quittent l'essai – par exemple en raison d'un décès – avant qu'il ne soit terminé. Il est une méthode non paramétrique et deuxième sur la liste des articles mathématiques les plus cités. Voir :

E. L. Kaplan et P. Meier, « Nonparametric estimation from incomplete observations », *Journal of the American Statistical Association*, **53**, 1958, p. 457-481.
https://fr.wikipedia.org/wiki/Estimateur_de_Kaplan-Meier

4. Par exemple, le risque d'être malade augmente avec les années (*N.d.T.*).

5. B. Efron, « Bootstrap methods : another look at the jackknife », *Annals of Statistics*, 7, n° 1, 1979, p. 1-26.

6. Alexander Viktorin, Stephen Z. Levine, Margret Altemus, Abraham Reichenberg et Sven Sandin, « Paternal use of antidepressants and offspring outcomes in Sweden : Nationwide prospective cohort study », *British Medical Journal*, **316**, 2018, doi : 10.1136/bmj.k2233.

7. Les intervalles de confiance sont des concepts déroutants et généralement mal compris. Techniquement parlant, un intervalle de confiance à 95 % a la propriété que la vraie valeur de la grandeur statistique recherchée se trouve à l'intérieur de cet intervalle dans 95 % des fois où l'on calcule un intervalle de confiance à partir d'un échantillon. Cela *ne signifie pas* que « la probabilité pour que la vraie valeur de la grandeur statistique se trouve dans cet intervalle est égale à 95 %. »

Chapitre 13. Divination financière

1. Jean De Largentaye (trad.), Paris, Payot, 1942.

2. Un euphémisme d'entreprise pour « ces gens ne pourront jamais nous rembourser ».

3. Techniquement parlant, il s'agit du Prix de la Banque de Suède en sciences économiques en mémoire d'Alfred Nobel, créé en 1968, et non d'un des prix institués par Nobel dans son testament de 1895.

4. *Théorie générale de l'emploi, de l'intérêt et de la monnaie*, Jean De Largentaye (trad.), Paris, Payot, 1942.

5. Techniquement parlant, une distribution $f(x)$ a des queues grasses si elle décroît comme une loi de puissance ; autrement dit, si $f(x) \sim x^{-(1+a)}$ quand x tend vers l'infini, pour $a > 0$.

6. Warren Buffett, lettre aux actionnaires de Berkshire Hathaway, 2008, http://www.berkshirehathaway.com/letters/2008ltr.pdf

7. A. G. Haldane et R. M. May, « Systemic risk in banking ecosystems », *Nature*, **469**, 2011, p. 351-355.

8. W. A. Brock, C. H. Hommes et F. O. O. Wagner, « More hedging instruments may destabilise markets », *Journal of Economic Dynamics and Control*, **33**, 2008, p. 1912-1928.

9. P. Gai et S. Kapadia, « Liquidity hoarding, network externalities, and interbank market collapse », *Proceedings of the Royal Society* A, **466**, 2010, p. 2401-2423.

Chapitre 14. Notre cerveau bayesien

1. On a longtemps pensé que le cerveau humain contenait dix fois plus de cellules gliales que de neurones. Des sources Internet crédibles disent encore quatre fois plus. Mais en 2016, une recension sur le sujet dit qu'elles sont légèrement moins nombreuses que les neurones.

Christopher S. von Bartheld, Jami Bahney et Suzana Herculano-Houze, « The search for true numbers of neurons and glial cells in the human brain : A review of 150 years of cell counting », *Journal of Comparative Neurology, Research in Systems Neuroscience*, **524**, 2016, p. 3865-3895.

2. D. Benson, « Life in the game of Go », *Information Sciences*, **10**, 1976, p. 17-29.

3. Elwyn Berlekamp et David Wolfe, *Mathematical Go Endgames : Nightmares for Professional Go Players*, New York, Ishi Press, 2012.

4. David Silver et 19 collaborateurs, « Mastering the game of Go with deep neural networks and tree search », *Nature*, **529**, 2016, p. 484-489.

5. L. A. Necker, « Observations on some remarkable optical phaenomena seen in Switzerland ; and on an optical phaenomenon which occurs on viewing a figure of a crystal or geometrical solid », *London and Edinburgh Philosophical Magazine and Journal of Science*, **1**, 1832, p. 329–337.
J. Jastrow, « The mind's eye », *Popular Science Monthly*, **54**, 1899, p. 299-312.

6. I. Kovács, T. V. Papathomas, M. Yang et A. Fehér, « When the brain changes its mind : Interocular grouping during binocular rivalry », *Proceedings of the National Academy of Sciences of the USA*, **93**, 1996, p. 15508-15511.

7. C. Diekman et M. Golubitsky, « Network symmetry and binocular rivalry experiments », *Journal of Mathematical Neuroscience*, **4**, 2014, p. 12 ; doi : 10.1186/2190-8567-4-12.

Chapitre 15. L'incertitude quantique

1. Richard Feynman, dans une conférence intitulée « Le caractère des lois physiques ». Avant lui, Niels Bohr avait dit : « Quiconque n'est pas choqué par la théorie quantique ne l'a pas comprise », mais ce n'est pas tout à fait le même message.

2. Richard P. Feynman, Robert B. Leighton et Matthew Sands, *The Feynman Lectures on Physics*, New York, Addison-Wesley, volume 3, 1965, p. 1.1-1.8.

3. Roger Penrose, « Uncertainty in quantum mechanics : Faith or fantasy ? », *Philosophical Transactions of the Royal Society* A, **369**, 2011, p. 4864-4890.

4. https://fr.wikipedia.org/wiki/Nombre_complexe

5. François Hénault, « Quantum physics and the beam splitter mystery »

6. Si le nombre quantique de spin est *n*, le moment cinétique de spin est $S = (h / 4p)\sqrt{n (n + 2)}$, où *h* est la constante de Planck.

7. Le spin de l'électron a une curieuse propriété. Une superposition de deux états de spin $\uparrow$ et $\downarrow$ pointant dans deux directions opposées peut s'interpréter comme un état de spin unique dont un axe a sa direction liée aux rapports de superposition des états originaux. Toutefois, une mesure selon *n'importe quel axe* donne soit +1/2 soit –1/2. Cela est expliqué dans l'article de Penrose cité à la note 73.

8. On n'examine pas ici l'hypothèse affirmant que si une cause classique produit un effet classique, alors une fraction quantique de cette cause (dans un certain état superposé) produit une fraction quantique du même effet. Un atome à demi désintégré crée un chat à demi mort. Cela a un sens en termes probabilistes, mais si c'était vrai en général, l'onde d'un demi-photon dans un interféromètre de Mach – Zehnder transformerait un séparateur de faisceau en demi-séparateur lorsqu'elle en rencontrerait un. Ce type de superposition de récits classiques n'est donc en rien une description du comportement du monde quantique.

9. J'ai discuté en détail le chat de Schrödinger dans *Calculating the Cosmos*, Londres, Profile, 2017.

10. Tim Folger, « Crossing the quantum divide », *Scientific American*, **319**, juillet 2018, p. 30-35.

11. Jacqueline Erhart, Stephan Sponar, Georg Sulyok, Gerald Badurek, Masanao Ozawa et Yuji Hasegawa, « Experimental demonstration of a universally valid error-disturbance uncertainty relation in spin measurements », *Nature Physics*, **8**, 2012, p. 185-189.

12. Lee A. Rozema, Ardavan Darabi, Dylan H. Mahler, Alex Hayat, Yasaman Soudagar et Aephraim M. Steinberg, « Violation of Heisenberg's measurement-disturbance relationship by weak measurements », *Physics Review Letters*, **109**, 2012, p. 100404. Erratum: *Physics Review Letters* **109**, 2012, p. 189902.

13. Si vous générez une paire de particules, de spins non nuls mais de spin total égal à zéro, alors le principe de conservation du moment cinétique de spin implique que leurs spins resteront parfaitement anti-corrélés si elles sont ensuite séparées – tant qu'elles ne sont pas perturbées. Autrement dit, leurs spins pointent toujours dans des directions opposées le long du même axe. Si maintenant vous mesurez l'une de ces particules, et effondrez sa fonction d'onde, elle acquiert un spin bien défini dans une direction bien définie. La fonction d'onde de l'autre particule doit alors elle aussi s'effondrer et donner le résultat opposé. Cela paraît insensé, mais cela semble marcher. C'est aussi une variante sur mes deux espions ; ils viennent juste d'anti-synchroniser leurs montres.

Chapitre 16. Les dés jouent-ils aux dieux ?

1. Roger Penrose, « Uncertainty in quantum mechanics : Faith or fantasy ? », *Philosophical Transactions of the Royal Society* A, **369**, 2011, p. 4864-4890.

2. Même les insectes mâles éprouvent du plaisir durant l'« orgasme », *New Scientist*, 28 avril 2018, p. 20.

3. J. S. Bell, « On the Einstein Podolsky Rosen paradox », *Physics*, **1**, 1964, p. 195-200.

4. Jeffrey Bub a affirmé que Bell et Hermann avaient mal compris la démonstration de von Neumann et que celui-ci ne cherchait pas à prouver que les variables cachées étaient absolument impossibles.

Jeffrey Bub, « Von Neumann's "no hidden variables" proof : A reappraisal », *Foundations of Physics*, **40**, 2010, p. 1333-1340.

5. Adam Becker, *What is Real ?*, New York, Basic Books, 2018.

6. À proprement parler, la version originelle de Bell exige également que les résultats des deux côtés de l'expérience soient exactement anti-corrélés chaque fois que les détecteurs sont parallèles.

7. E. Fort et Y. Couder, « Single-particle diffraction and interference at a macroscopic scale », *Physical Review Letters*, **97**, 2006, p. 154101.

8. Sacha Kocsis, Boris Braverman, Sylvain Ravets, Martin J. Stevens, Richard P. Mirin, L. Krister Shalm et Aephraim M. Steinberg, « Observing the average trajectories of single photons in a two-slit interferometer », *Science*, **332**, 2011, p. 1170–1173.

9. Cette section repose sur l'article d'Anil Anathaswamy, « Perfect disharmony », *New Scientist*, 14 avril 2018, p. 35-37.

10. Ce ne peut être uniquement une affaire de taille, n'est-ce pas ? Considérez l'effet d'un séparateur de faisceau (déphasage d'un quart de période) et d'un détecteur de particules (brouillage de la fonction d'onde). Tous deux sont clairement macroscopiques. Le premier pense que c'est quantique ; le second sait que ce ne l'est pas.

11. D. Frauchiger et R. Renner, « Quantum theory cannot consistently describe the use of itself », *Nature Communications*, **9**, 2018, article 3711 ; doi : 10.1038/S41467-018-05739-8.

12. A. Sudbery, *Quantum Mechanics and the Particles of Nature*, Cambridge, Cambridge University Press, 1986, p. 178.

13. Adam Becker, *What is Real ?*, New York, Basic Books, 2018.

Chapitre 17. Exploiter l'incertitude

1. Peter Bierhorst *et al.*, « Experimentally generated randomness certified by the impossibility of superluminal signals », *Nature*, **223**, 2018, p. 223–226.

2. Le *wetware* (de *wet*, humide, et *ware*, matériel) désigne les éléments correspondant au hardware et au software chez les créatures vivantes. (*N.d.T.*)

3. E. Ott, C. Grebogi et J. A. Yorke, « Controlling chaos », *Physics Review Letters*, **64**, 1990, p. 1196.

4. L'occurrence du chaos, et non d'un simple comportement aléatoire, dans une insuffisance cardiaque, a été détectée chez l'être humain :

Guo-Qiang Wu et 7 collaborateurs, « Chaotic signatures of heart rate variability and its power spectrum in health, aging and heart failure », *PLoS One*, 2009, 4(2): e4323; doi : 10.1371/journal.pone.0004323.

5. A. Garfinkel, M.L. Spano, W.L. Ditto et J.N. Weiss, « Controlling cardiac chaos », *Science*, **257**, 1992, p. 1230-1235. Pour un article plus récent sur le contrôle du chaos d'un modèle cardiaque, voir :

B.B. Ferreira, A.S. de Paula et M.A. Savi, « Chaos control applied to heart rhythm dynamics », *Chaos, Solitons and Fractals*, **44**, 2011, p. 587-599.

Chapitre 18. Les inconnues inconnues

1. À cette époque, le président George W. Bush décida de ne pas attaquer l'Irak en réponse à l'attentat du 11 septembre. Mais peu après, les États-Unis et leurs alliés envahirent ce pays, invoquant notamment un « soutien au terrorisme » de Saddam Hussein. Le journal britannique *The Guardian* du 7 septembre 2003 cita un sondage montrant que « sept Américains sur dix continuent de croire que Saddam Hussein a joué un rôle » dans cet attentat, malgré l'absence de preuve sur ce point.

https://www.theguardian.com/world/2003/sep/07/usa.theobserver

Index

C

D

E

H

I

J

K

L

M

N

S

T

U

V

W

Y

Z

Crédits des illustrations

Les multiples efforts pour contacter les détenteurs des droits des illustrations n'ayant pas toujours abouti, l'auteur et l'éditeur remercient par avance toute personne qui leur fournirait des informations sur les illustrations dont ils n'ont pu trouver l'origine et ne manqueront pas de les inclure dans les futures éditions.

Page 13 : David Aikman, Philip Barrett, Sujit Kapadia, Mervyn King, James Proudman, Tim Taylor, Iain de Weymarn et Tony Yates, « Uncertainty in macroeconomic policy-making : art or science ? », article de la Banque d'Angleterre, mars 2010.

Page 164 : Tim Palmer et Julia Slingo, « Uncertainty in weather and climate prédiction », *Philosophical Transactions of the Royal Society* A, **369**, 2011, p. 4751-4767.

Page 232 : I. Kovács, T.V. Papathomas, M. Yang et A. Fehér, « When the brain changes its mind : Interocular grouping during binocular rivalry », *Proceedings of the National Academy of Sciences of the USA*, **93**, 1996, p. 15508-15511.

Page 277 (figure de gauche) : Sacha Kocsis, Boris Braverman, Sylvain Ravets, Martin J. Stevens, Richard P. Mirin, L. Krister Shalm et Aephraim M. Steinberg, « Observing the average trajectories of single photons in a two-slit interferometer », *Science,* **332**, numéro 6034, 3 juin 2011, p. 1170-1173.

Table des matières

80429 – (I) – OSB 80° – NOC – GCR
Imprimerie CHIRAT
42540 Saint-Just-la Pendue
Dépôt légal : septembre 2020 - N° 202007.0355

Imprimé en France